高等院校研究生用书

TEXTBOOKS FOR GRADUATES

时间序列分析

方法与应用（第二版）

易丹辉　编著

中国人民大学出版社

· 北京 ·

第二版前言

时间过得真快，转眼该书出版已经七年，根据出版社要求，需要修订再版。借这个机会，将几年来在讲课和实践中遇到的问题一并加入，受字数和时间限制，只能对内容进行压缩整理，由七章变为六章，共四部分内容。第一部分为单变量时间序列分析，包括传统时序分析、随机时序分析、ARCH 类模型；第二部分为基于回归的多变量时序分析，包括含虚拟变量的回归模型、基于线性回归的协整和误差修正模型（ECM）；第三部分为基于 AR 的多变量时序分析，包括向量自回归模型（VAR）、结构向量自回归模型（SVAR）、向量误差修正模型（VECM）；第四部分为截面数据和时序数据结合的多变量时序分析，主要是各种在经典线性回归模型基础上发展起来的 Panel Data 模型。书中仅对固定时间，分析截面变化规律进行了说明；固定截面单位，分析其在时间上的变化方法类似。这类模型适用于截面单位较多、时间不长的数据，以避免时间过长，序列具有明显的趋势。如果截面单位过少，需要时间较长，要注意序列变动是否为单位根过程。

随着计算机技术的飞速发展，以及人们对各种现象认识的深入，有很多新的分析方法应运而生，特别是面对大数据如何分析。希望能够与读者探讨更多的分析方法，更好地解决实际问题。

易丹辉

第一版前言

事物随时间变化是最常见的现象，也最容易收集数据。这些按时间顺序记录的一系列数据，就构成了时间序列。在时间序列数据中，往往蕴涵着事物或现象在特定环境下或特定时刻的大量信息。时间序列分析就是充分利用这些数据，挖掘事物随时间变化规律的方法，是一种非常有用的统计分析工具。时间序列分析以往多讨论单变量时间序列，而实际的经济、金融、保险、管理等方面的研究面对的现象往往是复杂多维的，如何对多维时间序列的变化规律进行提取，通过建模研究探讨动态变化规律，是现今社会越来越关注的重要问题，多维序列的分析方法应运而生。

本书在作者多年为研究生授课和从事科研的基础上，融合单变量与多变量时间序列分析，通过大量实际数据的处理，说明各种方法的基本原理及其在实际中的应用，特别说明了一些实际应用中需要注意的问题。全书大体分为四部分：单变量的传统时间序列分析，第一章和第二章；单变量的随机时间序列分析，第三章和第四章；多变量的时间序列分析，第五章和第六章，第五章是建立在回归基础上的两变量序列分析，第六章是建立在AR 基础上的多变量序列分析；第七章是截面时序数据结合的分析。

随着计算机的普及和相应软件的迅速发展，不少原来理论性很强的方法都能够借助计算机完成计算，从而为处理实际数据提供了方便。本书借助 Eviews 6.0 完成所有运算。不仅适合研究生课程的需要，也为要运用这些方法研究实际问题的读者提供可借鉴的工具。

尽管很想为读者提供更多的有用方法，但受时间和精力的限制，无法一下子全部完成，只能有待今后进一步的努力。希望能够与读者携手并肩，为深入了解和解决我们面临的实际问题，共同探讨，丰富和充实时间序列分析这一有用的分析方法。感谢曾经与我一起做项目的同学；感谢在课堂上和我一起讨论的学生；感谢所有关心和支持我的同事、朋友！希望我们的努力能够给予读者一点点的有益启发。

感谢中国人民大学出版社编辑的不辞劳苦和辛勤付出，使得我愿意抽出时间完成本书的写作。

书中的问题和不足之处，敬请读者不吝赐教。

易丹辉

目　录

第一章

传统时间序列分析模型

时间序列是以时间顺序记录的一系列数据。因为时间单位不同，在一年中记录的数据频次不同。通常以年、季度、月记录的数据，在一年的时间里出现的次数不多，称为低频数据；以周、日等记录的数据为高频数据；日内记录的数据，如分钟或小时，为超高频数据。不同类型的数据，探讨其规律时，采用的方法和模型不尽相同。一般来说，时间序列可以写成下面的形式：

数据＝模型＋误差

如果模型包括时间序列的三个部分：长期趋势、季节变动、循环变动，上式可写成：

数据＝f(趋势，季节，循环)＋误差

这里的长期趋势（secular trend）即事物在一段时间内表现的一种变动倾向，按某种规律上升、下降或停留在某一水平上；季节变动（seasonal variation）即事物被季节性规律作用产生的周期性变化，季节性规律可能是自然的，也可能是人为的，周期通常为一年（4 个季度或 12 个月）；循环变动（cyclical variation）即事物周期长短不固定的一种变化，周期通常为数年；不规则（irregular variation）即无规律可循的一种变化，包括各种偶然事故引起的变动，也称为随机变动或残差变动。

若以 T_t，S_t，C_t，I_t 分别表示时间序列 t 时刻的趋势成分、季节成分、循环成分及误差和无规则成分，Y_t 表示 t 时刻时间序列的数值，则前面的公式又可以写成：

$$Y_t = f(T_t, S_t, C_t, I_t) \tag{1.1}$$

f 究竟为何种形式，取决于时间序列本身的变化规律和所采用的预测方法。

传统的时间序列分析法是在分析时序四种成分实际变化的基础上找到规律，并以此推测未来的预测方法。当有理由相信时序的循环成分不存在，只需考虑其基本长期趋势和季节成分时，可以根据时序数据，找到长期趋势和季节变动（若有季节变动存在），建立可能的预测模型，再通过模型分析，确定合适的模型。不同的关系通常有加法和乘法两种基本类型。

当时间序列呈现某种上升或下降的趋势，并且无明显的季节波动时，可以以时间 t 综合替代所有影响因素，即以时间 t 为自变量，时序数值 Y 为因变量，建立趋势模型：

$$Y=f(t)$$

式中，t 是时间顺序号，取自然数，如时间从 1952 年开始，则 t 以 1952 年为 1，1953 年为 2，按顺序依次赋值。

如果趋势模型所反映的规律能够延伸到未来，赋予变量 t 所需要的值，可以得到相应时刻的时间序列未来值。这就是趋势外推法。

第一节　趋势模型类型和选择

模型是对研究对象的数学描述。能够反映时间序列变化规律的数学模型很多，通常使用的有以下几种。

一、模型形式

1. 直线趋势模型

$$\hat{Y}_t=a+bt \tag{1.2}$$

2. 非线性趋势模型

（1）二次曲线模型

$$\hat{Y}_t=b_0+b_1t+b_2t^2 \tag{1.3}$$

（2）三次曲线模型

$$\hat{Y}_t=b_0+b_1t+b_2t^2+b_3t^3 \tag{1.4}$$

（3）幂函数曲线模型

$$\hat{Y}_t=at^b \tag{1.5}$$

（4）对数曲线模型

$$\hat{Y}_t=a+b\ln t \tag{1.6}$$

（5）双曲线模型

$$\hat{Y}_t=a+b\cdot\frac{1}{t} \tag{1.7a}$$

$$\frac{1}{\hat{Y}_t}=a+b\cdot\frac{1}{t} \tag{1.7b}$$

（6）指数曲线模型

$$\hat{Y}_t=ae^{bt} \tag{1.8}$$

3. 有增长上限的曲线趋势模型

(1) 修正指数曲线模型

$$\hat{Y}_t = L + a\mathrm{e}^{bt} \quad (a<0, b<0) \tag{1.9a}$$

或 $$\hat{Y}_t = L + ab^t \quad (a<0, 0<b<1) \tag{1.9b}$$

修正指数曲线也称为变态指数曲线。其中 L，a，b 是待定参数。当 $t \to \infty$ 时，$Y \to L$，L 是曲线的增长上限。

(2) 龚珀兹曲线模型

龚珀兹（Benjamin Gompertz，1779—1865）是英国统计学家和数学家。以他名字命名的龚珀兹曲线是一种有极限值的曲线，其模型为：

$$\hat{Y}_t = La^{b^t} \quad (0<a<1, 0<b<1) \tag{1.10a}$$

$$\hat{Y}_t = L\mathrm{e}^{-a\mathrm{e}^{-bt}} \quad (a>0, b>0) \tag{1.10b}$$

式中，L，a，b 为参数。当 $t \to -\infty$ 时，$Y \to 0$；当 $t \to +\infty$ 时，$Y \to L$，L 为曲线的上限值。曲线存在拐点：$t = \ln a/b$，$Y = L/\mathrm{e}$①，曲线由上凹变为下凹，曲线关于拐点不对称。图 1－1 是示意图。

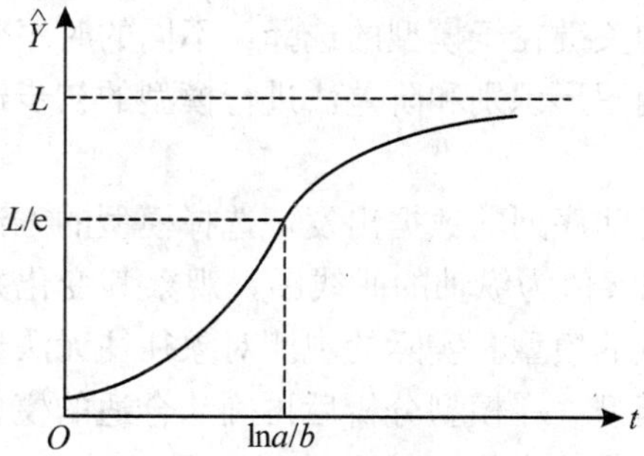

图 1－1 龚珀兹曲线示意图

(3) 皮尔曲线模型

皮尔（Raymond Pearl，1870—1940）是美国生物学家和人口统计学家。以他名字命名的曲线较好地描述了生物生长的过程。其模型为：

$$\hat{Y}_t = \frac{L}{1 + a\mathrm{e}^{-bt}} \tag{1.11}$$

式中，L，a，b 是参数，$a>0$，$b>0$。当 $t \to -\infty$ 时，$Y \to 0$；$t \to +\infty$ 时，$Y \to L$，L 是 Y 的增长上限。曲线在 $t = \frac{\ln a}{b}$，$Y = \frac{L}{2}$ 处②凹向发生变化。曲线的上半部和下半部绕拐点对称。图 1－2 是曲线示意图。皮尔曲线也是有极限的曲线。皮尔曲线有时也被称作逻辑斯蒂（logistic）曲线。

---

①② 参见本章附录 1－A。

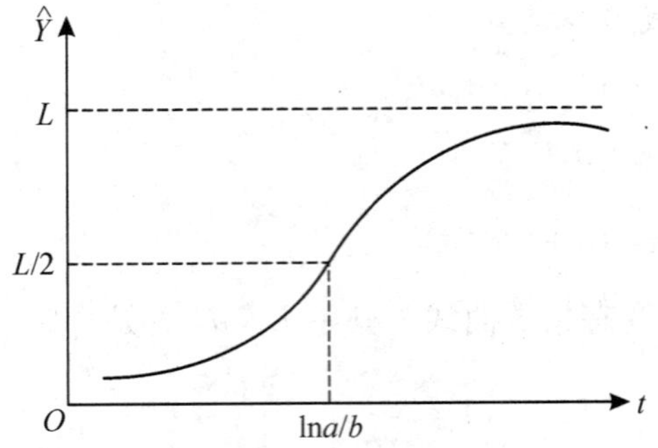

图 1－2　皮尔曲线示意图

龚珀兹曲线和皮尔曲线的图形犹如一个狭长的 S，故也通称为 S 形曲线。它们描述了类似的规律性，其下部比较平缓，曲线斜率（dY/dX）较小，发展速度较慢；曲线中部，斜率（dY/dX）最大，即增长速度最快；曲线上部，增长接近上限，增长速度明显变慢，以至于曲线斜率不变，即 $dY/dX=0$。这类模型通常用于时间序列的资料，以反映具有生命周期的一类现象，也称为生命周期曲线。

二、模型选择

运用时间序列分析法的关键在于模型的选择，不同的时序分析方法采用不同的工具选择模型。趋势模型主要利用图形识别和阶差法进行模型的初步选择。

（一）图形识别法

图形识别法是从实际时间序列的数据出发，选择模型的方法。将时间序列的数据绘制成以时间 t 为横轴，时序观察值为纵轴的曲线图，观察其变化并与各类函数曲线模型的图形进行比较，选择较为适宜的模型。实际的观测对象往往无法通过图形直观确认为某种模型，所以，一般初选几个模型，在模型分析后再确认合适的模型。

［例 1.1］　我国社会商品零售总额变化曲线选择

分析：表 1－1 是 1952—1983 年我国社会商品零售总额数据（按当年价格计算），根据数据绘制的曲线图如图 1－3 所示。由图 1－3 可以看出，序列呈现上升的变动，随着社会经济的发展应该不断上升，可以考虑建立增长型趋势模型。从变化曲线看，可初选二次曲线、三次曲线和指数曲线。

表 1－1　　**我国社会商品零售总额**　　单位：亿元

年份	零售额	年份	零售额
1952	276.8	1959	638
1953	348	1960	696.9
1954	381.8	1961	607.7
1955	392.2	1962	604
1956	461	1963	604.5
1957	474.2	1964	638.2
1958	548	1965	670.3

续前表

年份	零售额	年份	零售额
1966	732.8	1975	1 271.1
1967	770.5	1976	1 399.4
1968	737.3	1977	1 432.8
1969	801.5	1978	1 558.6
1970	858	1979	1 800
1971	929.2	1980	2 140
1972	1 023.3	1981	2 350
1973	1 106.7	1982	2 570
1974	1 163.6	1983	2 849.9

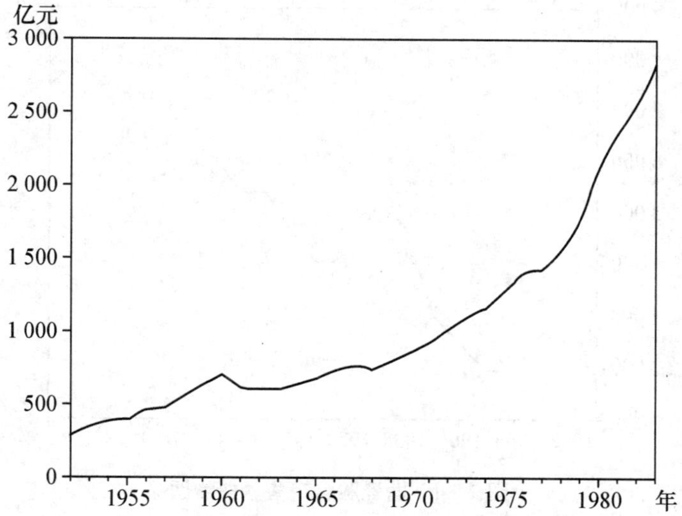

图 1－3　社会商品零售总额时序图

［例 1.2］　我国搪瓷脸盆销售量变化趋势模型选择

分析：表 1－2 是我国 1961—1981 年搪瓷脸盆销售量数据，绘制的时间序列曲线图如图 1－4 所示。由图 1－4 可以看出，搪瓷脸盆销售量基本是增长趋势，但后期增长速度放慢，1981 年销售量下降。从曲线图呈现的变化趋势看，用增长的曲线描述其变化不大合适。考虑搪瓷脸盆的替代品各种塑料脸盆的问世，可能会对其产生冲击，因而适宜选用反映商品生命周期的曲线。商品的生命是指自然使用寿命和市场存在寿命。自然寿命从商品的使用价值出发，反映其能够使用的时间长短，通常对单个商品而言。每一件具体商品的使用寿命常因人而异。实际预测时，考虑耐用消费品需求量，需要注意该类商品的平均使用寿命即大致使用的年限，以计算更新量。市场寿命从商品的交换价值出发，反映其在市场上流转或具有交换价值的时间长短，通常对一类商品整体而言。一般来说，商品在市场上的发展过程可划分为四个阶段：成长前期亦称试验期、投入期；成长后期亦称渗透期、成长期；衰减前期亦称成熟期；衰减后期亦称衰退期、稳定期。龚珀兹曲线、皮尔曲线常用来描述商品生命周期的变化，特别是经过拐点后的变化。由于搪瓷脸盆是一般耐用消费品，可以选用龚珀兹曲线。

表 1-2　搪瓷脸盆销售量　单位：万只

年份	销量	年份	销量	年份	销量
1961	1 903	1968	4 809	1975	6 137
1962	2 520	1969	5 205	1976	6 522
1963	2 688	1970	4 290	1977	7 364
1964	1 975	1971	3 933	1978	7 319
1965	1 957	1972	4 576	1979	7 485
1966	2 498	1973	5 429	1980	7 986
1967	3 020	1974	5 426	1981	7 470

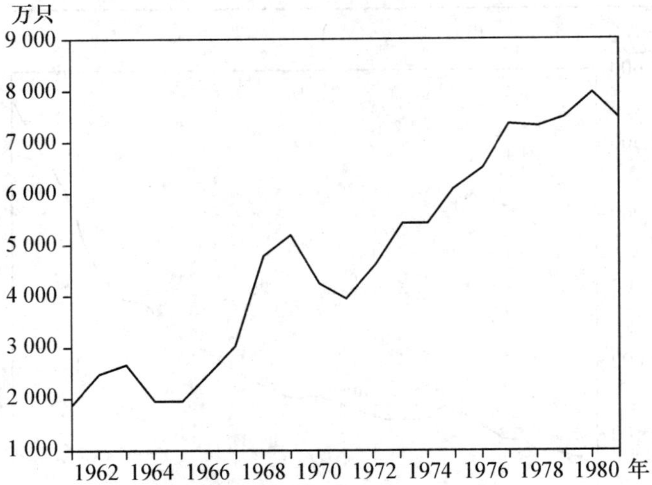

图 1-4　搪瓷脸盆销售量曲线图

（二）阶差法

阶差法是从模型的特点出发，观察时间序列的特点，将其与各类模型阶差特点比较，选择适用模型的方法。几种常用模型的阶差如表 1-3 至表 1-6 所示。

表 1-3　直线模型的阶差计算表

时间(t)	$Y_t=a+bt$	一阶差(Y_t-Y_{t-1})
1	$a+b$	—
2	$a+2b$	b
3	$a+3b$	b
4	$a+4b$	b
⋮	⋮	⋮
$t-1$	$a+(t-1)b$	b
t	$a+tb$	b

从表 1-3 可以看出，直线模型的特点是一阶差为一个常数。如果一个时间序列的数据表现出该序列在一段时期内的逐期增量大体稳定，可以考虑运用线性趋势模型。

表 1-4　二次曲线模型的阶差计算表

时间 (t)	$Y_t=b_0+b_1t+b_2t^2$	一阶差 (Y_t-Y_{t-1})	二阶差 $(Y_t-Y_{t-1})-(Y_{t-1}-Y_{t-2})$
1	$b_0+b_1+b_2$	—	—
2	$b_0+2b_1+4b_2$	b_1+3b_2	—
3	$b_0+3b_1+9b_2$	b_1+5b_2	$2b_2$
4	$b_0+4b_1+16b_2$	b_1+7b_2	$2b_2$
⋮	⋮	⋮	⋮
$t-1$	$b_0+(t-1)b_1+(t-1)^2b_2$	$b_1+[2(t-1)-1]b_2$	$2b_2$
t	$b_0+b_1t+b_2t^2$	$b_1+(2t-1)b_2$	$2b_2$

表 1-5　指数曲线模型的阶差计算表

时间 (t)	$Y_t=ae^{bt}$	一次比率 (Y_t/Y_{t-1})
1	ae^b	—
2	ae^{2b}	e^b
3	ae^{3b}	e^b
4	ae^{4b}	e^b
⋮	⋮	⋮
$t-1$	$ae^{(t-1)b}$	e^b
t	ae^{bt}	e^b

表 1-6　修正指数曲线模型的阶差计算表

时间 (t)	$Y_t=L+ae^{bt}$	一阶差 (Y_t-Y_{t-1})	一阶差的一次比率 $(Y_t-Y_{t-1})/(Y_{t-1}-Y_{t-2})$
1	$L+ae^b$	—	—
2	$L+ae^{2b}$	$ae^b(e^b-1)$	—
3	$L+ae^{3b}$	$ae^{2b}(e^b-1)$	e^b
4	$L+ae^{4b}$	$ae^{3b}(e^b-1)$	e^b
⋮	⋮	⋮	⋮
$t-1$	$L+ae^{(t-1)b}$	$ae^{(t-2)b}(e^b-1)$	e^b
t	$L+ae^{bt}$	$ae^{(t-1)b}(e^b-1)$	e^b

类似地，二次曲线可以适用于逐期增量的增加变化大体不变的序列。指数曲线的特点是一次比率为一个常数，即环比发展速度是常数。如果现象随时间变化过程中，逐期增长变化大体稳定，可以运用该模型。

第二节　参数估计

趋势模型的参数估计方法很多，常用的有两种：线性最小二乘法、三和值法。直线模型和各类能够线性化的趋势模型，参数都可以采用最小二乘法估计；无法线性化的几类模型，其参数可以利用三和值法进行粗略估计。

一、最小二乘估计

趋势模型大多可以采用最小二乘法估计参数。直线模型本身就是反映序列与时间 t 的线性关系，将自变量 X 换为时间 t 即可估计。对于曲线形式的模型，通过变换使其线性化，也可以运用最小二乘估计。式（1.3）、式（1.4）、式（1.6）和式（1.7）的形式，待估计参数都是线性的，可以直接将自变量时间 t 的非线性形式以一个新的变量名命名，如令 $w=t^2$，$w=\ln t$ 等，从而将模型改写成线性形式，用最小二乘法估计参数；式（1.5）和式（1.8）的模型，可以通过两边同时取对数，将模型形式线性化，运用最小二乘法估计参数。

有增长上限的曲线，当其增长上限 L 可以事先确定时，也可以采用最小二乘法估计参数 a，b。

1. *龚珀兹曲线模型估计*

$$\hat{Y}=L\mathrm{e}^{-a\mathrm{e}^{-bt}}$$ ①

预测中，当预测对象的上限值 L 可以由一些已知条件事先确定时，能够按照最小二乘法原则估计参数 a，b。对上式进行变换如下：

$$\frac{Y}{L}=\mathrm{e}^{-a\mathrm{e}^{-bt}}$$

$$\ln\left(\frac{Y}{L}\right)=-a\mathrm{e}^{-bt}$$

$$\ln\left(\frac{L}{Y}\right)=a\mathrm{e}^{-bt}$$

$$\ln\ln\left(\frac{L}{Y}\right)=\ln a-bt$$

因为 L 为 Y 的上限，$\frac{L}{Y}$总是大于 1，所以

$$\ln\left(\frac{L}{Y}\right)>0$$

令 $Y'=\ln\ln\left(\frac{L}{Y}\right)$，$A=\ln a$，$B=b$，则

$$Y'=A-Bt$$

采用最小二乘法求解 A，B 后，回代求解 $a=\mathrm{e}^A$，$b=B$。求解 A，B 时需注意，必须根据 $Y'=\ln\ln\left(\frac{L}{Y}\right)$的关系，将 Y 的观察值变换以后才能运用最小二乘法。

---

① 这里为防止随机干扰项 e 与自然数 e 混淆，将其略去。

2. 皮尔曲线模型估计

$$\hat{Y}=\frac{L}{1+a\mathrm{e}^{-bt}}$$①

当预测对象的上限值 L 能够事先确定时，也可以进行对数变换，用最小二乘法估计参数 a，b。变换如下：

$$\frac{1}{Y}=\frac{1+a\mathrm{e}^{-bt}}{L}$$

$$\frac{L}{Y}-1=a\mathrm{e}^{-bt}$$

$$\ln\left(\frac{L}{Y}-1\right)=\ln a-bt$$

令 $Y'=\ln\left(\frac{L}{Y}-1\right)$，$A=\ln a$，$B=b$，则

$$Y'=A-Bt$$

利用最小二乘法求解 A，B，回代求解 $a=\mathrm{e}^{A}$，$b=B$。要注意根据 $Y'=\ln\left(\frac{L}{Y}-1\right)$ 变换 Y 的观察值后，才可运用最小二乘法求 A，B。

应当指出的是，经过对数变换后，采用最小二乘法估计参数，实际上并不是使预测对象 Y 的观察值与回归曲线之间的离差平方和取值最小，而是使它们之间比值的平方和取值最小。以指数曲线回归模型为例分析。

$$
\begin{aligned}
& Y'=\ln a+bX+\ln e \\
& \sum\left[Y'-(\ln a+bX)\right]^{2} \\
= & \sum\left[\ln Y-(\ln a+\ln \mathrm{e}^{bX})\right]^{2} \\
= & \sum\left[\ln Y-\ln a\mathrm{e}^{bX}\right]^{2} \\
= & \sum\left[\ln\left(\frac{Y}{a\,\mathrm{e}^{bX}}\right)\right]^{2}
\end{aligned}
$$

采用最小二乘法时，是 $\min\sum\left[Y'-(\ln a+bX)\right]^{2}$，这实际上是 $\min\sum\left[\ln\left(\frac{Y}{a\,\mathrm{e}^{bX}}\right)\right]^{2}$。

虽然这种方法没有严格遵循最小二乘法的原则，即 $\min\sum(Y_i-Y_i)^2$，但它提供了一种简单易行的参数估计方法，因此在时间序列分析实践中经常运用。只要曲线模型选择适当，运用这种方法求得的曲线就可以达到预测的目的。因此，如果比值平方和为 0，即

---

① 这里为防止随机干扰项 e 与自然数 e 混淆，将其略去。

$$\sum\left[\ln\left(\frac{Y}{a\mathrm{e}^{bX}}\right)\right]^2=0$$

$$\ln\left(\frac{Y}{a\mathrm{e}^{bX}}\right)=0$$

$$\frac{Y}{a\mathrm{e}^{bX}}=1$$

$$Y=a\mathrm{e}^{bX}$$

这就说明曲线模型通过所有的原始数据点。

［例 1.3］ 确定例 1.1 中模型的参数

分析：指数曲线（式（1.12a））参数确定

$$Y_{t_A}=a\mathrm{e}^{bt} \tag{1.12a}$$

两边同时取对数

$$\ln Y_{t_A}=\ln a+bt$$

利用表 1－5 提供的数据，计算 $\ln Y_{t_A}$，再根据 t 和 $\ln Y_{t_A}$，采用最小二乘法得到

$$\ln a=5.716\,0 \qquad b=0.062\,7$$

指数曲线模型为：

$$Y_{t_A}=303.69\mathrm{e}^{0.062\,7} \tag{1.13a}$$

二次曲线（式（1.12b））参数确定

$$Y_{t_B}=b_0+b_1t+b_2t^2 \tag{1.12b}$$

令 $X_1=t$，$X_2=t^2$，利用表 1－5 的数据，最小二乘法估计结果为：

$$b_0=577.239\,6 \qquad b_1=-44.332\,6 \qquad b_2=3.296\,4$$

二次曲线模型为：

$$Y_{t_B}=577.239\,6-44.332\,6t+3.296\,4t^2 \tag{1.13b}$$

三次曲线（式（1.12c））参数确定

$$Y_{t_C}=b_0+b_1t+b_2t^2+b_3t^3 \tag{1.12c}$$

令 $X_1=t$，$X_2=t^2$，$X_3=t^3$，根据表 1－5 的数据，最小二乘法估计结果为：

$$b_0=142.230\,7 \qquad b_1=102.666\,5 \qquad b_2=-7.670\,5 \qquad b_3=0.221\,6$$

三次曲线模型为：

$$Y_{t_C}=142.230\,7+102.666\,5t-7.670\,5t^2+0.221\,6t^3 \tag{1.13c}$$

二、三和值法

三和值法是将时序分成相等的三个间距，分别求出每一间距内各值的和，再利用三个

间距时序值和计算参数的方法。它只能用来对参数进行粗略的估计，常用来确定具有三个参数的模型。

1. 修正指数曲线模型参数的计算

将时序分成每个间距期为 n 的三段，分别求出每一段数值的和：$\sum_1 Y_t$，$\sum_2 Y_t$，$\sum_3 Y_t$。

由于

$$Y_t = L + a\mathrm{e}^{bt}$$

所以

$$\begin{aligned}\sum_1 Y_t &= (L + a\mathrm{e}^0) + (L + a\mathrm{e}^b) + \cdots + (L + a\mathrm{e}^{(n-1)b})① \\ &= nL + a(\mathrm{e}^0 + \mathrm{e}^b + \cdots + \mathrm{e}^{(n-1)b}) \\ &= nL + a\frac{\mathrm{e}^{nb} - 1}{\mathrm{e}^b - 1}\end{aligned} \tag{1.14}$$

用同样的方法可以计算另外两段的和为：

$$\sum_2 Y_t = nL + a\mathrm{e}^{nb}\frac{\mathrm{e}^{nb} - 1}{\mathrm{e}^b - 1} \tag{1.15}$$

$$\sum_3 Y_t = nL + a\mathrm{e}^{2nb}\frac{\mathrm{e}^{nb} - 1}{\mathrm{e}^b - 1} \tag{1.16}$$

利用式（1.14）、式（1.15）和式（1.16）即可求得参数 L，a，b。如可以用式（1.15）减式（1.14），得

$$\sum_2 Y_t - \sum_1 Y_t = a\frac{(\mathrm{e}^{nb} - 1)^2}{\mathrm{e}^b - 1} \tag{1.17}$$

式（1.16）减式（1.15），得

$$\sum_3 Y_t - \sum_2 Y_t = a\mathrm{e}^{nb}\frac{(\mathrm{e}^{nb} - 1)^2}{\mathrm{e}^b - 1} \tag{1.18}$$

式（1.18）除以式（1.17），得

$$\frac{\sum_3 Y_t - \sum_2 Y_t}{\sum_2 Y_t - \sum_1 Y_t} = \mathrm{e}^{nb} \tag{1.19}$$

由式（1.19）可以求出 b，即有

$$b = \ln\sqrt[n]{\frac{\sum_3 Y_t - \sum_2 Y_t}{\sum_2 Y_t - \sum_1 Y_t}} \tag{1.20}$$

① 这里时序从 $t = 0$ 开始。$t = 1$ 开始的求解方法与其类似。

将式（1.20）的结果代入式（1.17），可求解得到 a，即有

$$a=\left(\sum\nolimits_{2}Y_t-\sum\nolimits_{1}Y_t\right)\cdot\frac{e^{b}-1}{(e^{nb}-1)^{2}} \tag{1.21}$$

再将上面的结果代入式（1.14），可解得 L，即有

$$L=\frac{1}{n}\left(\sum\nolimits_{1}Y_t-a\cdot\frac{e^{nb}-1}{e^{b}-1}\right) \tag{1.22}$$

将式（1.19）和式（1.21）代入式（1.22），也可以得到利用三段和直接计算的 L 值，即有

$$L=\frac{1}{n}\left[\frac{\sum_{1}Y_t\sum_{3}Y_t-\left(\sum_{2}Y_t\right)^{2}}{\sum_{1}Y_t+\sum_{3}Y_t-2\sum_{2}Y_t}\right] \tag{1.23}$$

从式（1.20）和式（1.23）可以看出，如果时间序列受各种原因影响，$\sum_{3}Y_t$ 与 $\sum_{2}Y_t$ 很接近，即 $\left(\sum_{3}Y_t-\sum_{2}Y_t\right)$ 接近于 0，那么 b 值、L 值急剧减小。若 $\left(\sum_{2}Y_t-\sum_{1}Y_t\right)$ 趋于 0，则 a 也将趋于 0。三和值法的计算结果对随机干扰很敏感，因而采用此方法估计参数之前，应先将时序数据中明显的干扰排除，即对原始时序数据进行调整和修匀。

2. 龚珀兹曲线模型参数的计算

通过对数变换，将龚珀兹曲线模型化为修正指数曲线模型形式，即有

$$\ln Y_t=\ln L+e^{-bt}(-a)$$

时间序列的三段和分别为：$\sum_{1}\ln Y_t$，$\sum_{2}\ln Y_t$，$\sum_{3}\ln Y_t$，将其分别代入式（1.19）、式（1.21）、式（1.22）或式（1.23），可以得出

$$e^{-nb}=\frac{\sum_{3}\ln Y_t-\sum_{2}\ln Y_t}{\sum_{2}\ln Y_t-\sum_{1}\ln Y_t} \tag{1.24}$$

$$-a=\left(\sum\nolimits_{2}\ln Y_t-\sum\nolimits_{1}\ln Y_t\right)\frac{e^{-b}-1}{(e^{-nb}-1)^{2}} \tag{1.25}$$

$$\ln L=\frac{1}{n}\left[\sum\nolimits_{1}\ln Y_t-\frac{e^{-nb}-1}{e^{-b}-1}(-a)\right] \tag{1.26}$$

或

$$\ln L=\frac{1}{n}\left[\frac{\sum_{1}\ln Y_t\sum_{3}\ln Y_t-\left(\sum_{2}\ln Y_t\right)^{2}}{\sum_{1}\ln Y_t+\sum_{3}\ln Y_t-2\sum_{2}\ln Y_t}\right] \tag{1.27}$$

利用上式即可解出龚珀兹曲线模型的参数 b，a，L。

注意：(1) 若模型为 $\hat{Y}_t=La^{b^t}$，则参数计算公式为：

$$b^n=\frac{\sum_3 \ln Y_t-\sum_2 \ln Y_t}{\sum_2 \ln Y_t-\sum_1 \ln Y_t}$$

$$\ln a=\left(\sum_2 \ln Y_t-\sum_1 \ln Y_t\right)\frac{b-1}{(b^n-1)^2}$$

$$\ln L=\frac{1}{n}\left(\sum_1 \ln Y_t-\frac{b^n-1}{b-1}\ln a\right)$$

（2）这里时序从 $t=1$ 开始。$t=0$ 开始的求解方法与其类似。

3. 皮尔曲线模型参数的计算

通过对时序数据取倒数，将皮尔曲线模型转变为以下形式：

$$\frac{1}{Y_t}=\frac{1}{L}+\frac{a}{L}\mathrm{e}^{-bt}$$

三段和分别记为 $\sum_1 \frac{1}{Y_t}$，$\sum_2 \frac{1}{Y_t}$，$\sum_3 \frac{1}{Y_t}$。

记 $c=\frac{\mathrm{e}^{-b}(1-\mathrm{e}^{-nb})}{1-\mathrm{e}^{-b}}$，有

$$\begin{aligned}\sum_1 \frac{1}{Y_t}&=\frac{n}{L}+\frac{a}{L}(\mathrm{e}^{-b}+\mathrm{e}^{-2b}+\cdots+\mathrm{e}^{-nb})\\&=\frac{n}{L}+\frac{a}{L}\cdot\frac{\mathrm{e}^{-b}(1-\mathrm{e}^{-nb})}{1-\mathrm{e}^{-b}}\\&=\frac{1}{L}(n+ac)\end{aligned}\tag{1.28}$$

$$\sum_2 \frac{1}{Y_t}=\frac{1}{L}(n+ac\mathrm{e}^{-nb})\tag{1.29}$$

$$\sum_3 \frac{1}{Y_t}=\frac{1}{L}(n+ac\mathrm{e}^{-2nb})\tag{1.30}$$

则有

$$\sum_1 \frac{1}{Y_t}-\sum_2 \frac{1}{Y_t}=\frac{ac}{L}(1-\mathrm{e}^{-nb})\tag{1.31}$$

$$\sum_2 \frac{1}{Y_t}-\sum_3 \frac{1}{Y_t}=\frac{ac}{L}\mathrm{e}^{-nb}(1-\mathrm{e}^{-nb})\tag{1.32}$$

由式（1.31）和式（1.32）可以得到

$$\mathrm{e}^{-nb}=\frac{\sum_2 \frac{1}{Y_t}-\sum_3 \frac{1}{Y_t}}{\sum_1 \frac{1}{Y_t}-\sum_2 \frac{1}{Y_t}}\tag{1.33}$$

由式（1.28）、式（1.31）、式（1.33）可以求出 L 值为：

$$L=n\Bigg/\frac{\sum_1\frac{1}{Y_t}\sum_3\frac{1}{Y_t}-\left(\sum_2\frac{1}{Y_t}\right)^2}{\sum_1\frac{1}{Y_t}+\sum_3\frac{1}{Y_t}-2\sum_2\frac{1}{Y_t}}$$

$$=n\frac{\sum_1\frac{1}{Y_t}+\sum_3\frac{1}{Y_t}-2\sum_2\frac{1}{Y_t}}{\sum_1\frac{1}{Y_t}\sum_3\frac{1}{Y_t}-\left(\sum_2\frac{1}{Y_t}\right)^2} \tag{1.34}$$

由式（1.31）及式（1.33）可解得

$$a=\frac{L}{c}\cdot\frac{\left(\sum_1\frac{1}{Y_t}-\sum_2\frac{1}{Y_t}\right)^2}{\sum_1\frac{1}{Y_t}+\sum_3\frac{1}{Y_t}-2\sum_2\frac{1}{Y_t}} \tag{1.35}$$

若令

$$D_1=\sum_1\frac{1}{Y_t}-\sum_2\frac{1}{Y_t}$$

$$D_2=\sum_2\frac{1}{Y_t}-\sum_3\frac{1}{Y_t}$$

则

$$b=\frac{1}{n}(\ln D_1-\ln D_2) \tag{1.36}$$

$$L=n\Big/\left(\sum_1\frac{1}{Y_t}-\frac{D_1^2}{D_1-D_2}\right) \tag{1.37}$$

$$a=\frac{L}{c}\cdot\frac{D_1^2}{D_1-D_2} \tag{1.38}$$

[例 1.4]　计算例 1.2 中龚珀兹曲线模型的参数

分析：龚珀兹曲线模型如式（1.39）：

$$\hat{Y}_t=La^{b^t} \tag{1.39}$$

由于模型的增长上限 L 无法事先确定，故采用三和值法计算三个参数：L，a，b。

将时间序列分为三段，每段为 7 期，取 $t=0$ 开始，可以得到

$$\sum_1\ln Y_t=54.2835$$

$$\sum_2\ln Y_t=59.3039$$

$$\sum_3\ln Y_t=62.1424$$

根据参数的三和值法计算公式可得

$$b^7=\frac{\sum_3\ln Y_t-\sum_2\ln Y_t}{\sum_2\ln Y_t-\sum_1\ln Y_t}=0.5654$$

$$\ln a=\left(\sum\nolimits_2 \ln Y_t-\sum\nolimits_1 \ln Y_t\right)\frac{b-1}{(b^7-1)^2}=-2.0783$$

$$\ln L=\frac{1}{n}\left(\sum\nolimits_1 \ln Y_t+\frac{b^7-1}{b-1}\ln a\right)=9.4048$$

三个参数分别为：

$$b=0.9218 \qquad a=0.1251 \qquad L=12\,146.54$$

模型为：

$$\hat{Y}_t=12\,146.54\times 0.1251^{0.9218^t}$$

第三节　模型分析与评价

趋势模型是对时间序列变化规律的一种模拟。为保证预测的精度和预测结果有效，必须对初选的预测模型进行评价分析。

一、模型的检验

模型采用最小二乘法估计参数，必须按照回归分析中的要求，对模型进行检验，包括参数显著性检验、回归方程显著性检验、残差独立性检验、拟合优度检验。

［例 1.5］　例 1.3 中三个模型的检验

分析：三个模型的检验值分别如下。采用式（1.13a）的指数曲线模型的对数直线形式为：

$$\ln(Y_{t_A})=5.7153+0.0628t$$
$$(25.3337)$$
$$(0.0000)$$

$$R^2=0.9553 \quad \bar{R}^2=0.9539 \quad F=641.7946(p=0.0000) \quad d=0.2887$$

采用式（1.13b）的二次曲线模型为：

$$Y_{t_B}=577.2396-44.3326t+3.2964t^2$$
$$(-3.7296)\ (9.4872)$$
$$(0.0008)\quad (0.0000)$$

$$R^2=0.9539 \quad \bar{R}^2=0.9507 \quad F=299.9765(p=0.0000) \quad d=0.2221$$

采用式（1.13c）的三次曲线模型为：

$$Y_{t_C}=142.2307+102.6665t-7.6705t^2+0.2216t^3$$
$$(9.6141)\ (-10.2592)\ (14.9557)$$
$$(0.0000)\quad (0.0000)\quad (0.0000)$$

$$R^2=0.9949 \quad \bar{R}^2=0.9943 \quad F=1\,810.097(p=0.0000) \quad d=0.9719$$

每个模型系数下面的第一行括号内是参数显著性检验的 t 统计量值，第二行括号内是相应参数为 0 的概率。可以看出，三个模型均通过了参数显著性检验；模型的拟合优度都很高，两个指标都大于 0.95，三次曲线最高，达到 0.99；F 检验通过，回归方程的整体回归效果显著；但是残差序列的自相关检验均没有通过，以显著性水平 $\alpha=0.01$，观测数据个数 $n=32$，自变量个数为 1 查 D. W. 得到 $d_l=1.16$，自变量个数为 2 查表得到 $d_l=1.10$，自变量个数为 3 查表得到 $d_l=1.04$。显然，指数曲线、二次曲线 d 统计量均接近于 0，残差序列存在正自相关；三次曲线的 d 统计量虽然比那两个都大，但还是小于 d_l，理论上三个模型都不能接受。从三次曲线和二次曲线的关系可以看出，要提高 d 统计量的值，只需升高时间变量 t 的幂次，如引入时间变量 t 的四次幂，则 $d=1.125\,1$，已经大于 d_l，但是过高的幂次会带来模型的过拟合，从而造成预测时误差的加大，因为任何一种现象在未来的变化都不会完全是历史的重演。为不至于产生过拟合问题，在运用多项式曲线模型时，往往会放松 D. W. 检验的要求，但是二次曲线和指数曲线的情况不能被接受。

二、模型分析评价

模型分析评价有两个方面：一是模型对历史数据的拟合；另一是模型对未来趋势的表现。若所选的趋势模型对历史数据拟合较好，又符合其未来的发展趋势，则模型可以直接用于预测。预测是对未来的一种估计或推测，因而人们往往更偏爱那些虽然对历史数据拟合不甚好，但与预测对象的未来发展更接近的模型。若模型只对历史数据拟合较好，与时间序列的未来发展差距较大，则模型不能直接用于预测。这种情况下，可以调整原模型，也可以另选其他类型的趋势模型。

（一）对历史数据拟合的分析

分析模型对历史数据的拟合程度，可以采用直观判断法和误差分析法。

1. 直观判断法

将时间序列历年实际观测值与模型相应的估计值，列表或绘图进行比较，与时间序列实际值接近的模型可认为对历史数据拟合程度高。

［例 1.6］ 对例 1.3 中模型进行分析

分析： 图 1-5 是社会商品零售总额历年实际值和三个趋势模型对历年的估计值曲线图。其中，y 是实际值，yf 是二次曲线估计值，$yf1$ 是三次曲线估计值，$yf2$ 是指数曲线估计值。从图 1-5 可以直观地看出，三次曲线模型的数值与实际值较为接近，其变化趋势与实际值的变化基本一致。相比之下，另外两个模型不如三次曲线模型对历史数据的拟合程度高。三次曲线模型作为预测模型较为适宜。直观判断只是对模型的粗略分析，精确分析还需要进行定量的分析。

2. 误差分析法

模型对历史数据的拟合程度通过误差分析可以得到较为精确的判断。常用的误差分析指标为平均绝对百分误差（mean absolute percentage error，MAPE），其计算公式如式（1.40）。MAPE<10，模型的预测精度较高。MAPE 小的模型为拟合程度高的模型。

$$\text{MAPE}=\frac{\sum_{i=1}^{n}\left|\frac{y_i-\hat{y}_i}{y_i}\right|}{n}\times 100 \tag{1.40}$$

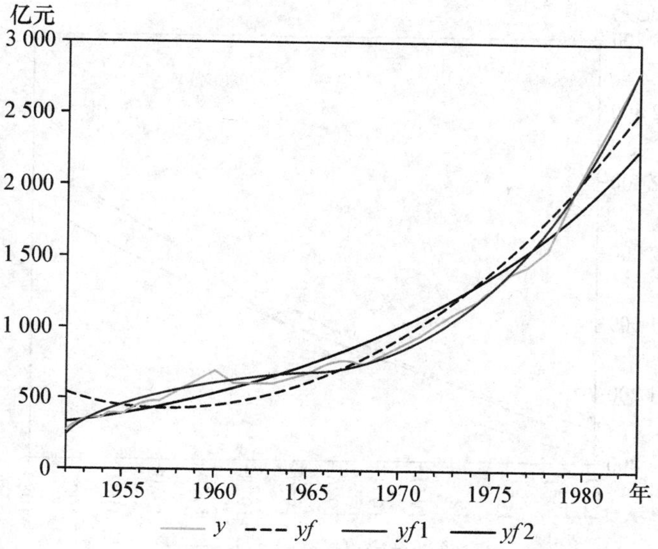

图 1－5　历年实际值与模型估计值

［例 1.7］　对例 1.3 的模型进行误差分析

分析： 分别计算三个模型在整个样本期内的 MAPE，结果如表 1－7 所示。可以看出，从对历史数据拟合程度看，三次曲线最好，二次曲线不如指数曲线。这与直观判断的结论一致。

表 1－7　三个模型的 MAPE

时间	二次曲线	三次曲线	指数曲线
1952—1983 年	16.23	4.82	10.45
1970—1983 年	9.35	3.03	11.13

（二）对未来趋势反映的分析

趋势模型只有能很好地表现或反映时序的未来发展变化趋势，才适用于预测。这一分析采用定性与定量分析相结合的方法，可以从两个方面考虑。

1. 模型对序列近期趋势的反映

从模型对时间序列近期数据的拟合，看其是否与发展变化一致。一般来说，近期的拟合好于整个样本期，表明模型在近期对序列的变化描述变好，如果误差大大减小，表明对近期趋势反映能力增强。这一分析也可以利用直观判断和误差分析，只是将时间范围限定在近期加以考察。

［例 1.8］　对例 1.3 中三个模型的近期趋势反映能力进行分析

分析： 将时间范围限定在 1970—1983 年，绘制实际值与三个模型估计值序列图，如图 1－6 所示，计算这一时期的 MAPE（见表 1－7）。由图 1－6 和表 1－7 可知，近期二次曲线对数据的拟合有所提高，指数曲线有所下降，从这一点来说，二次曲线要好于指数曲线，但两个模型都没有跟上实际序列的变化，大大低于实际值。三次曲线一直跟着实际值变化，误差在近期有所减小，对序列近期趋势的反映能力增强。

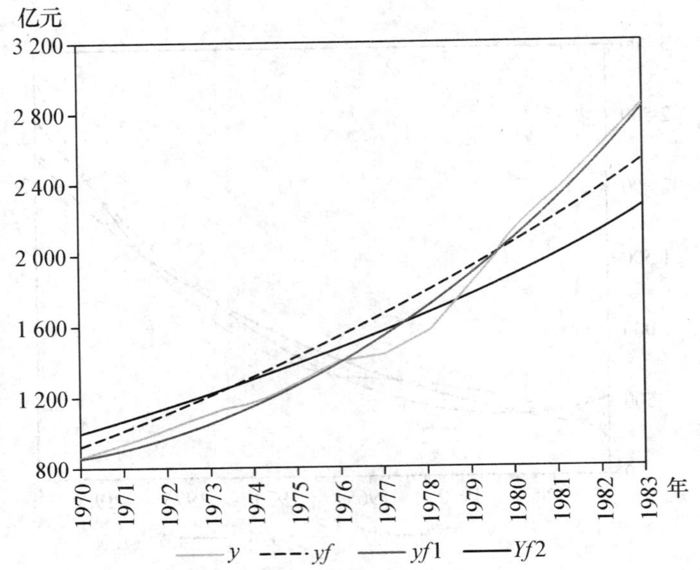

图 1-6　近期实际值与模型估计值

2. 试预测

试预测可以从两个不同角度进行。一是建模时预留一部分数据作为测试集，利用其余数据建模外推，分析模型对测试集数据的拟合，作为试预测结果的判定。一般在数据量较多时使用。二是利用全部数据建模，给时间变量 t 赋予未来不同值，代入模型，得到今后若干时期的估计值。凭借预测者的经验及对预测对象的熟悉、了解程度，分析时序发展的趋向是上升或下降，变化的幅度如何，看模型能否反映这一变化。

若模型接近预测对象近期的实际变化，且能很好地解释它今后的变化，则具有较强的预测能力；若模型偏离（过高或过低）预测对象近期实际变化，又无法反映其今后变化，则模型应淘汰；若模型虽近期有所偏离，但能预测对象今后的变化，可以考虑调整模型，如删减部分远期数据，重新建模，提高模型对时序近期数据的拟合程度等。试预测也可以通过在开始建模型时预留一部分近期数据，模型建立后，外推到这一段时期，分析评价模型外推效果。

［例 1.9］　对例 1.3 中的模型进行分析

分析：三次曲线模型自 1979 年一直与预测对象的实际变化十分接近，平均绝对百分误差仅为 2.04。社会商品零售总额今后仍会是一种上升趋势，三次曲线能够表现这种增长趋向，所以三次曲线模型有较好的预测能力。收集 1984—1999 年社会商品零售总额数据，利用建立的三次曲线模型外推后进行比较，确认模型的预测效果。图 1-7 是 1952—1999 年实际值与三次曲线模型预测值曲线图。可以看出，三次曲线对历史数据的拟合确实很好，但没有跟上实际序列的变化，对于这类快速增长的现象不宜采用多项式曲线模型。

指数曲线模型在近期（1979 年或 1980 年开始）低于预测对象的实际值，不能反映今后的一种增长趋势，故预测能力较差。如果我国社会商品零售总额今后会以某一较为固定的速度递增，指数曲线模型就能很好地解释这一变化规律。前面建立的指数曲线模型只反映平均每年递增 6.5%的变化规律，实际上预测对象在 1980 年以后以接近 10%的速度递

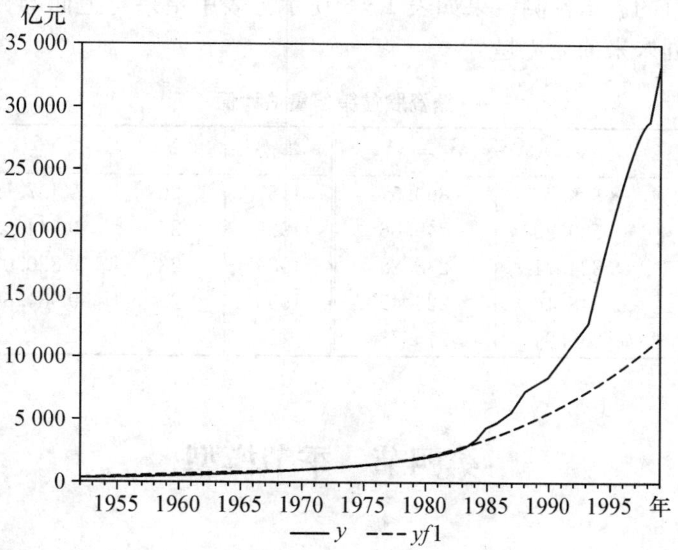

图 1-7　实际值与三次曲线模型估计值

增，显然，模型与预测对象变化趋势不符。如果要用指数曲线反映以某一速度递增的变化，可以采取措施调整模型。如例 1.3 中的指数曲线模型所反映的变化速度低于预测对象的实际变化速度，可以删减部分数据，仅用 1970—1983 年数据重新建模，得到

$$\hat{Y}_t = 748.46e^{0.092t}$$

计算出平均绝对百分误差 4.55，说明模型能解释社会商品零售总额 1970—1983 年变化的 95%。由于 $e^{0.092}=1.096$，因此若今后社会商品零售总额以 9.6%左右的速度递增，可以利用重建的指数曲线模型预测。

［例 1.10］　对例 1.4 中模型的分析

分析：考察模型对历史数据的拟合程度。利用建立的模型计算 1961—1981 年的估计值，将各年实际值与模型估计值比较，计算得到整个时期 MAPE＝13.19，模型对整个历史数据的拟合程度不是很高；计算得到 1979—1981 年 MAPE＝3.70，表明模型的近期拟合程度大大提高。

模型对序列未来趋势反映的分析。对于考虑商品生命周期的序列，需要注意：商品处于生命周期的不同阶段，选用的模型不尽相同。一般来说，商品生命处于成长前期，意味着今后会有一个快速增长期，可以选用增长型曲线，如指数曲线、幂函数曲线、二次曲线、三次曲线等；商品生命处于成长后期，表明快速增长阶段已接近尾声，不宜选用增长型曲线，宜考虑运用有增长上限的曲线模型。模型参数估计结果：$\ln a=-2.0783<0$，$0<b=0.9218<1$，表明搪瓷脸盆的销量在 1981 年已处于生命周期的成长后期，即已进入成熟阶段。① 今后几年的销售量会有增加，但增长幅度将逐渐变小。同时，注意到塑料脸盆进入市场，已经开始形成对搪瓷脸盆的替代，势必造成搪瓷脸盆销量的减少，选用龚珀

① 有关商品生命周期阶段的判定，参见本章附录 1-B。

兹曲线模型是适宜的。试预测结果如表 1-8 所示。表中结果与上面的分析基本一致，可以较好地反映序列未来的变化趋势。

表 1-8　　搪瓷脸盆销售量估计值　　单位：万只

年份	t	$\hat{Y}_t$	$\hat{Y}_t-\hat{Y}_{t-1}$	年份	t	$\hat{Y}_t$	$\hat{Y}_t-\hat{Y}_{t-1}$
1982	21	8 339.57	869.57	1987	26	9 457.59	198.65
1983	22	8 589.43	249.86	1988	27	9 644.47	186.88
1984	23	8 824.71	235.28	1989	28	9 820.02	175.55
1985	24	9 048.16	223.45	1990	29	9 984.66	164.64
1986	25	9 258.94	210.78				

第四节　季节模型

季节变动是指客观事物由于自然条件、生产条件和生活习惯等因素的影响，随着季节的转变而呈现的周期性变动，这种周期通常为 1 年，或者说 12 个月、4 个季度。季节变动是客观事物常有的一种变化规律。有些产品季节性生产常年消费，如粮、棉、麻等；有些产品季节性生产季节性消费，如瓜果蔬菜；有些产品常年生产季节性消费，如汗衫、背心、毛衣、呢绒等；某些产品的月产量也带有季节性变化，如春节期间、暑热期间往往产量较低，年底产量较高；寒暑假前后、春节前后，学生放假、职工探亲，交通客运量往往成倍增长，等等。不分析研究、认识掌握现象的季节变化规律，常常会使预测的作用削弱甚至丧失。

季节变动的特点是有规律性，每年重复出现，其表现为逐年同月（或季）有相同的变化方向和大致相同的变化幅度。时间序列的季节变动可以直观地从其随时间变化的曲线图看出。图 1-8 是根据 1998 年 1 月至 2003 年 12 月我国社会商品零售总额数据绘制的由线图。图中显示出时间序列含有明显的季节变动。

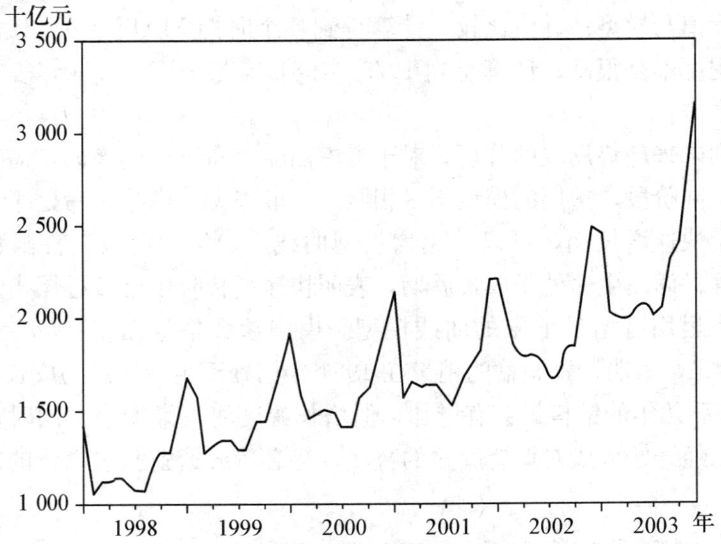

图 1-8　我国社会商品零售总额曲线图

时间序列的季节变动往往并不单独存在，而是伴随趋势变动存在。对于含有季节变动的时间序列，可以建立季节模型加以预测。本节主要介绍三种季节模型。

一、季节性水平模型

（一）模型形式

季节性水平模型的形式如式（1.41）。

$$\hat{Y}_t=\bar{Y}\cdot f_i \tag{1.41}$$

式中，$\bar{Y}$ 为时序的平均水平；f_i 为季节指数，$i=1，2，\cdots，12$ 或 $i=1，2，3，4$，其简单计算公式如式（1.42），实际计算通常可以采用移动平均方法。

$$f_i=\frac{\text{同月(或同季)平均数}}{\text{已知年份月(或季)总平均数}} \tag{1.42}$$

$\bar{Y}$ 的取值根据实际时间序列的变化确定。如果时间序列的变化幅度基本差不多，如图 1－9 所示，而且有理由认为今后的变化规律基本不变，$\bar{Y}$ 可以取值为已知年份所有数据月（或季）的平均水平；如果时间序列近期变化幅度与以前有差异，如图 1－10 所示，而且有理由认为，今后变化与近期差不多，$\bar{Y}$ 可以是近期所有数据的平均；如果时间序列最近一期的变化与以往不同，如图 1－11 所示，而且有理由相信这是一个新的开始，今后变化与前一期相同，$\bar{Y}$ 可以是预测前一年的月（或季）平均水平。f_i 称为季节比或季节指数、季节系数，表示由于季节变化影响，某月或季高于或低于平均水平的比例，是一个无名数。

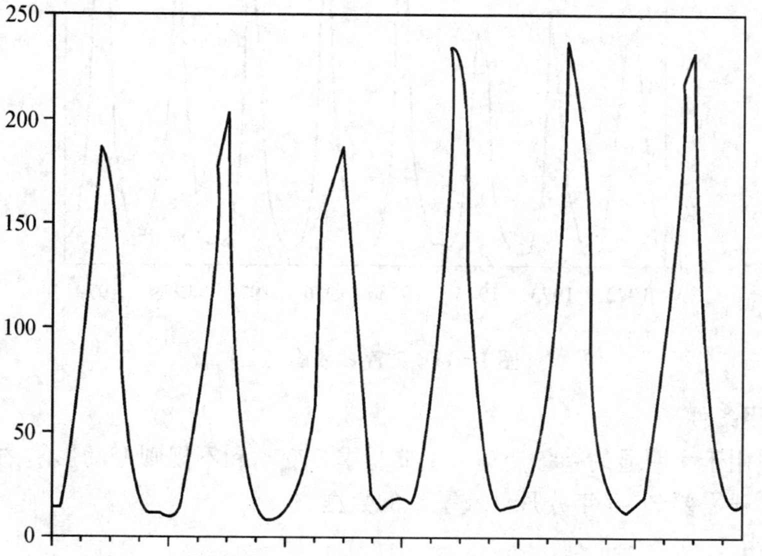

图 1－9　时序曲线图（一）

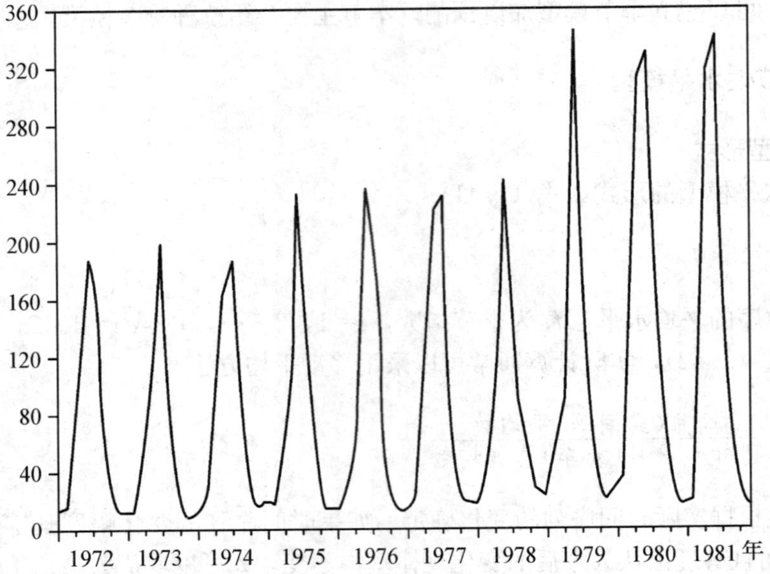

图 1-10　时序曲线图（二）

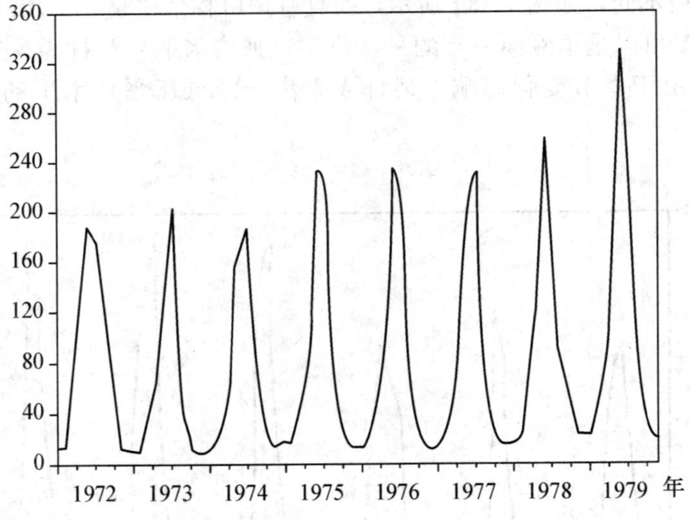

图 1-11　时序曲线图（三）

（二）适用条件

该模型适用于无明显的趋势变动，主要受季节变动和不规则变动影响的时间序列。建立该类模型一般需要 3～5 年分月（或季）的数据。

（三）应用

［**例 1.11**］　分析预测某市汗衫背心零售量

表 1-9 是 1972 年 1 月至 1982 年 12 月某市汗衫背心零售量数据。

表 1-9　　某市各月汗衫背心零售量　　单位：万件

时间	y	时间	y	时间	y	时间	y
1972.01	14	1974.10	21	1977.07	235	1980.04	120
1972.02	15	1974.11	14	1977.08	81	1980.05	311
1972.03	38	1974.12	19	1977.09	42	1980.06	334
1972.04	102	1975.01	19	1977.10	23	1980.07	270
1972.05	141	1975.02	17	1977.11	16	1980.08	122
1972.06	191	1975.03	43	1977.12	17	1980.09	70
1972.07	174	1975.04	62	1978.01	18	1980.10	33
1972.08	84	1975.05	111	1978.02	23	1980.11	23
1972.09	41	1975.06	237	1978.03	66	1980.12	16
1972.10	20	1975.07	227	1978.04	91	1981.01	18
1972.11	12	1975.08	93	1978.05	139	1981.02	20
1972.12	12	1975.09	53	1978.06	264	1981.03	92
1973.01	10	1975.10	24	1978.07	186	1981.04	139
1973.02	12	1975.11	13	1978.08	92	1981.05	324
1973.03	35	1975.12	14	1978.09	78	1981.06	343
1973.04	53	1976.01	14	1978.10	51	1981.07	271
1973.05	104	1976.02	22	1978.11	25	1981.08	193
1973.06	180	1976.03	41	1978.12	23	1981.09	62
1973.07	208	1976.04	74	1979.01	23	1981.10	27
1973.08	85	1976.05	158	1979.02	33	1981.11	17
1973.09	31	1976.06	240	1979.03	69	1981.12	13
1973.10	13	1976.07	215	1979.04	91	1982.01	22
1973.11	8	1976.08	127	1979.05	192	1982.02	32
1973.12	10	1976.09	41	1979.06	348	1982.03	102
1974.01	12	1976.10	23	1979.07	254	1982.04	155
1974.02	20	1976.11	16	1979.08	122	1982.05	372
1974.03	43	1976.12	12	1979.09	59	1982.06	324
1974.04	64	1977.01	16	1979.10	34	1982.07	290
1974.05	159	1977.02	20	1979.11	19	1982.08	153
1974.06	174	1977.03	58	1979.12	27	1982.09	77
1974.07	189	1977.04	90	1980.01	30	1982.10	17
1974.08	100	1977.05	129	1980.02	37	1982.11	37
1974.09	46	1977.06	223	1980.03	59	1982.12	46

分析：

1. 时序变化分析

汗衫背心主要是夏季服装，故其销量会受季节的影响，由表 1-9 数据绘制的曲线图如图 1－12 所示。可以看出，时序数据存在明显的季节变动，但无明显的趋势变动，可以建立季节性水平模型。

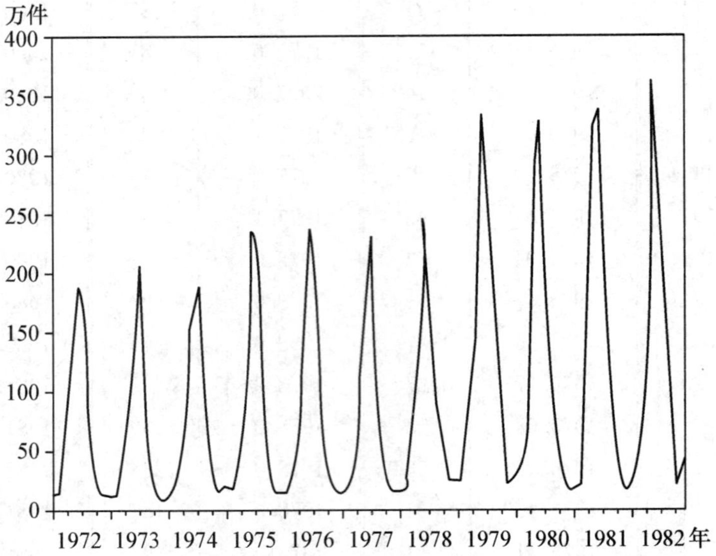

图 1－12　汗衫背心零售量曲线图

2. 建模

季节性水平模型的建立主要是计算 $\bar{Y}$ 及 f_i。$\bar{Y}$ 的计算需要考虑实际序列的变化。从图 1－12 可以看出，1982 年各月零售量大多高于往年同月，如果 1983 年的销售状况与 1982 年关系较为密切，可以考虑只采用 1982 年各月平均 135.58 万件作为 $\bar{Y}$。季节指数 f_i 计算如式（1.42），表 1－10 是用移动平均法计算的结果。

表 1－10　　各月季节指数（f_i）

1	0.315 053
2	0.404 907
3	1.024 636
4	1.570 320
5	3.254 136
6	4.552 088
7	4.156 810
8	1.998 651
9	0.951 953
10	0.486 552
11	0.291 839
12	0.292 868

各月的季节指数说明各月零售量比全年总水平高或低的程度，反映了季节变动的一般规律。如 2 月季节指数为 40.49%，表示 2 月汗衫背心零售量是全年平均每月销量的

40.49%；5 月季节指数为 325.41%，表示 5 月销量是全年平均每月销量的 325.41%。从季节指数整体看，每年的 1 月、2 月为汗衫背心的销售淡季，4 月、5 月、6 月、7 月、8 月为销售旺季，其中 6 月是销售高峰，9 月销量开始下降，11 月、12 月又进入淡季。将季节指数绘制成图（见图 1-13），可以更清楚地看出季节变动的规律。

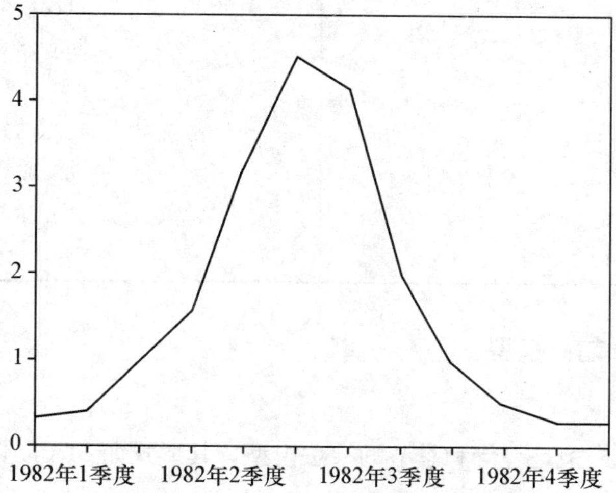

图 1-13 汗衫背心零售量的季节指数曲线

根据计算得到的 $\bar{Y}$ 及 f_i，可以建立预测模型，如式（1.43）。

$$\hat{Y}_t = 135.58 \times f_i \tag{1.43}$$

3. 预测

若时间序列未来的变化规律和过去基本一样，则所建立的预测模型可以用于预测。季节性水平模型的预测期为下一年度的 12 个月（或 4 个季度）。考虑汗衫背心的零售情况在 1983 年不会有突变，基本遵循以往的规律，可以用式（1.43）预测。

1983 年 1 月零售量为：

$$Y_{133} = 135.58 \times 31.51\% = 42.71(\text{万件})$$

1983 年 2 月零售量为：

$$Y_{134} = 135.58 \times 40.49\% = 54.90(\text{万件})$$

依照式（1.43），从表 1-10 中找到不同月份季节指数，即可计算出 1983 年 1—12 月的预测值（见表 1-11）。

表 1-11 1983 年各月汗衫背心零售量预测值 单位：万件

月份	预测值
1	42.714 88
2	54.897 26
3	138.920 2

续前表

月份	预测值
4	212.904 0
5	441.195 8
6	617.172 0
7	563.580 4
8	270.977 1
9	129.065 8
10	65.966 77
11	39.567 57
12	39.707 00

二、季节性交乘趋向模型

（一）模型形式

季节性交乘趋向模型是趋势和季节的乘法模型，其形式如式（1.44）。

$$\hat{Y}_t=(a+bt)f_i \tag{1.44}$$

式中，$(a+bt)$ 是时间序列趋势变动部分，可以是线性的，也可以是非线性的；f_i 是时间序列各月（或季）的季节指数，最简单的计算公式如式（1.45）。

$$f_i=\frac{F_i+F_{i+T}+\cdots+F_{i+(m-1)T}}{m}\quad (i=1,2,\cdots,12 \text{ 或 } i=1,2,3,4) \tag{1.45}$$

式中，F 是各期实际的季节指数，由当期实际值除以趋势值得到，反映当期由于季节影响实际值高于或低于趋势值的比例；T 是季节周期的长度，月度数据为 12，季度数据为 4；m 是季节周期的个数，即年份数。f_i 是理论季节指数，和式（1.42）一样，也可以采用移动平均的方法计算，它反映由于季节的影响，在每年的同一月或季，实际值高于或低于趋势值的比例，亦是无名数。

（二）适用条件

该模型适用于既有季节变动又有趋势变动，且季节波动幅度随趋势增加而加大的时间序列。利用这种模型预测，至少需要 5 年的分月（或季）数据。

（三）应用

［例 1.12］ 我国工业总产值的分析预测

分析： 表 1－12 中序列 Y_t 是我国 1990 年 1 月至 1996 年 12 月各月的工业总产值（1990 年不变价）。

表 1－12 工业总产值实际值及模型估计值 单位：亿元

时间	Y	V	F	YY
1990M01	1 421.400	1 410.350	1.007 835	1 259.305

续前表

时间	Y	V	F	YY
1990M02	1 367.400	1 445.843	0.945 746	1 164.705
1990M03	1 719.700	1 481.336	1.160 912	1 512.688
1990M04	1 759.600	1 516.829	1.160 052	1 578.067
1990M05	1 795.700	1 552.322	1.156 783	1 666.057
1990M06	1 848.100	1 587.815	1.163 927	1 759.187
1990M07	1 637.300	1 623.308	1.008 619	1 557.213
1990M08	1 670.900	1 658.801	1.007 294	1 601.663
1990M09	1 760.100	1 694.294	1.038 840	1 695.225
1990M10	1 789.500	1 729.787	1.034 520	1 742.023
1990M11	1 888.600	1 765.280	1.069 859	1 830.653
1990M12	1 981.400	1 800.773	1.100 305	2 047.568
1991M01	1 757.800	1 836.266	0.957 269	1 639.607
1991M02	1 485.700	1 871.759	0.793 745	1 507.804
1991M03	1 893.900	1 907.252	0.992 999	1 947.619
1991M04	1 969.800	1 942.745	1.013 926	2 021.179
1991M05	2 033.700	1 978.238	1.028 036	2 123.180
1991M06	2 103.000	2 013.731	1.044 330	2 231.073
1991M07	1 836.300	2 049.224	0.896 095	1 965.788
1991M08	1 914.700	2 084.717	0.918 446	2 012.909
1991M09	2 022.200	2 120.210	0.953 773	2 121.375
1991M10	2 045.100	2 155.703	0.948 693	2 170.952
1991M11	2 069.200	2 191.197	0.944 324	2 272.342
1991M12	2 136.000	2 226.690	0.959 272	2 531.856
1992M01	1 984.200	2 262.183	0.877 118	2 019.910
1992M02	1 812.400	2 297.676	0.788 797	1 850.902
1992M03	2 274.700	2 333.169	0.974 940	2 382.550
1992M04	2 328.900	2 368.662	0.983 213	2 464.291
1992M05	2 373.100	2 404.155	0.987 083	2 580.303
1992M06	2 515.800	2 439.648	1.031 214	2 702.958
1992M07	2 288.000	2 475.141	0.924 392	2 374.363
1992M08	2 321.000	2 510.634	0.924 468	2 424.155
1992M09	2 441.100	2 546.127	0.958 750	2 547.526
1992M10	2 502.600	2 581.620	0.969 391	2 599.881
1992M11	2 608.800	2 617.113	0.996 824	2 714.031
1992M12	2 823.800	2 652.606	1.064 538	3 016.144
1993M01	2 179.100	2 688.099	0.810 647	2 400.212

续前表

时间	Y	V	F	YY
1993M02	2 408.700	2 723.592	0.884 384	2 194.001
1993M03	2 869.400	2 759.085	1.039 982	2 817.481
1993M04	2 916.700	2 794.578	1.043 700	2 907.403
1993M05	3 022.100	2 830.071	1.067 853	3 037.425
1993M06	3 274.500	2 865.564	1.142 707	3 174.844
1993M07	2 862.900	2 901.057	0.986 847	2 782.938
1993M08	2 864.200	2 936.550	0.975 362	2 835.401
1993M09	2 908.000	2 972.043	0.978 451	2 973.676
1993M10	2 911.800	3 007.536	0.968 168	3 028.810
1993M11	3 101.300	3 043.029	1.019 149	3 155.720
1993M12	3 664.300	3 078.523	1.190 279	3 500.433
1994M01	2 903.300	3 114.016	0.932 333	2 780.514
1994M02	2 513.800	3 149.509	0.798 156	2 537.100
1994M03	3 409.000	3 185.002	1.070 329	3 252.412
1994M04	3 499.500	3 220.495	1.086 634	3 350.515
1994M05	3 462.600	3 255.988	1.063 456	3 494.548
1994M06	3 871.400	3 291.481	1.176 188	3 646.729
1994M07	3 373.000	3 326.974	1.013 834	3 191.513
1994M08	3 463.400	3 362.467	1.030 018	3 246.646
1994M09	3 663.740	3 397.960	1.078 218	3 399.827
1994M10	3 753.380	3 433.453	1.093 179	3 457.739
1994M11	3 793.170	3 468.946	1.093 465	3 597.409
1994M12	4 469.020	3 504.439	1.275 245	3 984.721
1995M01	2 996.700	3 539.932	0.846 542	3 160.816
1995M02	2 740.300	3 575.425	0.766 426	2 880.199
1995M03	3 580.900	3 610.918	0.991 687	3 687.343
1995M04	3 746.300	3 646.411	1.027 394	3 793.626
1995M05	3 817.900	3 681.904	1.036 936	3 951.670
1995M06	4 046.600	3 717.397	1.088 557	4 118.615
1995M07	3 483.900	3 752.890	0.928 325	3 600.088
1995M08	3 510.600	3 788.383	0.926 675	3 657.892
1995M09	3 703.100	3 823.876	0.968 415	3 825.977
1995M10	3 810.700	3 859.369	0.987 389	3 886.668
1995M11	4 091.000	3 894.862	1.050 358	4 039.098
1995M12	4 650.799	3 930.355	1.183 302	4 469.009
1996M01	3 476.600	3 965.848	0.876 635	3 541.118

续前表

时间	Y	V	F	YY
1996M02	2 970.300	4 001.342	0.742 326	3 223.298
1996M03	3 942.600	4 036.835	0.976 656	4 122.275
1996M04	4 067.600	4 072.328	0.998 839	4 236.738
1996M05	4 746.899	4 107.821	1.155 576	4 408.793
1996M06	4 417.299	4 143.314	1.066 127	4 590.500
1996M07	3 806.800	4 178.807	0.910 978	4 008.663
1996M08	3 746.300	4 214.300	0.888 950	4 069.138
1996M09	4 011.100	4 249.793	0.943 834	4 252.128
1996M10	4 129.600	4 285.286	0.963 670	4 315.598
1996M11	4 372.899	4 320.779	1.012 063	4 480.788
1996M12	4 991.500	4 356.272	1.145 819	4 953.297

1. 时序变化分析

将表 1－12 中 Y_t 的数据绘制成曲线图，如图 1－14 所示。从图中可以看到序列有明显的线性增长趋势，并且包括季节波动，且波动幅度随趋势的增加而变大，可以考虑建立季节性交乘趋向模型。

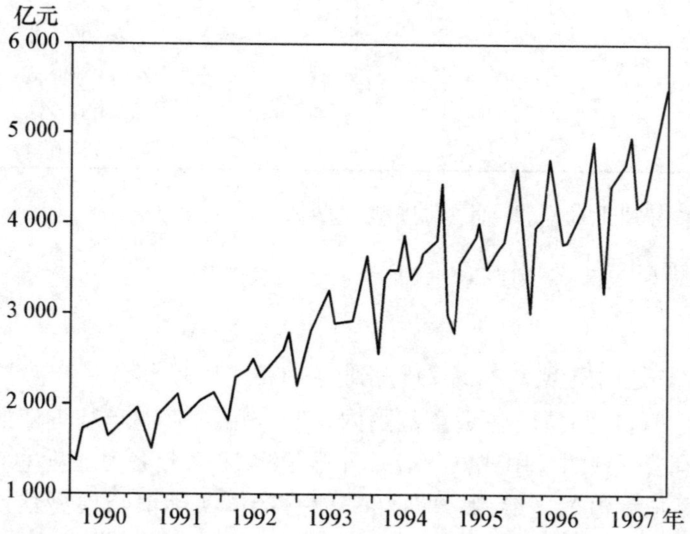

图 1－14　工业总产值序列曲线图

2. 建模

如果建模是为了预测，可以考虑使用前一部分数据建模，预留一部分数据对模型的效果进行分析评价。本例预留了 1997 年各月数据。

(1) 建立趋势方程

设工业总产值序列的线性趋势方程为：

$$V_t = a + bt \tag{1.46}$$

参数可以采用线性最小二乘法、目估法或经验法确定。利用表 1－12 中 1990—1996 年各月数据，对时间变量 t 进行回归，运用最小二乘估计，得到线性趋势的估计模型：

$$V_t = 1\,374.86 + 35.49t$$

由模型可以计算得到 1990—1996 年各月的趋势值，即表 1－12 中的 V。

（2）计算季节指数

由式（1.44）知，在序列的实际值中去除趋势值，剩余部分可认为是季节影响造成的变动。表 1－12 中 Y 值除以 V 值得到 F 值，表示各月由于季节影响带来的变动。对序列 F_t 进行季节平均，如式（1.45），得到理论季节指数 f_i（$i=1$，…，T），T 为季节周期的长度，季度数据为 4，月度数据为 12。表 1－13 是利用移动平均法计算得到的 f_i。

表 1－13　1990—1996 年各月工业总产值季节指数

1	0.892 903
2	0.805 554
3	1.021 165
4	1.040 373
5	1.073 268
6	1.107 930
7	0.959 284
8	0.965 555
9	1.000 549
10	1.007 073
11	1.037 032
12	1.137 050

由上面的结果得到工业总产值序列预测模型如式（1.47）。

$$\hat{Y}_t = (1\,374.86 + 35.49t) f_i \tag{1.47}$$

3．预测

表 1－12 中 YY 是用模型式（1.47）得到的 1990—1996 年各月产值 $\hat{Y}_t$。计算出这一时期的 MAPE 为 4.96，预测精度在满意范围内。若今后工业生产基本依照原有规律变化，可以用式（1.47）进行预测。用式（1.47）外推预测 1997 年各月工业总产值，得到表 1－14 中的 YY 即模型估计值 $\hat{Y}_t$。绘制 1997 年工业总产值实际值与模型估计值序列曲线图，如图1－15 所示。计算出 MAPE 为 4.08，模型精度比整个样本期要小，表明近期预测效果不错。如果今后仍然按这一规律变化，可以用模型继续外推预测。

表 1－14　1997 年各月实际值与估计值　　单位：亿元

时间	Y	YY
1997M01	3 843.840	3 921.420
1997M02	3 181.260	3 566.397
1997M03	4 404.490	4 557.206

续前表

时间	Y	YY
1997M04	4 520.180	4 679.850
1997M05	4 638.990	4 865.915
1997M06	4 969.930	5 062.386
1997M07	4 146.899	4 417.238
1997M08	4 198.700	4 480.383
1997M09	4 536.839	4 678.278
1997M10	4 718.910	4 744.527
1997M11	5 034.939	4 922.477
1997M12	5 545.740	5 437.585

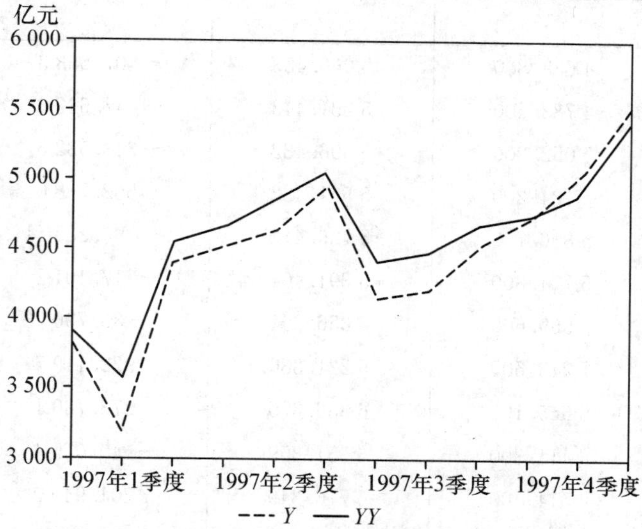

图 1－15　1997 年工业总产值实际值与估计值序列曲线图

三、季节性迭加趋向模型

(一) 模型形式

季节性迭加趋向模型是时间序列的趋势与季节变动的加法模型，模型形式如式(1.48)。

$$\hat{Y}_t=(a+bt)+d_i \quad (i=1,\cdots,T) \tag{1.48}$$

式中，$(a+bt)$ 是时间序列的趋势变动，可以是线性的，也可以是非线性的；d_i 是各月(或季)的季节增量，反映由于季节影响，实际值大于或小于趋势值的数量，计量单位与时间序列相同；T 是季节周期的长度。d_i 的简单计算公式如式(1.49)。

$$d_i=\frac{D_i+D_{i+T}+\cdots+D_{i+(m-1)T}}{m} \quad (i=1,2,\cdots,12 \text{ 或 } i=1,2,3,4) \tag{1.49}$$

式中，D 为各期实际的季节增量，由当期实际值减去趋势值得到，反映当期由于季节影响实际值大于或小于趋势值的数量；T 为季节周期的长度，月度数据为 12，季度数据为 4；m 为季节周期的个数，即年份数。d_i 是理论季节增量，和式（1.42）一样，也可以采用移动平均的方法计算，它反映由于季节的影响，在每年的同一月或季，实际值大于或小于趋势值的数量。它是有计量单位的，与时间序列的单位相同。

（二）适用条件

该模型适用于既有趋势变化又有季节变动，且季节波动幅度基本不随趋势的增加而变化的时间序列。建立这种模型至少需要 5 年分月（或季）的数据。

（三）应用

[例 1.13] 我国社会商品零售总额的分析预测

分析： 我国 1995—2000 年各季社会商品零售总额如表 1-15 所示。

表 1-15 社会商品零售总额实际值和模型估计值 单位：亿元

时间	Y	V	F	YY
1995Q1	4 658.800	5 066.453	−407.653 3	5 112.821
1995Q2	4 783.800	5 231.443	−447.642 9	4 790.804
1995Q3	5 052.900	5 396.432	−343.532 5	5 033.846
1995Q4	6 124.200	5 561.422	562.778 0	6 318.280
1996Q1	5 816.700	5 726.412	90.288 41	5 772.780
1996Q2	5 774.300	5 891.401	−117.101 2	5 450.762
1996Q3	5 969.600	6 056.391	−86.790 72	5 693.804
1996Q4	7 213.500	6 221.380	922.119 7	6 978.238
1997Q1	6 665.100	6 386.370	278.730 1	6 432.738
1997Q2	6 411.300	6 551.359	−140.059 4	6 110.720
1997Q3	6 514.400	6 716.349	−201.949 0	6 353.762
1997Q4	7 708.100	6 881.339	826.761 4	7 638.197
1998Q1	7 082.200	7 046.328	35.871 88	7 092.696
1998Q2	6 779.100	7 211.318	−432.217 7	6 770.678
1998Q3	6 971.600	7 376.307	−404.707 2	7 013.720
1998Q4	8 319.600	7 541.297	778.303 2	8 298.155
1999Q1	7 603.600	7 706.286	−102.686 4	7 752.655
1999Q2	7 149.600	7 871.276	−721.675 9	7 430.637
1999Q3	7 395.000	8 036.266	−641.265 5	7 673.679
1999Q4	8 986.000	8 201.255	784.744 9	8 958.113
2000Q1	8 394.400	8 366.245	28.155 36	8 412.613
2000Q2	7 853.600	8 531.234	−677.634 2	8 090.595
2000Q3	8 087.500	8 696.224	−608.723 8	8 333.637
2000Q4	9 817.100	8 861.213	955.886 7	9 618.071

1. 时序变化分析

由表 1－15 数据绘制曲线图，如图 1－16 所示。由图可知，序列具有明显的线性趋势变化，且有季节变动，波动的幅度基本不变，可以运用季节性迭加趋向模型。

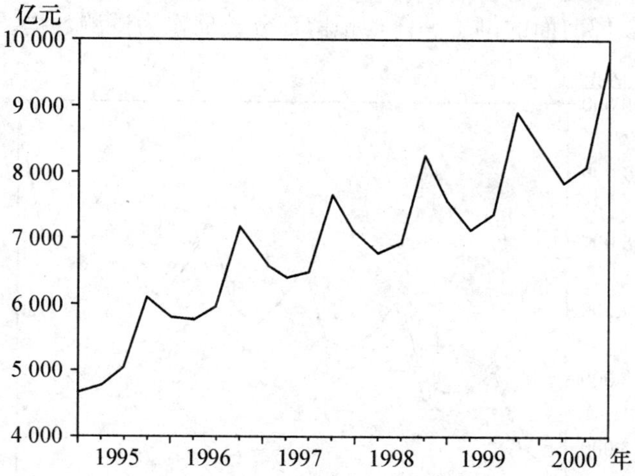

图 1－16　社会商品零售总额曲线图

2. 建模

(1) 建立趋势方程

由图看出序列具有线性变化趋势，可以建立如式（1.50）的趋势方程。

$$V_t = a + bt \tag{1.50}$$

趋势方程的参数 a，b 可以用最小二乘法、目估法或经验法确定。运用最小二乘法得到式（1.51）。

$$V_t = 4\,901.46 + 164.99t \tag{1.51}$$

由式（1.51）可以求出各期的趋势值，即表 1－15 中的 V。

(2) 确定季节增量 d_i

由式（1.48）知，在时间序列实际值 Y_t 中减去趋势值 V_t，得到各期由于季节影响大于或小于趋势值的部分，这是实际的季节增量 F 即 D_t。根据式（1.49），可以计算得到理论季节增量 d_i，如表 1－16 所示。

表 1－16　理论季节增量

1	46.368 12
2	－440.639 4
3	－362.586 9
4	756.858 1

由表可以看出，由于季节影响，每年的第一和第四季度零售额在趋势值上是增加的，是销售的高峰；第二和第三季度都小于趋势值，是销售的低谷。

根据得到的趋势方程和理论季节增量，可以建立式（1.48）的加法模型。模型在样本期内的估计值如表 1－15 的 YY 即 $\hat{Y}_t$。计算整个样本期的 MAPE 为 2.44，2000 年 MAPE 为 2.08。实际值与模型估计值的曲线图如图 1－17 所示，可以看出模型不仅对整个样本期拟合很好，近期规律反映更好，若这个规律可以延续，则能够用该模型预测。为评价模型的预测效果，也可以像前面的例子一样，预留部分数据作为试测数据。

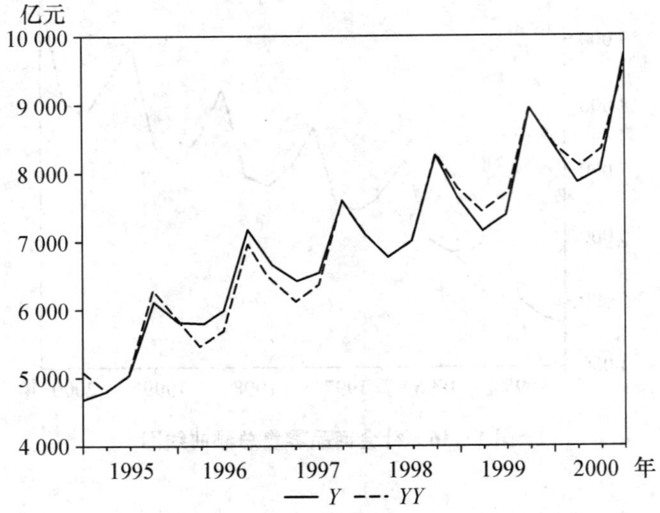

图 1－17　社会商品零售总额实际值与模型估计值曲线图

季节模型的分析评价类似趋势模型。

附录 1－A　生命周期曲线拐点

1. *龚珀兹曲线的拐点*

对 $Y=Le^{-ae^{-bt}}$ 求一阶导数，得到

$$Y'=Lab\cdot e^{-ae^{-bt}}\cdot e^{-bt}$$

求二阶导数，得到

$$Y''=Lab(abe^{-ae^{-bt}}\cdot e^{-bt}\cdot e^{-bt}-be^{-ae^{-bt}}\cdot e^{-bt})$$

令 $Y''=0$，得到

$$Lab^2e^{-ae^{-bt}}\cdot e^{-bt}(ae^{-bt}-1)=0$$

$$ae^{-bt}-1=0$$

$$ae^{-bt}=1$$

两边同时取对数，得到

$$\ln a-bt=0$$

$$t=\frac{\ln a}{b}$$

将 $t=\frac{\ln a}{b}$ 代入原模型中得到

$$Y=\frac{L}{\mathrm{e}}$$

龚珀兹曲线的拐点为 $\left(\frac{\ln a}{b},\ \frac{L}{\mathrm{e}}\right)$。

2. 皮尔曲线的拐点

对 $Y=\frac{L}{1+a\mathrm{e}^{-bt}}$ 求一阶导数，得到

$$Y'=Lab\cdot \mathrm{e}^{-a\mathrm{e}^{-bt}}\cdot \mathrm{e}^{-bt}$$

求二阶导数，得到

$$\begin{aligned} Y''&=Lab\frac{-b\mathrm{e}^{-bt}(1+a\mathrm{e}^{-bt})^2-\mathrm{e}^{-bt}\cdot 2(1+a\mathrm{e}^{-bt})\cdot a(-b)\mathrm{e}^{-bt}}{(1+a\mathrm{e}^{-bt})^4}\\ &=Lab\frac{2ab\mathrm{e}^{-bt}\mathrm{e}^{-bt}(1+a\mathrm{e}^{-bt})^2-\mathrm{e}^{-bt}(1+a\mathrm{e}^{-bt})^2}{(1+a\mathrm{e}^{-bt})^4} \end{aligned}$$

令 $Y''=0$，得到

$$2ab\mathrm{e}^{-bt}\mathrm{e}^{-bt}(1+a\mathrm{e}^{-bt})^2-\mathrm{e}^{-bt}(1+a\mathrm{e}^{-bt})=0$$
$$b\mathrm{e}^{-bt}(1+a\mathrm{e}^{-bt})(2a\mathrm{e}^{-bt}-1-a\mathrm{e}^{-bt})=0$$
$$a\mathrm{e}^{-bt}-1=0$$
$$a\mathrm{e}^{-bt}=1$$

两边同时取对数，得到

$$\ln a+(-bt)=0$$
$$t=\frac{\ln a}{b}$$

将 $t=\frac{\ln a}{b}$ 代入原模型中，得到

$$Y=\frac{L}{2}$$

皮尔曲线的拐点为 $\left(\frac{\ln a}{b},\ \frac{L}{2}\right)$。

附录 1-B 商品生命周期判定

利用龚珀兹曲线值判定商品所处的生命周期阶段。对曲线 $\hat{Y}=La^{b^t}$ 两边同时取对数，得到半对数曲线

$$\ln Y=\ln L+b^t\ln a$$

若增长上限 L 是确定的，可视为常数，则可利用 $\ln a$，b 数值的大小，判定商品生命周期。

上式对 t 求导数，得到

$$\frac{1}{Y}Y'=b^t\cdot\ln b\cdot\ln a$$

$$Y'=Y\cdot b^t\cdot\ln b\cdot\ln a=La^{b^t}\cdot b^t\cdot\ln b\cdot\ln a$$

对 Y' 两边同时取对数，得到

$$\ln Y'=\ln L+b^t\ln a+t\ln b+\ln(\ln b)+\ln(\ln a)$$

再对 t 求导数，得到

$$\frac{1}{Y'}Y''=b^t\ln b\cdot\ln a+\ln b=\ln b(b^t\ln a+1)$$

$$\begin{aligned}Y''&=Y'(b^t\ln a\cdot\ln b+\ln b)=Y'\ln b(b^t\ln a+1)\\&=La^{b^t}\cdot b^t\cdot\ln^2 b\cdot\ln a(b^t\ln a+1)\end{aligned}$$

利用半对数曲线，可以判定：

- 当 $b>1$，$\ln a>0$ 时，商品处于成长前期，市场销量会迅速上升。通常可用一般的增长型曲线预测。
- 当 $0<b<1$，$\ln a<0$ 时，商品处于成长后期，即进入成熟期。这时由于 $0<b<1$，b^t 随 t 增大而逐渐减小，市场销量仍急剧增加，但增长速度开始放慢。
- 当 $b>1$，$\ln a<0$，商品处于衰减前期，市场销量达到饱和状态或有替代品进入市场，导致销量开始下降。
- 当 $0<b<1$，$\ln a>0$，商品处于衰减后期，市场销量迅速下降。守旧顾客仍有需求，但终因需求量大大减少，而使商品从市场上销声匿迹。

一般来说，当某类商品有替代品在市场上出现时，会减缓其增长的速度。如果替代品能够完全替代，则该类商品生命很快就会完结；如果不能完全替代，该类商品的生命还会在市场上延续，延续多长时间则由其与替代品在市场上的竞争决定。

第二章

ARMA 模型

ARMA 模型是由美国学者博克斯（George Box）和英国统计学家詹金斯（Gwilym Jenkins）共同建立的，也称为博克斯-詹金斯法，简称 B-J 方法，是一种随机时间序列预测方法。它将预测对象随时间变化形成的序列看做一个随机序列。① 也就是说，除纯属偶然原因引起的个别序列值外，时间序列是依赖于时间 t 的一族随机变量。其中，单个序列值的出现具有不确定性，但整个序列的变化呈现一定的规律性。B-J 方法的基本思想是，这一串随时间变化而又相互关联的数字序列，可以用相应的数学模型近似描述。通过对相应数学模型的分析研究，能更本质地认识这些动态数据的内在结构和复杂特性，从而达到在最小方差意义下的最佳预测。

B-J 方法是一种精确度较高的短期预测方法，但其计算复杂，需借助电子计算机完成。②

第一节　概　　述

一、模型引进

在多元回归分析中，当预测对象的影响因素有多个，且影响因素之间相互独立时，可以建立多元线性回归模型，如式（2.1）。

$$Y=b_0+b_1X_1+b_2X_2+\cdots+b_iX_k+e \tag{2.1}$$

式中，Y 为因变量；X_1，X_2，…，X_k 为自变量；b_1，b_2，…，b_k 为回归系数；b_0 为回归常数；e 为误差项。

如果一个时间序列 Y_t 的变化受到其自身变化的影响，即影响 Y_t 变化的因素主要是时序在不同时期的取值，那么，令

$$Y_{t-1}=X_1 \quad Y_{t-2}=X_2 \quad Y_{t-3}=X_3 \quad \cdots \quad Y_{t-k}=X_k$$

---

① 有关随机序列的定义，参见参考文献［1］、［2］、［5］。

② 目前，有不少软件包已配有 B-J 方法。如 SPSS，SAS，Eviews 等。

则式（2.1）为：

$$Y_t = b_0 + b_1 Y_{t-1} + b_2 Y_{t-2} + \cdots + b_k Y_{t-k} + e_t \tag{2.2}$$

式（2.2）和式（2.1）在形式上完全一样，都是一种回归模型。但式（2.2）的自变量不是影响因变量的外界因素，而是因变量本身，是时间序列在不同滞后时期的序列。式（2.2）的模型称为自回归（autoregression）模型，简称 AR 模型。

在时间序列平滑法中，假定预测对象的历史数据有一种水平样式，并含有随机波动成分，可以采用简单指数平滑法（即一次指数平滑）进行短期预测。预测公式如式（2.3）。

$$F_{t+1} = F_t + \alpha(Y_t - F_t) = F_t + \alpha(e_t) \tag{2.3}$$

由于

$$F_t = F_{t-1} + \alpha(Y_{t-1} - F_{t-1})$$

式（2.3）也可以写成

$$\begin{aligned} F_{t+1} &= F_{t-1} + \alpha(Y_{t-1} - F_{t-1}) + \alpha(Y_t - F_t) \\ &= F_{t-1} + \alpha(e_{t-1}) + \alpha(e_t) \end{aligned} \tag{2.4}$$

由式（2.4）知，平滑模型是利用前期预测误差对模型进行修正，得到下一期预测值的方法。

由于

$$F_{t-1} = F_{t-2} + \alpha(Y_{t-2} - F_{t-2})$$

式（2.4）中 F_{t-1} 也可以进行代换，得到

$$F_{t+1} = F_{t-2} + \alpha(e_{t-2}) + \alpha(e_{t-1}) + \alpha(e_t) \tag{2.5}$$

式（2.5）表明，给出一个初始预测值 F_{t-2}，新的预测值就等于这个初始值加上前面各期误差的一部分，即 $\alpha(e_{t-2})$，$\alpha(e_{t-1})$，$\alpha(e_t)$。式（2.5）可以继续递推。这表明，时间序列 Y_t 的随机波动可以用过去不同期的误差项表示，如式（2.6）。

$$Y_t = b_0 + b_1 e_{t-1} + b_2 e_{t-2} + \cdots + b_k e_{t-k} + e_t \tag{2.6}$$

式（2.6）称作移动平均（moving average，MA）模型。

回归分析应用于时间序列（自回归）与应用于截面数据不同，因为自回归中容易违背残差独立的假定。实际上，式（2.5）中的自变量序列已经存在某种相关。①

自回归模型能够有效地与移动平均模型搭配，形成一个有用的随机型时序模型 ARMA 模型。这就是 B-J 方法的基本模型。

---

① 若 $Y_t = b_0 + b_1 Y_{t-1} + e_t$，那么

$$\begin{aligned} Y_{t+1} &= b_0 + b_1 Y_t + e_{t+1} \\ &= b_0 + b_1(b_0 + b_1 Y_{t-1} + e_t) + e_{t+1} \\ &= (b_0 + b_0 b_1) + b_1^2 Y_{t-1} + (b_1 e_t + e_{t+1}) \end{aligned}$$

t 时刻的误差是 e_t，而 $t+1$ 时刻的误差是（$b_1 e_t + e_{t+1}$），也就是说，t 和 $t+1$ 时刻的误差不是互相独立的，$t+1$ 时刻的误差项是 t 时刻误差 e_t 的函数。

二、方法性工具

ARMA 模型是根据时间序列的特性，建立与其相应的数学模型进行预测。分析时间序列特性的最有效工具是自相关。

(一) 自相关函数

自相关是时间序列 Y_t 诸项之间的简单相关。它的含义与相关分析中变量之间的简单相关一样，只是因为所涉及的是同一序列自身，因而称作自相关。自相关的程度用自相关系数 r_k① 度量。

$$r_k = \frac{\sum_{t=1}^{n-k}(Y_t - \overline{Y})(Y_{t+k} - \overline{Y})}{\sum_{t=1}^{n}(Y_t - \overline{Y})^2} \tag{2.7}$$

式中，n 为样本数据个数；k 为滞后期；$\overline{Y}$ 为样本数据平均值。

自相关系数 r_k 表示时间序列滞后 k 个时段的两项之间相关的程度。例如，r_1 表示每相邻两项间的相关程度；r_2 表示每隔一项的两个观察值的相关程度。

［例 2.1］ 表 2-1 是一个时间序列 Y_t，计算其自相关系数 r_1，r_2

表 2-1　　时间序列 Y_t 的观察值

t	1	2	3	4	5	6	7	8	9	10
Y_t	13	8	15	4	4	12	11	7	14	12

分析：编制时间序列 Y_t 的自相关序列 Y_{t-1}，Y_{t-2}。② 表 2-2 是 Y_t，Y_{t-1}，Y_{t-2}。

表 2-2　　自相关序列

时序 (t)	原序列 Y_t	滞后一期序列 Y_{t-1}	滞后二期序列 Y_{t-2}
1	13	—	—
2	8	13	—
3	15	8	13
4	4	15	8
5	4	4	15
6	12	4	4
7	11	12	4
8	7	11	12
9	14	7	11
10	12	14	7
平均值 ($\overline{Y}$)	10		

① 关于自相关系数计算公式的推导，参见本章附录 2-A。
② 因为只要求 r_1 及 r_2，故只需编制两个自相关序列。

根据式（2.7），得到

$$
\begin{aligned}
r_1 &= [(13-10)(8-10)+(8-10)(15-10)+(15-10)(4-10)+\cdots \\
&\quad +(14-10)(12-10)]\div[(13-10)^2+(8-10)^2+(15-10)^2+\cdots \\
&\quad +(14-10)^2+(12-10)^2] \\
&= -0.188 \\
r_2 &= [(13-10)(15-10)+(8-10)(4-10)+(15-10)(4-10) \\
&\quad +\cdots+(7-10)(12-10)]\div[(13-10)^2+(8-10)^2 \\
&\quad +(15-10)^2+\cdots+(14-10)^2+(12-10)^2] \\
&= -0.201
\end{aligned}
$$

$r_1=-0.188$，$r_2=-0.201$，说明序列每相邻两项之间、每隔一项之间有极弱的负相关，甚至可以忽略，认为它们几乎无关。

自相关系数 r_k 与简单相关系数一样，取值范围为［-1，$+1$］，即 $-1\leqslant r_k\leqslant 1$。$|r_k|$ 越接近 1，说明序列自相关程度越高。

（二）自相关系数的抽样分布

从理论上讲，由随机数构成的序列，其自相关系数应该是 0。事实上，这只在样本容量无限大时才有可能。因此，从一个总体中，随机抽选一定数目的样本构成序列，其自相关系数随样本的不同而有所差异。若总体自相关系数为 ρ_k，那么，不同样本序列的自相关系数将围绕 ρ_k 构成一种分布。数理统计的理论证明，完全随机序列自相关系数的抽样分布近似于以 0 为均值、$1/\sqrt{n}$为标准差的正态分布。如样本数目 $n=60$，标准差 $\sigma=1/\sqrt{60}=0.129$。对于给定的概率 $F(t)$ 可以构成一个置信区间$\pm t\sigma$，即（$-t\sigma$，$+t\sigma$）。若 $n=60$，那么序列的自相关系数中有 95%落入（-1.96×0.129，$+1.96\times0.129$）内，即落入区间（-0.253，$+0.253$）内。也就是说，如果一个时间序列的自相关系数全部落入这个区间，那么该序列可断定为完全随机的序列。因此，区间（-1.96σ，$+1.96\sigma$）也称为随机区间。

对于不同的样本容量，可以构成不同的随机区间。如$n=36$，$\sigma=1/\sqrt{36}=0.167$，95%的随机区间为（-0.327，$+0.327$），这与上面 $n=60$ 时不同。同一样本容量，不同的概率（或称置信度）也构成不同的随机区间。如 $n=60$，99.73%的随机区间为（-0.387，$+0.387$），而 95%的随机区间是（-0.253，$+0.253$）。通常采用 95%的随机区间。

将时间序列的自相关系数绘制成图，并标出一定的随机区间，称作自相关分析图。图 2-1[①] 是某时间序列的自相关

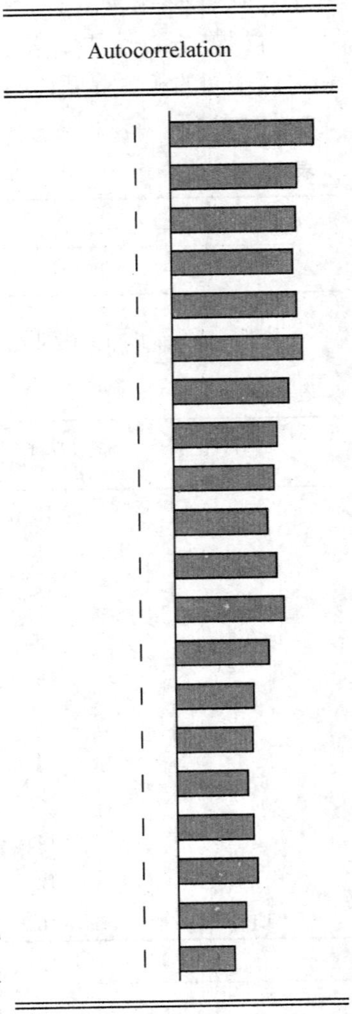

图 2-1　某序列自相关分析图

① 本图采用 Eviews 6.0 完成。

分析图。自相关分析是对时间序列自相关情况的分析。它是 B-J 方法的一种主要工具，可以分析时序的特性以及正确识别时序中存在的模型。自相关分析主要利用自相关分析图。

（三）偏自相关

偏自相关是时间序列 Y_t 在给定了 Y_{t-1}，Y_{t-2}，…，Y_{t-k+1}的条件下，Y_t 与 Y_{t-k}之间的条件相关。它用以测量在其他滞后期 $k=1$，2，3，…，$k-1$ 时序列的作用能够已知的条件下，Y_t 与 Y_{t-k}之间相关的程度。由于它需要考虑排除其他滞后期的效应，因而被称作偏自相关。其相关程度用偏自相关系数 ϕ_{kk} 度量，$-1\leqslant\phi_{kk}\leqslant 1$。其绝对值越接近于 1，表明序列滞后 k 期之间的相关程度越强。

$$\phi_{kk}{}^{①} = \begin{cases} r_1, & k=1 \\ \dfrac{r_k - \sum\limits_{j=1}^{k-1}\phi_{k-1,j}\cdot r_{k-j}}{1-\sum\limits_{j=1}^{k-1}\phi_{k-1,j}\cdot r_j}, & k=2,3,\cdots \end{cases}$$

式中 $\phi_{k\cdot j}=\phi_{k-1\cdot j}-\phi_{kk}\cdot\phi_{k-1\cdot k-j}\quad (j=1,\ 2,\ \cdots,\ k-1)$ (2.8)

[例 2.2] 已知某时间序列滞后 4 期的自相关系数分别为 $r_1=0.8674$，$r_2=0.7728$，$r_3=0.7157$，$r_4=0.6478$，计算偏自相关系数

分析：根据式（2.8），得到

$$\phi_{11}=r_1=0.8674$$

$$\phi_{22}=\frac{r_2-\phi_{11}r_1}{1-\phi_{11}r_1}=\frac{0.7728-0.8674\times0.8674}{1-0.8674\times0.8674}$$
$$=\frac{0.0204}{0.2476}=0.0824$$

$$\phi_{21}=\phi_{11}-\phi_{22}\phi_{11}$$
$$=0.8674-0.0824\times0.8674=0.7959$$

$$\phi_{33}=\frac{0.7157-[(0.7959\times0.7728)+(0.0824\times0.8674)]}{1-[(0.7959\times0.8674)+(0.0824\times0.7728)]}$$
$$=\frac{0.0292}{0.24596}=0.1187$$

$$\phi_{31}=0.7959-0.1187\times0.0824=0.7861$$

$$\phi_{32}=0.0824-0.1187\times0.7959=-0.0121$$

$$\phi_{44}=-0.0347$$

该序列前四个偏自相关系数为 0.867 4，0.082 4，0.118 7，−0.034 7，表明序列 Y_t 和 Y_{t-1} 有较强的关系，滞后期加大，相关程度迅速下降。

偏自相关在 B-J 方法中被用来配合自相关，分析和识别时序存在的模型类型。

---

① 偏自相关函数参见本章附录 2－C。

第二节　时序特性的分析

时间序列的特性是指时间序列的随机性、平稳性和季节性。分析了解时序的特性有助于为其确定一个合适的模型。

一、随机性的测定

如果一个时间序列由完全随机的数字构成，那么这个序列的各项之间不会有任何相关关系，序列为纯随机序列，即完全随机的序列。纯随机序列中不会存在任何模型。时间序列的随机性就是指时序各项之间没有任何相关关系的特性。测定时序的随机性就是要鉴别这个时间序列是否为纯随机序列。

测定时序的随机性，可以根据经验方法，也可以运用统计检验。经验方法是依据时序的自相关系数。根据前面说明的序列自相关系数的抽样分布，可以得到一个测定时序是否随机的准则：时间序列的自相关系数是否与0有显著不同。若时序的自相关系数均与0无显著不同，表明序列各项之间无明显的相关关系，序列可认为纯随机。若时序的自相关系数有较多的显著不为0，说明时序存在较高的相关关系，序列非纯随机。依据序列自相关分析图可知，对于给定的显著性水平（$\alpha=0.05$）可以构成一个随机区间，自相关系数落入区间内，就认为与0无显著差异；落在区间外，则与0显著不同。这样就得到一个利用自相关分析图测定时序随机性的准则：时序的自相关系数基本落入随机区间，该时间序列为纯随机序列；有较多自相关系数落在随机区间外，时间序列就是非纯随机序列。图2－2显示的是一个纯随机序列的自相关图；图2－3则是一个非纯随机序列的自相关图。

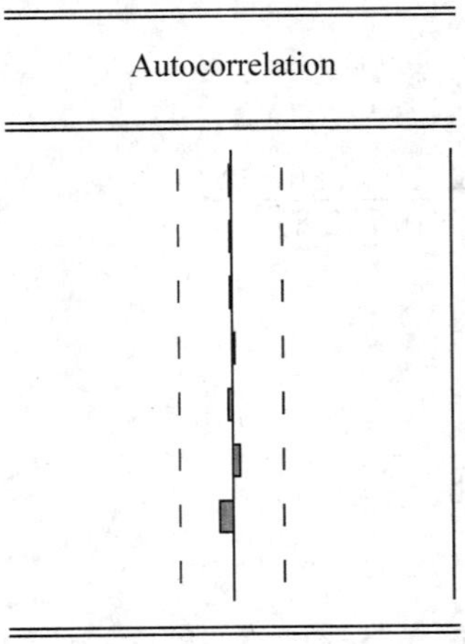

图2－2　纯随机序列的自相关图

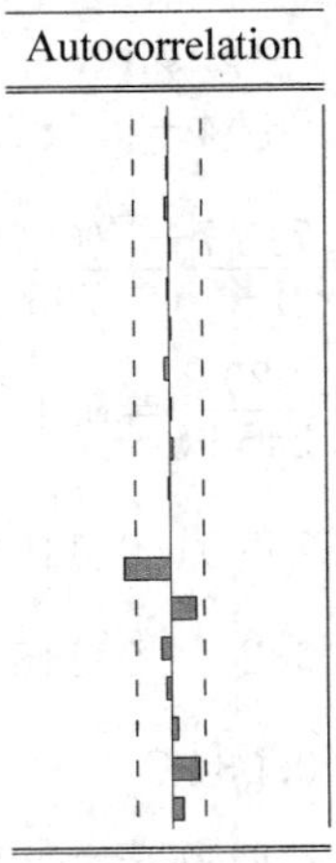

图2－3　非纯随机序列的自相关图

在ARMA中，时序随机性的测定主要是测定残差序列（观测序列值与预测模型估计值之间的误差序列）的随机性，以鉴定所建立的模型是否适用于预测。在模型检验部分将讨论统计检验方法。

二、时序的平稳性

（一）平稳的含义和判定

如果一个时间序列的统计特征不随时间推移而变化，即满足下面两个条件：

● 对于任意的时间 t，其均值恒为一常数；

● 对于任意的时间 t 和 s，其自相关系数只与时间间隔 $t-s$ 有关，而与 t 和 s 的起始点无关，则称为平稳时间序列。①

也可以这样说，如果一个时间序列无明显的上升或下降趋势，各观察值围绕其均值上下波动，这个均值相对于时间来说是一个常数，那么时间序列为平稳序列。时序的平稳性就是指序列的这种特性。图 2-4 是一个具有平稳性的时序曲线图；图2-5 为非平稳的时序曲线图。

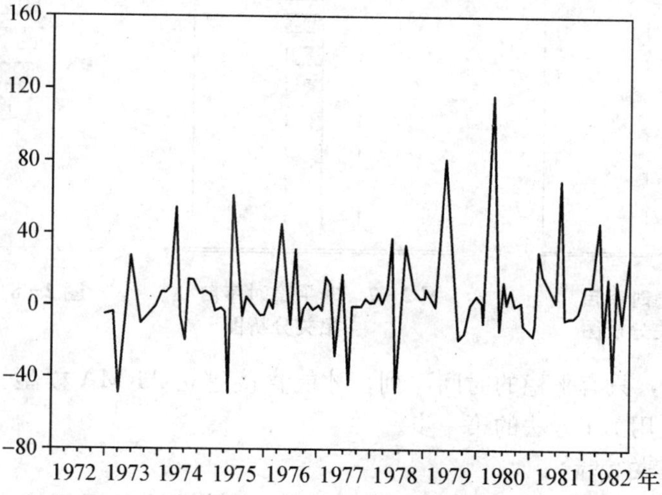

图 2-4　平稳时间序列曲线图

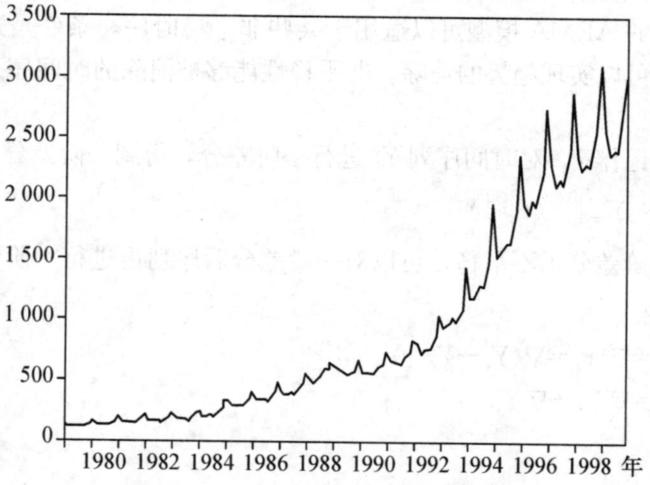

图 2-5　非平稳时间序列曲线图

① 这里所说的平稳序列仅指宽平稳随机序列，下同。

时序的平稳性可以通过自相关分析图判断。其准则为：在时滞 $k=2$（或 $k=3$）后，时序的自相关系数迅速趋于 0，时序为平稳的；若有更多的自相关系数落在随机区间外（与 0 显著不同），时序就为非平稳。图 2－6 是一个平稳时间序列的自相关分析图，图 2－7 和图 2－8 都是非平稳时序的自相关分析图。

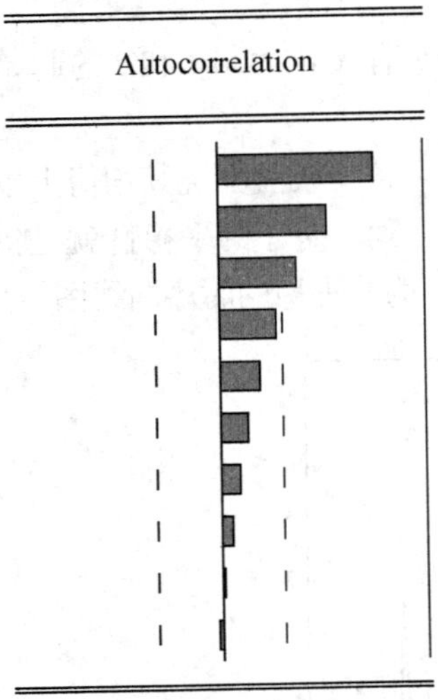

图 2－6　平稳时序自相关分析图

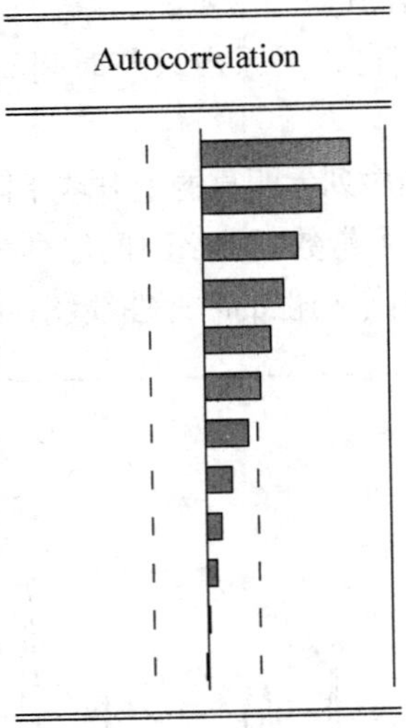

图 2－7　非平稳时序自相关分析图

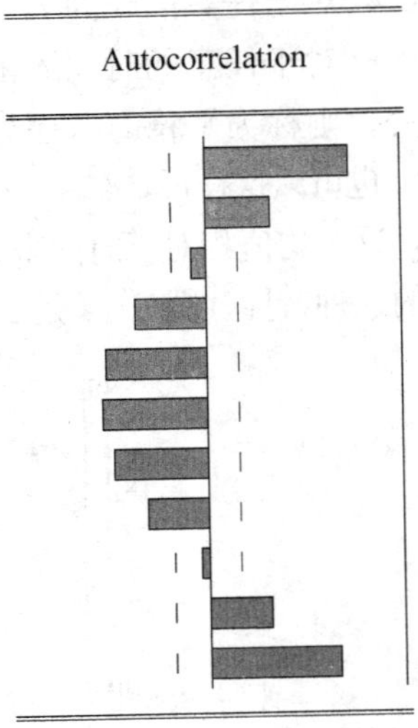

图 2－8　非平稳时序自相关分析图

在 B-J 方法中，只有平稳的时间序列，才能直接建立 ARMA 模型。因而，判断时间序列的平稳性是运用 B-J 方法的第一步。

（二）时序趋势的消除

实际问题中，真正平稳的时间序列并不多见，很多真实的时间序列可以用它近似描述。大量的社会经济现象随着时间的推移，总表现出某种上升或下降的变动，构成非平稳的时间序列。改进的 ARMA 模型可以适用于某些非平稳时序，条件是这些序列通过处理能够平稳，即差分可以实现趋势的消除。非平稳性能够被消除的时间序列称为齐次非平稳时间序列。

若将差分算子记作∇，对时间序列 Y_t 进行一阶差分，得到一阶差分序列。

$$\nabla Y_t = Y_t - Y_{t-1} \quad (t>1) \tag{2.9}$$

若序列经过一阶差分仍不平稳，可以对一阶差分后序列再进行一阶差分，得到二阶差分序列。

$$\begin{aligned}\nabla(\nabla Y_t) &= \nabla^2 Y_t = \nabla(Y_t - Y_{t-1})\\ &= \nabla Y_t - \nabla Y_{t-1}\end{aligned}$$

或

$$\begin{aligned}\nabla^2 Y_t &= (Y_t - Y_{t-1}) - (Y_{t-1} - Y_{t-2})\\ &= Y_t - 2Y_{t-1} - Y_{t-2} \quad (t>2)\end{aligned} \tag{2.10}$$

如此，可以差分下去，得到各阶差分序列。若把原序列 Y_t 变换成平稳序列所需的差

分阶数为 d，差分后的平稳序列 Z_t 与原序列之间的关系可表示为：

$$Z_t=\nabla^d Y_t \quad (t>d) \tag{2.11}$$

判断时间序列的趋势是否消除，可以计算差分后序列的自相关系数。通过其自相关分析图检验确定。表 2-3 是我国 1994—2007 年社会商品零售总额序列和一阶差分序列。

表 2-3　　1994—2007 年社会商品零售总额　　单位：亿元

时间	Y	IY
1994	16 264.70	NA
1995	20 620.00	4 355.300
1996	24 774.10	4 154.100
1997	27 298.90	2 524.800
1998	29 152.50	1 853.600
1999	34 200.00	5 047.500
2000	34 152.60	−47.400 00
2001	37 595.20	3 442.600
2002	42 027.10	4 431.900
2003	47 602.10	5 575.000
2004	59 501.00	11 898.90
2005	67 176.60	7 675.600
2006	76 410.00	9 233.400
2007	89 210.00	12 800.00

一阶差分序列由式（2.9）得到

$$\nabla Y_1=Y_2-Y_1=20\,620.0-16\,264.7=4\,355.3$$
$$\nabla Y_2=Y_3-Y_2=24\,774.1-20\,620.0=4\,154.1$$
$$\vdots$$
$$\nabla Y_{13}=Y_{14}-Y_{13}=89\,210.0-76\,410.0=12\,800.0$$

若原序列有 n 个数据，则一阶差分序列只有 $n-1$ 个。如果一阶差分序列不平稳，可以由式（2.10）得到二阶差分序列。当然，还可以进行更高阶的差分，但一般的齐次非平稳时序经过一阶或二阶差分都可以达到平稳。为以后表述方便，引入后移算子 B，记 $BY_t=Y_{t-1}$，$B^2Y_t=Y_{t-2}$，依此类推。对序列 Y_t 进行一阶差分可以表示为 $\nabla Y_t=Y_t-Y_{t-1}=(1-B)Y_t$，对序列进行 d 阶差分可表示为 $(1-B)^dY_t$。

表 2-3 所提供的原序列以及一阶差分序列是否平稳，可以通过自相关分析图判定。图 2-9 是序列 Y_t 的自相关分析图，从图中可以看出，自相关系数在 $k=3$ 后，并未迅速趋于 0，序列不是平稳的，存在某种趋势。图 2-10 所显示的一阶差分序列的自相关系数在 $k=3$ 之后趋于 0，说明序列已经基本平稳。在图 2-11 中，二阶差分序列的自相关系数比一阶差分序列增大，表明再次差分后自相关系数反而远离 0，二阶差分对原序列不适宜。原序列只需经过一阶差分，即可消除趋势变为平稳序列。本例只是为了说明过度差分不一定有用。这里的实

际观测数据过少，不宜计算 r_k。一般，最大时滞即最大滞后阶数 k 取 $[\frac{n}{4}]$，$[\frac{n}{10}]$ 或$\sqrt{n}$。

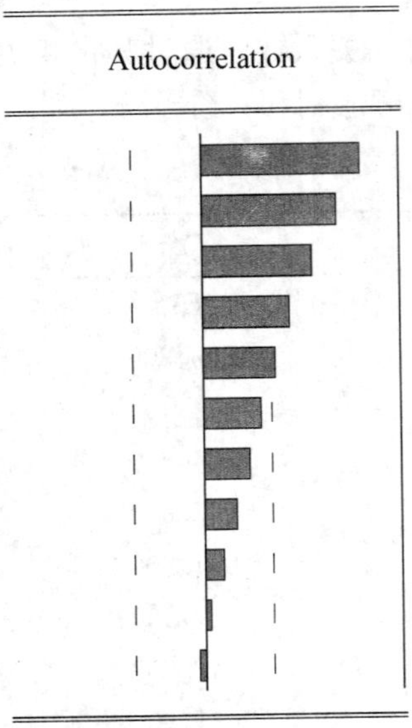

图 2-9　原序列自相关分析图

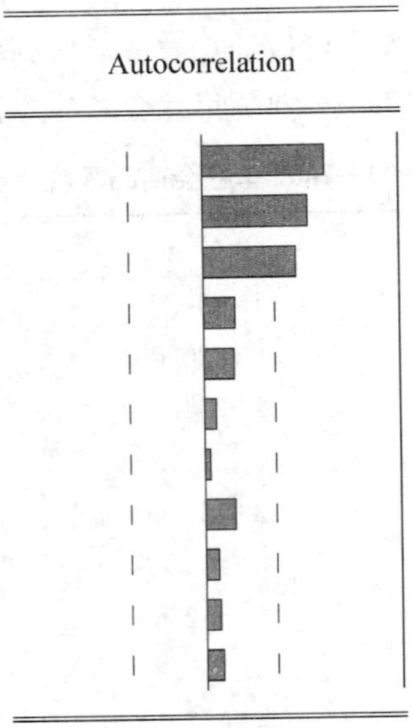

图 2-10　一阶差分序列自相关分析图

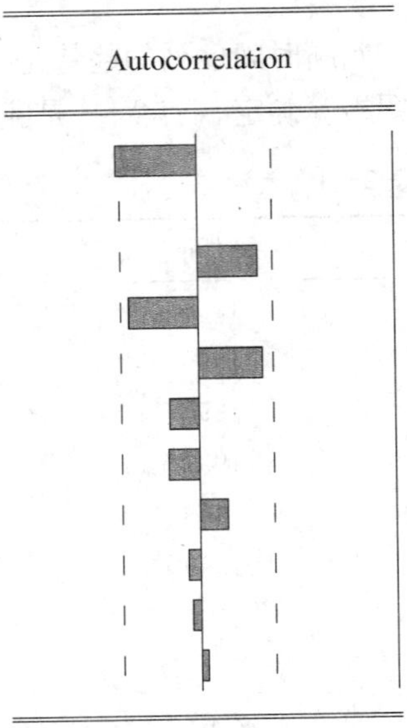

图 2-11　二阶差分序列自相关分析图

三、时序季节性的识别

（一）季节性的含义

季节性是指时间序列在某一固定时间间隔上，重复出现前面的某种特性。如月用电量、用水量、客运量、某些商品的月销售量等，其变化往往具有很明显的周期性规律，这种规律通常由季节变化引起，称具有这种特性的时间序列为季节性序列。时间序列的季节周期常用的时间单位是月、季。

（二）季节性识别

时序的季节性可以通过自相关系数的显著性加以识别。如果时序数据是分月的，则查看时滞 $k=12$，24，36，…时的自相关系数；如果时序数据是分季的，则查看时滞 $k=4$，8，12，…时的自相关系数。自相关系数与 0 无显著不同（或称不显著），表明各年中同一个月（季）是不相关的，该序列不具有季节性；若自相关系数是显著的，序列存在季节性。

图 2-12 是某市 1972—1982 年汗衫背心零售量的自相关分析图。可以看出 $r_{12}=0.853$，$r_{24}=0.721$，与 0 有显著差异，这意味着序列有周期性的变化规律，每隔 12 个月重复出现这一规律。它表明序列存在明显的季节性，季节周期为 12。

利用自相关分析图进行时序季节性分析时要注意，若季节性与趋势性同时存在，上述识别方法往往无效，因为趋势性很强，会掩盖季节性，从自相关系数无法直接判定季节变化。图 2-13 是我国 1978 年第 1 季度至 1999 年第 2 季度社会商品零售额的自相关分析图。其自相关系数自右至左形成一条斜线，表现出明显的趋势，季节性不如图 2-12 明显。序列经过一阶逐期差分后的自相关系数分析图如图 2-16 所示。由图可以看出，序列的趋势基本消除，但季节性很明显。对于原序列来说，时序的趋势性越强，自相关分析图的季节性就越不明显。结合图 2 - 12 与图 2 - 13，将汗衫背心零售量的时序曲线图（图 2 - 14）和商品零售额的时序曲线图（图 2 - 15）进行比较，可以直观地理解这一点。因此，利用自相关分析图进行时序季节性的识别，要在序列趋势性基本消除的情况下采用。

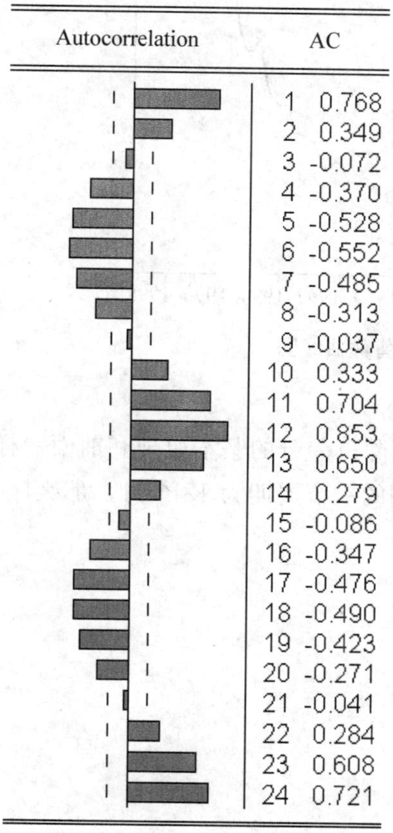

图 2 - 12　汗衫背心零售量自相关分析图

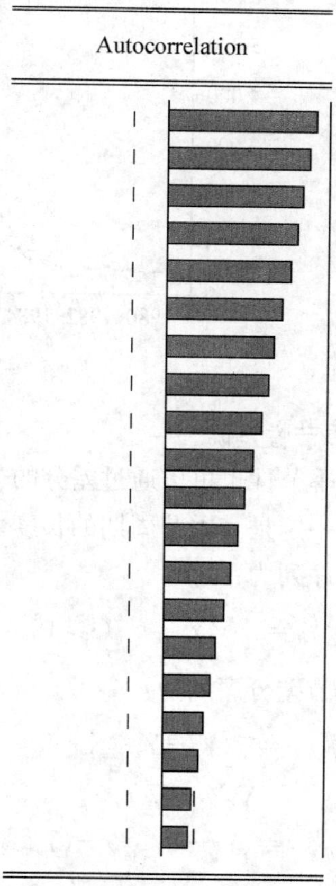

图 2 - 13　商品零售额自相关分析图

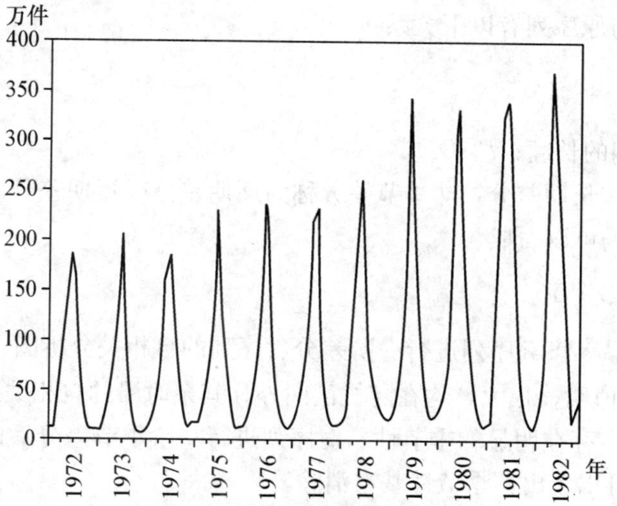

图 2 - 14　汗衫背心零售量曲线图

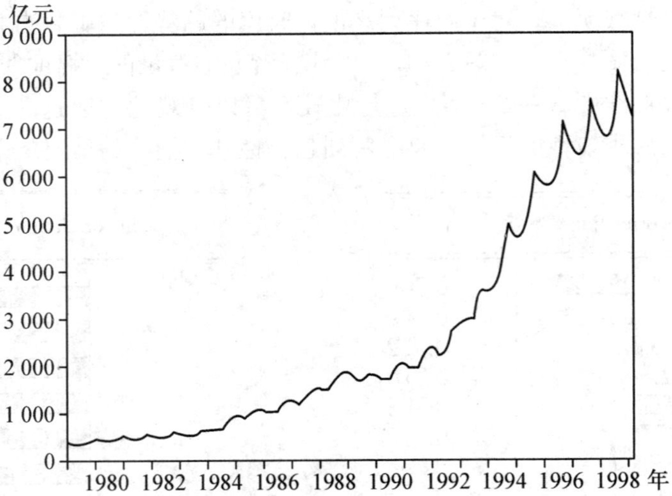

图 2-15 商品零售额曲线图

（三）季节性消除

时序的季节性也可以通过差分的方法加以消除。差分的基本原理和前面一样，只是注意差分步长一定是其季节周期的长度。如果序列的季节周期为 12 个月，那么序列 Y_t 的一阶季节差分序列为：

$$\nabla_{12} Y_t = Y_t - Y_{t-12} \quad (t > 12) \tag{2.12}$$

二阶季节差分序列为：

$$\begin{aligned} \nabla_{12}^2 Y_t &= \nabla(Y_t - Y_{t-12}) \\ &= \nabla Y_t - \nabla Y_{t-12} \\ &= (Y_t - Y_{t-12}) - (Y_{t-12} - Y_{t-24}) \\ &= Y_t - 2Y_{t-12} + Y_{t-24} \quad (t > 24) \end{aligned} \tag{2.13}$$

如果数据是季度的，则差分步长为 4。序列 Y_t 经过 D 阶差分后，季节性基本消除，则差分后序列 W_t 与原序列有以下关系：

$$W_t = \nabla_s^D Y_t \tag{2.14}$$

式中，s 为季节周期的长度；$t > Ds$。

季节差分也称作长期差分，非季节差分称为逐期差分或短期差分。同样可以引入后移算子 B，式（2.14）可以写成

$$W_t = (1 - B^s)^D Y_t$$

图 2-16 是商品零售额序列进行一阶差分后序列的自相关分析图。从图可以看出，r_4，r_8，r_{12}，r_{16}，r_{20}的值明显很大，均在随机区间外，其余时滞的自相关系数基本较小，表明序列的趋势已消除，存在明显的季节性。对序列进行一阶季节差分后的自相关分析图如图 2-17 所示。由图可以看出，季节性基本消除。

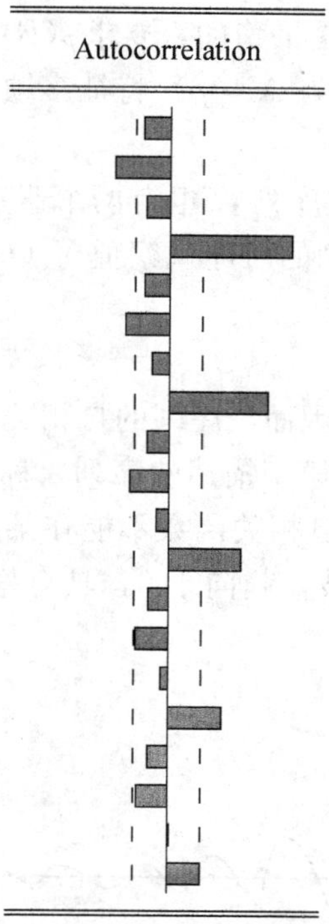

图 2-16　一阶逐期差分序列的自相关图

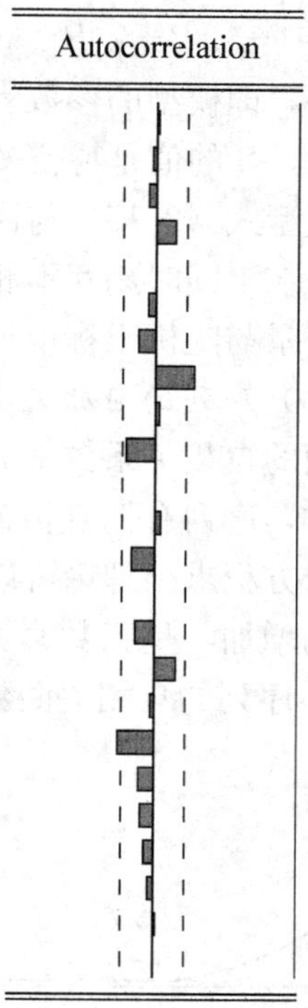

图 2-17　季节差分序列的自相关图

第三节　ARMA 模型及其改进

ARMA 模型是 B-J 方法的基本模型，它只适用于对平稳时间序列的描述。在实际问题中，时间序列大多并不平稳，而是呈现出各种趋势性和季节性。例如产品的生产量、商品的销售额等。本节除了讨论 ARMA 模型的一般形式及其特征外，还将讨论如何建立表现趋势性和季节性的最合适模型，即改进的 ARMA 模型。

一、ARMA 模型

（一）自回归模型（AR(p)）

1. 模型形式

最简单的 ARMA 模型是自回归模型。它是仅用时间序列 Y_t 不同滞后项作为解释变量的模型。模型形式如式（2.15）。

$$Y_t=\phi_1 Y_{t-1}+\phi_2 Y_{t-2}+\cdots+\phi_p Y_{t-p}+e_t \tag{2.15}$$

式中，ϕ_1，ϕ_2，…，ϕ_p 为自回归系数；p 为自回归阶数，也是模型中解释变量的个数。式（2.15）为 p 阶自回归模型。

引入自回归算子 $\phi(B)$，模型可以写成式（2.16）。

$$\phi(B)Y_t=e_t \tag{2.16}$$

式中，$\phi(B)=1-\phi_1B-\phi_2B^2-\cdots-\phi_pB^p$。为保证序列是平稳的，要求$\phi(B)=0$ 的所有根都在单位圆外，即模型的参数有约束条件。$\phi(B)$ 也称为 AR(p) 特征多项式，ϕ 是特征多项式的系数，B 的值是特征多项式的根。

自回归模型式（2.15）与回归模型类似，对于残差序列 e_t 也有两个假定：一是 e_t 作为随机序列，在不同时刻互不相关；二是 e_t 和以前时刻的时序观察值 $Y_k(k<t)$ 不相关，即满足解释变量与随机干扰项不相关。

2. AR(p) 序列的自相关与偏自相关函数

平稳序列的自相关系数是关于时滞 k 的一个函数，因而，序列的自相关系数构成自相关函数。同样，序列有偏自相关函数。能够用 AR(p) 模型描述的序列，称为 AR(p) 序列。根据差分方程求根理论可以得知，AR(p) 序列的自相关函数不能在某步后截尾，而是随时滞 k 的增加，呈指数衰减和（或）衰减的正弦波，趋向于 0，具有拖尾性。图 2-18 是 AR(p) 序列的自相关函数。

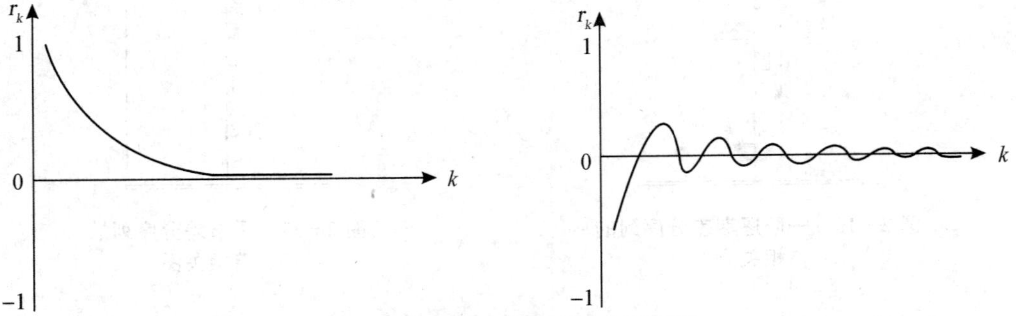

图 2-18　AR(p) 序列的自相关函数

AR(p) 序列的偏自相关函数满足

$$\phi_{kj}=\begin{cases}\phi_j, & 1\leqslant j\leqslant p\\ 0, & p+1\leqslant j\leqslant k\end{cases}\tag{2.17}$$

也就是说，AR(p) 序列的 ϕ_{kk} 是 p 步截尾，即

$$\phi_{kk}\begin{cases}\neq 0, & k\leqslant p\\ =0, & k>p\end{cases}\tag{2.18}$$

图 2-19 是 AR(p) 序列的偏自相关函数。

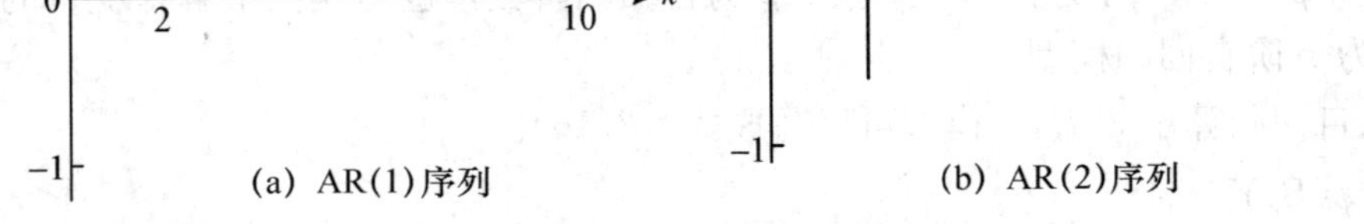

(a) AR(1)序列　　(b) AR(2)序列

图 2-19　AR(p) 序列的偏自相关函数

由式（2.17）可以看到，对于 AR(p）序列，恒有 $\phi_{kj}=\phi_j$，这说明在 AR(p）模型中，ϕ_{kj} 是 p 阶自回归模型的第 j 个系数，而 ϕ_{kk} 是该模型的最后一个系数。ϕ_{kk} 的截尾性对于鉴别 AR(p）序列是很有用的。当一个序列自相关拖尾、偏自相关截尾时，可以考虑建立 AR(p）模型，阶数 p 就是不为 0 的偏自相关系数的个数。

（二）移动平均模型（MA(q)）

1. 模型形式

移动平均模型是仅用误差的不同滞后项作为解释变量的模型，模型形式如式（2.19）。

$$Y_t=e_t-\theta_1 e_{t-1}-\theta_2 e_{t-2}-\cdots-\theta_q e_{t-q} \tag{2.19}$$

式中，θ_1，θ_2，…，θ_q 为移动平均系数；q 为移动平均阶数，即模型中解释变量的个数。引入移动平均算子 $\theta(B)$，式（2.19）可以写成式（2.20）。

$$Y_t=\theta(B)e_t \tag{2.20}$$

式中，$\theta(B)=1-\theta_1 B-\theta_2 B^2-\cdots-\theta_q B^q$。

2. MA(q）序列的自相关与偏自相关函数

能够用 MA(q）模型描述的序列，称为 MA(q）序列。MA(q）序列的样本自相关函数如式（2.21）。

$$r_k=\begin{cases}\dfrac{-\theta_k+\theta_1\theta_{k+1}+\cdots+\theta_{q-k}\theta_q}{1+\theta_1^2+\theta_2^2+\cdots+\theta_q^2}, & 1\leqslant k\leqslant q\\ 0, & k>q\end{cases} \tag{2.21}$$

这说明，对于 MA(q）序列，当 Y_t 和 Y_s 之间的间隔 $k=t-s$ 满足条件 $k>q$ 时，Y_t 和 Y_s 之间不相关，换句话说，MA(q）序列的自相关函数 r_k，当 $k>q$ 以后，全部是 0，而 $r_q\neq 0$。这种性质称为自相关函数的截尾性。这一特点对于利用样本自相关函数识别移动平均过程的阶是很有用的，在 B-J 方法中用来识别模型。图 2-20 是 MA(q）序列的自相关函数。

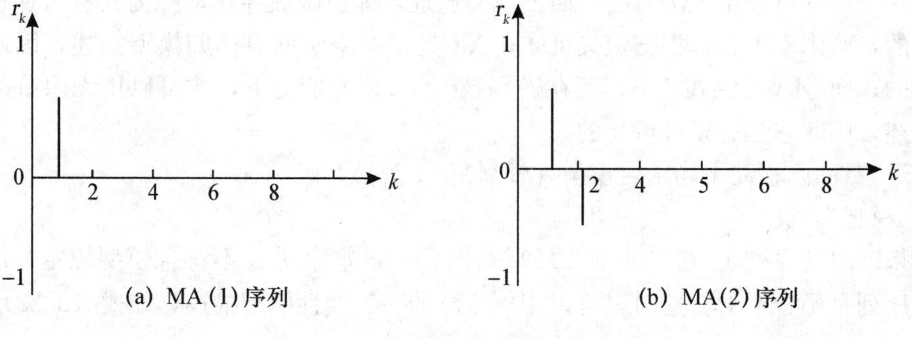

图 2-20　MA(q）序列的自相关函数

MA(q）序列的偏自相关函数与自相关函数不同，不能在某步之后截尾，而只能随时滞 k 的增加，呈指数衰减和（或）衰减的正弦波，趋向于 0。这种性质称为偏自相关函数的拖尾性。图 2-21 是 MA(q）序列的偏自相关函数。当一个序列的自相关表现为截尾、偏自相关拖尾时，可以建立 MA(q）模型，阶数 q 就是不为 0 的自相关系数个数。

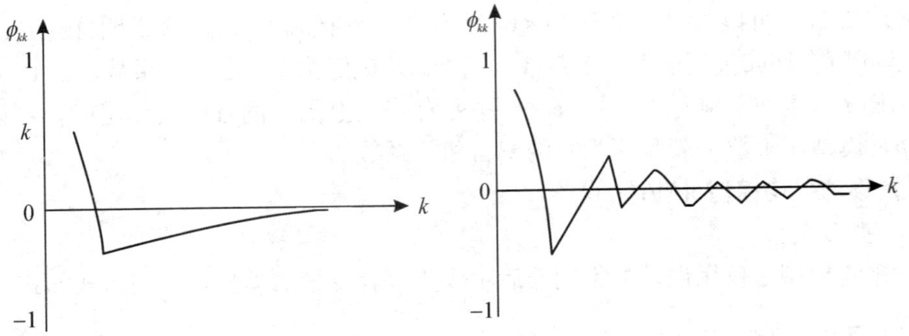

图 2-21　MA(q) 序列的偏自相关函数

3. AR 与 MA 的对偶性

（1）相互表出

在一个 p 阶平稳自回归过程中，AR(p) 模型表述为$\phi(B)Y_t=e_t$，也可以表述为 $Y_t=\phi^{-1}(B)e_t$。前一种形式是 e_t 用既往的 Y_t 的有限加权和表出；后一种形式是 Y_t 用既往的 e_t 无限加权和表出。而在一个 q 阶可逆移动平均过程中，MA(q) 模型表述为 $Y_t=\theta(B)e_t$，也可以表述为$\theta^{-1}(B)Y_t=e_t$。前一种形式是 Y_t 用既往的 e_t 的有限加权和表出；后一种形式是 e_t 用既往的 Y_t 无限加权和表出。这就是 AR 与 MA 的相互表出。这也为两个模型之间的互相转换提供了依据。在模型阶数 p 和 q 之间，可以通过升高 p 来降低 q，或者相反。

（2）自相关与偏自相关

从前面对 AR 序列和 MA 序列自相关函数和偏自相关函数的讨论可知，AR 序列的自相关函数拖尾、偏自相关函数截尾；MA 序列正好相反，自相关函数截尾、偏自相关函数拖尾。

（3）平稳与可逆

在平稳性上，AR 是有条件的，只有参数构成的特征方程 $\phi(B)=0$ 的所有根都在单位圆外，过程才平稳；而 MA 是无条件的，能够用 MA 模型描述的序列肯定是平稳序列。

若一个序列可以用无限阶的自回归模型逼近，即逆函数存在，称为具有可逆性，也就是可逆的，否则不可逆。根据定义可知，AR 是用有限阶的自回归模型描述，因此是无条件可逆的；而 MA 必须在 $\theta(B)$ 存在逆函数$\theta^{-1}(B)$ 的情况下，才可以用无限阶的自回归模型描述，因此它是有条件可逆的。

（三）自回归移动平均结合模型（ARMA(p，q)）

1. 模型形式

如果某时间序列 Y_t 建立式（2.15）的模型，残差序列 e_t 不符合模型假定，用 AR 模型描述序列是不合适的。这时，可以用更广泛的一类线性模型描述，如式（2.22）。

$$Y_t-\phi_1Y_{t-1}-\phi_2Y_{t-2}-\cdots-\phi_pY_{t-p}=e_t-\theta_1e_{t-1}-\cdots-\theta_qe_{t-q} \tag{2.22}$$

令

$$\phi(B)=1-\phi_1B-\phi_2B^2-\cdots-\phi_pB^p$$
$$\theta(B)=1-\theta_1B-\theta_2B^2-\cdots-\theta_qB^q$$

式（2.22）又可简写为：

$$\phi(B)Y_t=\theta(B)e_t \tag{2.23}$$

这一模型就是 p 阶自回归-q 阶移动平均混合模型，记为 ARMA(p，q）模型。等式左边是模型的自回归部分，非负整数 p 称为自回归阶数，实参数（ϕ_1，ϕ_2，…，ϕ_p）称为自回归系数；等式右边是模型的移动平均部分，非负整数 q 称为移动平均阶数，实参数（θ_1，θ_2，…，θ_q）称为移动平均系数。特殊地，若 $p=0$，模型是移动平均模型，记为 MA(q)，或 ARMA(0，q)；若 $q=0$，模型是自回归模型，记为 AR(p）或 ARMA(p，0)。称满足 ARMA(p，q）模型的序列为 ARMA(p，q）序列。

2. ARMA 序列的自相关和偏自相关函数

B-J 方法是以自相关分析为基础，实现建模、完成预测的。因而，研究序列的相关函数，对 B-J 方法来说是必不可少的。限于本书的内容，无法对序列的自相关函数和偏自相关函数给予严格的证明①，而只能给出结论。

ARMA(p，q）序列由于同时包含两个过程：自回归过程和移动平均过程，因而其自相关与偏自相关函数都比单纯的 AR(p）和 MA(q）序列复杂，均表现出拖尾性。图 2－22 是 ARMA(1，1）的自相关函数和偏自相关函数。

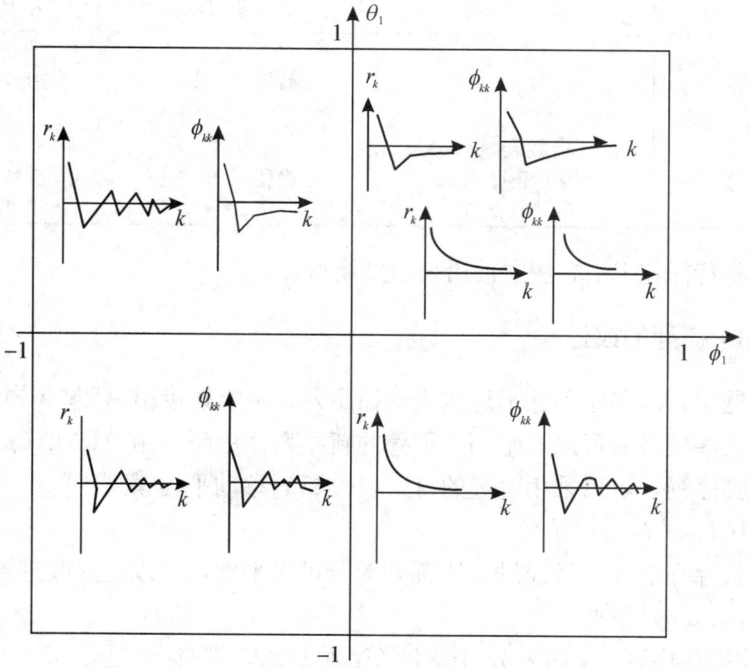

图 2－22　ARMA(1，1）序列的自相关与偏自相关函数

对 ARMA(1，1）模型有

$$Y_t-\phi_1Y_{t-1}=e_t-\theta_1e_{t-1} \tag{2.24}$$

① 有关内容参见参考文献［2］、［9］。

进行统计处理，可以得到自相关系数为：

$$r_1=\frac{(1-\phi_1\theta_1)(\phi_1-\theta_1)}{(1+\theta_1^2-2\phi_1\theta_1)}$$

$$r_2=\phi_1 r_1$$

$$r_k=\phi_1 r_{k-1} \tag{2.25}$$

因此，自相关系数 r_1 是 θ_1 和 ϕ_1 的函数，自相关函数从 r_1 开始，呈指数衰减。如图 2-22 所示，若 $\phi_1>0$，自相关函数的指数衰减是平滑的；若 $\phi_1<0$，自相关函数的指数衰减是交变的，在正负值之间振荡。r_1 的符号由（$\phi_1-\theta_1$）决定，它决定指数衰减趋于 0 的方向。其偏自相关函数的起始值 $\phi_{11}=r_1$，以后呈指数衰减。如图 2-22 所示，若 $\theta_1>0$，ϕ_{kk} 是平滑指数衰减；若 $\theta_1<0$，ϕ_{kk} 的指数衰减是振荡的。ϕ_{11} 的符号与 r_1 相同，也由（$\phi_1-\theta_1$）决定。

平稳时间序列 ARMA(p，q）的主要特征如表 2-4 所示。

表 2-4　ARMA(p，q）序列特征表

模型	AR(p)	MA(q)	ARMA(p，q)
	$\phi(B)Y_t=e_t$	$Y_t=\theta(B)e_t$	$\phi(B)Y_t=\theta(B)e_t$
自相关函数	拖尾	截尾（q 步）	拖尾 指数衰减和（或） 正弦衰减
偏自相关函数	指数衰减和 （或）正弦衰减 截尾（p 步）	拖尾 指数衰减和（或） 正弦衰减	拖尾 指数衰减和（或） 正弦衰减

序列的这些特征在 B-J 方法中被用来识别模型。

二、ARMA 模型的改进

在实际问题中，许多序列并不近似为平稳序列，不能直接用 ARMA 模型描述。但是，有些序列经过某些处理后可以产生一个平稳的新序列，从而可用 ARMA(p，q）模型加以描述。对于这类序列，可以采用改进的自回归-求和-移动平均模型。

1. ARIMA(p，d，q）模型

如果序列仅存在趋势，且经过 d 阶逐期差分可以平稳，可以建立改进的 ARMA 模型，即 ARIMA(p，d，q）模型。

设 Y_t 为非平稳序列，d 阶差分后的平稳序列为 Z_t，即有

$$Z_t=\nabla^d Y_t \quad (t>d)$$

而 Z_t 是 ARMA(p，q）序列，则 Y_t 称作 ARMA 的 d 阶求和序列，并用 ARIMA(p，d，q）表示。

模型一般形式如式（2.26）。

$$\phi(B)(1-B)^d Y_t=\theta(B)e_t$$

或

$$\phi(B)\nabla^d Y_t=\theta(B)e_t \tag{2.26}$$

式中，d 为求和阶数，即差分阶数；p 和 q 分别为平稳序列的自回归和移动平均阶数；$\phi(B)$ 和 $\theta(B)$ 分别为自回归算子和移动平均算子。

特殊地，ARIMA(0，d，0) 模型是

$$(1-B)^d Y_t=e_t \tag{2.27}$$

ARIMA(p，d，q) 模型的最简单情况是 ARIMA(1，1，1)。它的表达形式如式（2.28）。

$$\underset{\text{一阶短期差分}}{\underset{\uparrow}{(1-B)}}\underset{\text{AR(1)}}{\underset{\uparrow}{(1-\phi_1 B)}}Y_t=\underset{\text{MA(1)}}{\underset{\uparrow}{(1-\theta_1 B)}}e_t \tag{2.28}$$

这些项都能够展开并重新组合，得到式（2.29）。

$$[1-(1+\phi_1)B+\phi_1 B^2]Y_t=e_t-\theta_1 e_{t-1} \tag{2.29}$$

也可以写成式（2.30）。

$$Y_t=(1+\phi_1)Y_{t-1}-\phi_1 Y_{t-2}+e_t-\theta_1 e_{t-1} \tag{2.30}$$

式（2.30）与 ARMA 很像，自回归阶数和移动平均阶数均为 1，因此只有一个自回归系数和一个移动平均系数，但由于进行了一阶逐期差分，解释变量不仅有 Y_{t-1}，还有 Y_{t-2}。

2. ARIMA(P，D，Q)^s 模型

如果序列仅存在季节变动而没有明显的趋势，且通过 D 阶季节差分基本消除季节变化，可以建立改进的 ARIMA(P，D，Q)^s 模型。模型的一般形式如式（2.31）。

$$\Phi(B)Y_t(1-B^s)^D=\Theta(B)e_t \tag{2.31}$$

式中，$\Phi(B)=1-\Phi_1 B^s-\Phi_2 B^{2s}-\cdots-\Phi_P B^{Ps}$ 为季节自回归算子；P 为季节自回归阶数；$\Theta(B)=1-\Theta_1 B^s-\Theta_2 B^{2s}-\cdots-\Theta_Q B^{Qs}$ 为季节移动平均算子；Q 为季节移动平均阶数；D 为季节求和阶数，即季节差分阶数；s 为季节周期长度，月度数据 s 为 12，季度数据 s 为 4。

模型如果是 ARIMA(1，1，1)^4，可以写成式（2.32）。

$$(1-\Phi_1 B^4)(1-B^4)Y_t=(1-\Theta_1 B^4)e_t \tag{2.32}$$

按多项式运算展开合并得到式（2.33）的形式。

$$Y_t-(\Phi_1+1)Y_{t-4}+\Phi_1 Y_{t-8}=e_t-\Theta_1 e_{t-4} \tag{2.33}$$

由式（2.33）可以看出，季节自回归的阶数 P 和季节移动平均的阶数 Q 决定了待估计参数的个数，季节差分改变了解释变量的个数。

3. ARIMA(p，d，q)(P，D，Q)^s 模型

对于包含季节和趋势的非平稳序列，如果可以通过逐期差分和季节差分使序列平稳，就可以运用更复杂的模型描述，即 ARIMA（p，d，q)(P,D，Q)^s 模型。模型的一般形式如式（2.34）。

$$\phi(B)\Phi(B^s)(1-B)^d(1-B^s)^D Y_t=\theta(B)\Theta(B^s)e_t$$

或

$$\phi_p(B)\Phi_P(B^s)\nabla^d\nabla_s^D Y_t=\theta_q(B)\Theta_Q(B^s)e_t \tag{2.34}$$

式中，P 为季节自回归阶数；Q 为季节移动平均阶数；$\Phi_P(B^s)=1-\Phi_1B^s-\Phi_2B^{2s}-\cdots-\Phi_PB^{Ps}$，为季节 P 阶自回归算子；$\Theta_Q(B^s)=1-\Theta_1B^s-\Theta_2B^{2s}-\cdots-\Theta_QB^{Qs}$，为季节 Q 阶自回归算子。显然，$\Phi(B^s)$ 和 $\Theta(B^s)$ 体现了序列中季节周期之间的关系，$\phi(B)$ 和$\theta(B)$ 反映了序列相邻时刻之间的关系。

若序列的季节周期为 4，ARIMA$(p, d, q)(P, D, Q)^s$ 最简单的形式 ARIMA(1, 1, 1)(1, 1, 1)^4 模型能够写成式（2.35）。

$$\underset{\substack{\uparrow\\ \text{非季节的}\\ \text{AR(1)}}}{(1-\phi_1B)}\ \underset{\substack{\uparrow\\ \text{季节的}\\ \text{AR(1)}}}{(1-\Phi_1B^4)}\ \underset{\substack{\uparrow\\ \text{非季节的}\\ \text{一阶差分}}}{(1-B)}\ \underset{\substack{\uparrow\\ \text{一阶季节}\\ \text{差分}}}{(1-B^4)}Y_t=\underset{\substack{\uparrow\\ \text{非季节的}\\ \text{MA(1)}}}{(1-\theta_1B)}\ \underset{\substack{\uparrow\\ \text{季节的}\\ \text{MA(1)}}}{(1-\Theta_1B^4)}e_t \tag{2.35}$$

将式（2.35）展开，可以得到式（2.36）。

$$\begin{aligned}Y_t=&(1+\phi_1)Y_{t-1}+(1+\Phi_1)Y_{t-4}-\phi_1Y_{t-2}-(1+\phi_1+\Phi_1+\phi_1\Phi_1)Y_{t-5}+(\phi_1+\phi_1\Phi_1)\\&Y_{t-6}-\Phi_1Y_{t-8}+(\Phi_1+\phi_1\Phi_1)Y_{t-9}-\phi_1\Phi_1Y_{t-10}+e_t-\theta_1e_{t-1}-\Theta_1e_{t-4}+\theta_1\Theta_1e_{t-5}\end{aligned} \tag{2.36}$$

式中，ϕ_1，Φ_1，θ_1，Θ_1 一旦能用时间序列的样本数据估计出来，模型就能被用于预测。

改进的 ARMA 模型，其基础仍是 ARMA 序列。对于具有线性趋势的时间序列或含有季节性的时间序列，以及既有趋势又有季节性的时间序列，可以采用差分（逐期或长期）使其平稳，因而常可借用对一般 ARMA 模型的讨论方法，工具仍是自相关分析。在后面的例子中，将介绍在实际中如何处理。

第四节　随机时序模型的建立

随机时间序列模型 ARIMA$(p, d, q)(P, D, Q)^s$ 可以描述任何齐次非平稳时间序列，这是最一般的表示形式，它包括 AR(p)，MA(q)，ARMA(p, q)，ARIMA(p, d, q)，ARIMA$(P, D, Q)^s$ 以及各种组合模型。为预测对象建立随机时序模型主要有以下几个步骤。

（1）模型的识别

这是建模的第一步。要建立一个描述预测对象的随机时序模型，首先要利用有关的样本数据和产生该时间序列的有关信息，提出一组值得考虑的模型，包括模型的类型及确定相应的阶 p，d，q，P，D，Q 的数值。

（2）模型参数的估计

这一步主要是利用有关的样本数据，对已选出的模型参数进行估计，也就是要估计出

p 个自回归参数 ϕ_1，ϕ_2，…，ϕ_p，q 个移动平均参数 θ_1，θ_2，…，θ_q，P 个季节自回归参数 Φ_1，Φ_2，…，Φ_P，以及 Q 个季节移动平均参数 Θ_1，Θ_2，…，Θ_Q 的数值。

（3）模型的检验

这一步是通过检验模型残差序列 e_t 是不是白噪声，考核所建模型的优劣。如果经检验 e_t 是白噪声序列，模型就是合理的，可用于预测，否则，应进一步改进模型。所谓白噪声序列，就是一个各项之间互不相关的纯随机序列。

一、模型的识别

模型识别的基本工具是相关分析，也就是计算序列的样本自相关函数和偏自相关函数，通过检验它们的截尾性、拖尾性及周期性，判断时间序列采用何种模型形式拟合比较适宜。这一过程可细分为三步：差分化；为非季节数据选择 p，q；为季节数据选择 P，Q。

（一）差分化

这一步是识别非平稳时间序列的阶 d，D。ARMA 模型只适用于平稳序列，如果时间序列的自相关函数 r_k 在 k 增大时迅速趋于 0，可认为是平稳的；若在 k 增大时不趋于 0，应认为是非平稳的；若在 $k=12$（或 4），24（或 8），…时，自相关系数显著不为 0，意味着时序具有季节性。时序具有趋势性和（或）季节性，可经过差分处理，使其能使用 ARMA 模型描述。经过 d 和（或）D 阶差分后，时序的自相关函数 r_k 在 k 增大时迅速衰减直至 0，则此时的 d 和（或）D 就是要识别的差分阶数。实际的社会经济现象中，d 和 D 的数值通常是 0，1 或 2。

图 2－15 是我国社会商品零售总额 1979 年第 1 季度到 1999 年第 2 季度数据的时序图，图 2－13 是它的自相关函数，r_k 在 k 增大时并不迅速趋于 0，而只是近似于按直线缓慢下降，从图 2－15 可以看出序列呈现明显的上升趋势，因而该序列是非平稳的。经过一次逐期差分的序列如图 2－23 所示，一阶逐期差分序列的自相关函数如图 2－16 所示。从图中所示的自相关函数看，r_k 在 $k=2$ 时迅速衰减，趋向于 0（$k=2$ 以后的自相关系数基本落入

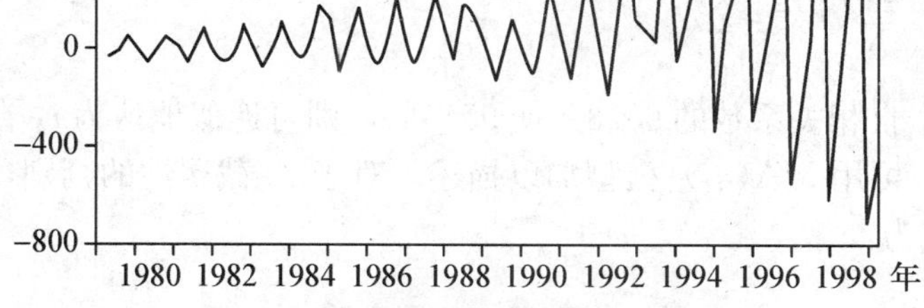

图 2－23 商品零售额一阶逐期差分序列

随机区间内），序列趋势已基本消除，但当 $k=4$，8，12，16，20 时，r_k 是显著的，说明序列还含有季节性，需进行季节差分。再对序列进行一次季节周期 $s=4$ 的差分，差分后的序列如图 2-24 所示，其自相关函数如图 2-17 所示。可以看出序列季节性也已基本消除。这说明对于商品零售额序列进行预测，可以选择 $d=1$，$D=1$。

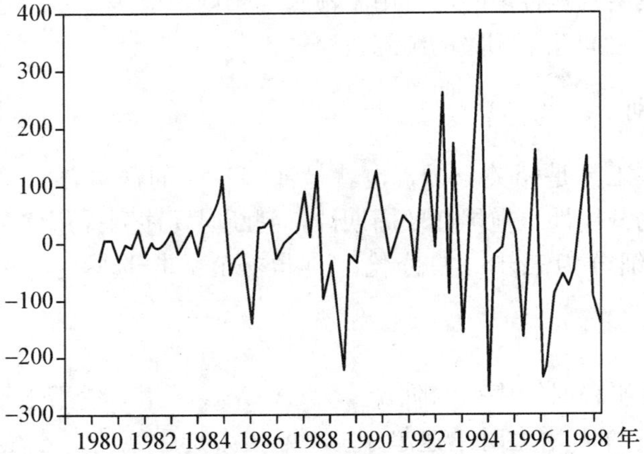

图 2-24　商品零售额一阶逐期差分一阶季节差分序列

（二）选择 p，q

对平稳的时间序列（包括差分后平稳的时间序列）进行 ARMA 模型识别，也就是要选择自回归阶 p 和移动平均阶 q 的合适数值，它通过分析平稳序列自相关和偏自相关函数进行。

如果时间序列的自相关函数拖尾，而偏自相关函数在 p 步截尾，则序列可建立自回归模型，其自回归阶数为 p。若序列的偏自相关函数拖尾，自相关函数在 q 步截尾，序列可以建立移动平均模型，其移动平均阶数为 q。如果序列的自相关和偏自相关函数都拖尾，建立自回归-移动平均混合模型。

自相关函数 r_k 和偏自相关函数 ϕ_k 的截尾性，从理论上说，是指它们在某一步后全部是 0，而对于实际运用的相关分析 r_k 和 ϕ_k 的截尾性，只能凭借统计手段进行判别。其判别准则为：如果在某个 q_0 之前，r_k 显著不为 0，当 $q=q_0$ 时，r_{q_0+1}，r_{q_0+2}，…，r_{q_0+M}（根据经验，M 一般取$\sqrt{N}$左右，N 为样本数据个数）中满足不等式

$$|r_k| \leqslant \frac{1}{\sqrt{N}}\left(1+2\sum_{i=1}^{q} r_i^2\right)^{\frac{1}{2}}$$

$$|r_k| \leqslant \frac{2}{\sqrt{N}}\left(1+2\sum_{i=1}^{q} r_i^2\right)^{\frac{1}{2}}$$

的个数占全体 M 个自相关系数的 68.3%或 95.5%，则可近似地认为 r_k 在 q_t 处截尾，序列为 MA(q_0) 序列，可用 MA(q_0) 模型加以描述。对于 ϕ_k 截尾性的判别，方法和原则与 r_k 类似，只是不等式为：

$$|\phi_{kk}| \leqslant \frac{1}{\sqrt{N}}$$

$$|\phi_{kk}| \leqslant \frac{2}{\sqrt{N}}$$

若 ϕ_k 具有截尾性，序列可用 AR(p) 模型描述。

上面的判别方法是相当简略的，很可能会导致与真实模型有较大出入。因而，一般在没有很大把握判定模型类型时，都用 ARMA 模型去拟合，待参数估计和模型检验后再确定适用的预测模型。自相关和偏自相关函数都是拖尾性的序列，模型阶数的识别比较复杂，通常要采用由低阶向高阶逐步试探的方法，有几条经验规则可供参考。自回归阶数 p 的选择：具有统计有效性的偏自相关系数数目或落在随机区间外的偏自相关系数个数，就是 p；自相关函数的振荡周期也可作为 p 的数值。移动平均阶数 q 的选择：显著不为 0 的自相关系数数目为 q；自相关函数从 $k=q_0$ 开始迅速衰减，则 $q=q_0$。

［**例 2.3**］ 根据图 2－25 识别社会商品零售总额模型的非季节 p 和 q

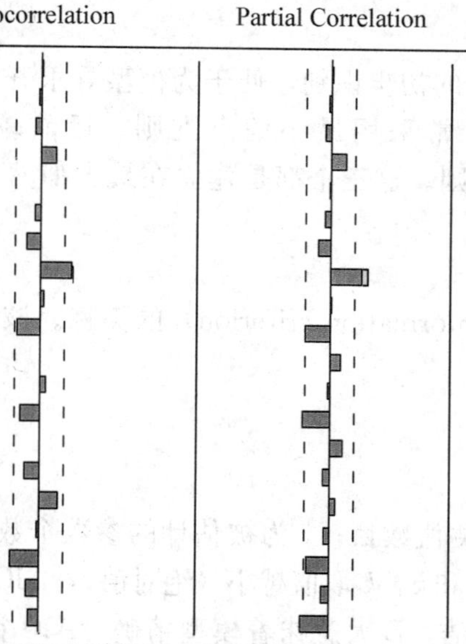

	AC	PAC
1	0.022	0.022
2	−0.020	−0.020
3	−0.044	−0.043
4	0.144	0.146
5	0.002	−0.007
6	−0.047	−0.045
7	−0.123	−0.110
8	0.285	0.279
9	0.036	0.009
10	−0.202	−0.223
11	0.005	0.091
12	0.050	−0.013
13	−0.165	−0.249
14	0.008	0.119
15	−0.129	−0.061
16	0.171	0.057
17	−0.021	−0.046
18	−0.261	−0.198
19	−0.114	−0.071
20	−0.096	−0.260

图 2－25 商品零售额差分后序列的自相关和偏自相关函数

分析：图 2－25 是社会商品零售总额序列经过一阶逐期差分和一阶季节差分后序列的自相关函数和偏自相关函数图。可以看出，在第一个季节周期内，自相关和偏自相关均在 $k=1$ 开始衰减，全部落入随机区间，可以考虑 $p=0$，$q=0$，但在 $k=3$ 时，自相关和偏自相关均较前面时滞时的数值大，可以考虑 $p=1$，$q=1$。

（三）选择 P，Q

含有季节变化的时间序列，在模型识别时，除考虑上面两点外，还要补充季节参数，也就是要考虑季节自回归和季节移动平均的阶数 P，Q。其识别的基本原则和方法与识别 p，q 相同，只是在观察自相关及偏自相关函数时，只分析 $k=12$（或 4），24（或 8）…时的情况。若序列的自相关函数随时滞按季节周期的增加而衰减，序列可以用季节自回归模型描述，其阶数 P 取决于有效的季节偏自相关系数数目；序列的偏自相关函数随时滞按季节周期增加而衰减，可以用季节移动平均模型描述，其阶数 Q 取决于显著不为 0 的季节自相关系数数目；序列的自相关函数和偏自相关函数都按季节周期呈指数衰减，可以用季节自回归移动平均混合模型描述，P 和 Q 的鉴定原则同上。P，Q 在实际运用中不易鉴别，有时需要进行大量的测试才能有较为精确的鉴定。一般情况，P 和 Q 是 0，1 或 2。

［例 2.4］　商品零售总额模型的 P 和 Q 识别

分析：由图 2-25 可以看出，差分后序列在 $k=8$，20 时偏自相关系数均在随机区间外，可以考虑 $P=2$；$k=8$ 时自相关系数显著不为 0，考虑 $Q=1$。

按照上面的识别，对于社会商品零售总额序列，可以建立 ARIMA 模型：$d=1$，$D=1$，$p=0$ 或 1，$q=0$ 或 1，$P=2$，$Q=1$，这些可以组合成四个可供选择的模型。

在许多实际问题中，序列的自相关函数与偏自相关函数并不那样简单明了，而是呈现各种复杂情况。因此，初选模型往往不会是一个，而是几个，或者也可以采用由低阶向高阶逐次探索的方法来识别模型类型及阶数。如果要构建几个试用模型，可以在进行参数估计后，通过检验判断哪个适用于预测。

（四）定阶的最小信息准则

前面是根据经验方法对模型进行的初步识别，便于为模型寻求开始的各个阶数。在模型识别时，为简化定阶的过程，常采用最小信息准则。目前较为常用的是赤池（Akaike）提出的 AIC，SC 和 HQ 准则。这三个都是建立在最大似然估计基础上的最小信息准则。

1. AIC 准则

AIC 是赤池信息准则（Akaike information criterion）的简称。该项准则的计算如式（2.37）。

$$\text{AIC}=-\frac{2L}{n}+\frac{2k}{n}\text{①} \tag{2.37}$$

式中，L 为对数似然函数值；n 为观测值数目；k 为被估计的参数个数。AIC 取值越小越好。容易看出，AIC 的大小取决于 L 和 k，k 取值越小（绝对值），AIC 值越小；L 取值越大，AIC 值越小。k 小意味着模型简洁，L 大意味着模型精确。AIC 在评价模型优劣时，兼顾了简洁性和精确性。

2. SC 准则

SC 是施瓦茨准则（Schwarz criterion）的简称。该准则计算如式（2.38）。

$$\text{SC}=-\frac{2L}{n}+\frac{k\log n}{n} \tag{2.38}$$

式中，L，n，k 的含义同 AIC。SC 值也是越小越好。

3. HQC 准则

HQC 是汉南-奎因准则（Hannan-Quinn criterion）的简称，计算如式（2.39）。

$$\text{HQC}=-\frac{2L}{n}+\frac{2k\log n}{n} \tag{2.39}$$

---

① 参见附录 2-E。

式中，符号含义同前。HQC 值也是越小越好。

依据最小信息准则选择模型时，希望选择 AIC，SC，HQC 最小的，但往往选择结果并不一致。通常，在 n 较大时，后两个准则对参数增加的惩罚力度要大于第一个，因而后两个准则选择模型的阶数往往比第一个准则的要小。实际运用时，可能要在模型简洁和预测精度之间权衡。

当序列平稳时，均值可能并不为 0，而是某一常数，因而需作为一个独立参数进行估计。故当 $d=0$，$D=0$ 时，模型待估计的独立参数常数项可能需要保留。而当 $d\neq0$，$D\neq0$ 时，即序列需经过差分方可平稳时，其均值为 0，不再需要估计常数项。是否需要加常数项，可以通过后面的单位根检验帮助确认。

最小信息准则为确定模型阶数提供了一种很好的定量标准，但仍然需要事先初选出一些可供参考的阶数。因此，模型识别时，仍需利用自相关、偏自相关的特征分析序列。同时，作为适宜的预测模型，还必须通过模型残差序列的检验。只有通过了检验的模型，其阶数才能被认为是合理的。最小信息准则可以作为预测模型选择的一种重要补充手段。

二、参数估计

识别模型的类型之后，可以对选定某一组阶数的模型进行参数估计。一般情况下，参数估计分两步进行。第一步，设法找出参数的初步估计或称参数的初始估计；第二步，在初步估计的基础上，按照一定的估计准则，求得模型参数在某种意义下的精细估计。模型参数的估计计算复杂，一般只能由电子计算机完成。有关内容请见本章附录 2-D。

三、模型检验

为考核所建模型的优劣，需要对模型的残差序列 e_t 进行检验，判断其是否为白噪声序列。若残差序列 e_t 是白噪声序列，可认为模型合理，适用于预测，否则，应进一步改进模型。模型的检验通常采用残差序列的自相关检验法。

(一) 直观判断

若残差序列为白噪声序列即纯随机序列，则意味着所建立的模型包含原序列的所有趋势（包括周期性变动），模型用于预测是适宜的。若残差序列不是白噪声即非随机，说明残差序列中还有某种信息即还有规律，所建模型不合适，应重新建模。残差序列的这种随机性可以利用自相关分析图直观判断。其准则是：残差序列的自相关与 0 无显著不同，或者说基本落入随机区间，残差序列为白噪声即完全随机。残差序列的自相关有显著不为 0 的，或者说有较多的落在随机区间外，残差序列不是白噪声即非随机。图 2-26 是适合模型残差的自相关分析图；图 2-27 是不适合模型残差的自相关分析图。这种直观判断的自相关检验法简便，但检验精度较差，特别是有些残差序列的自相关不如图 2-26 或图 2-27 那样明显时，不易准确判断。

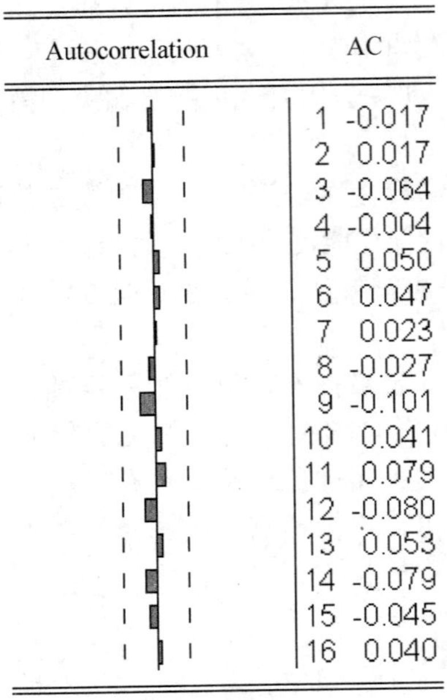

图 2-26　适合模型残差的自相关分析图

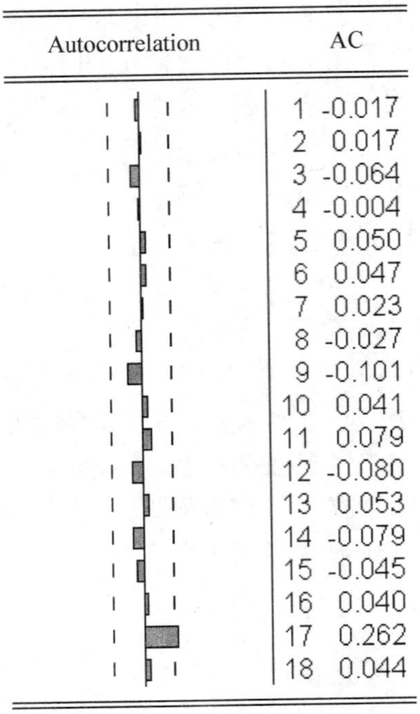

图 2-27　不适合模型残差的自相关分析图

（二）χ^2 检验

χ^2 检验法是一种简单且精度较高的模型检验方法。其依据是由数理统计证明的，m 个独立 $N(0,1)$ 随机变量的平方和服从自由度为 m 的 χ^2 分布，残差序列的自相关函数

$$r_k(e)=\frac{\sum_{t=1}^{N-K}e_t\cdot e_{t+k}}{\sum e_t^2} \tag{2.40}$$

当 $n\to\infty$，$\sqrt{N}r_k(e)\sim N(0,1)(k=1,2,\cdots,m)$。因此，残差序列是否为白噪声序列，可以通过 χ^2 检验得到判别。

原假设：残差序列相互独立。计算残差序列的 χ^2 检验统计量值即 Q 统计量如式(2.41)。

$$\begin{aligned}Q_m&=\sum_{k=1}^{m}[\sqrt{n}r_k(e)]^2\\&=n\sum_{k=1}^{m}r_k^2(e)\end{aligned} \tag{2.41}$$

式中，n 为观测数据个数；m 为最大时滞。

以给定的显著性水平 α（通常 $\alpha=0.05$），查 χ^2 分布表中自由度为 m 的 χ^2 值记为 χ_α^2，将 Q_m 与 χ_α^2 比较，若 $Q_m\leqslant\chi_\alpha^2$，不能拒绝原假设，检验通过，残差序列是白噪声序列；反之，检验没有通过。当采用最大似然估计时，Q_m 的自由度是 $m-p-q$。这一检验也可以

用 Q_m 小于临界值 χ_α^2 的概率 p 作出判定。一般来说，p 值越大，表明原假设为真的概率越大，残差序列无自相关的可信度越高，通常能够达到 90%以上为好。如果有多个可用的模型，从残差序列检验的角度，p 值最大的那个最有理由被选中。

（三）LM 检验

上述检验仅仅是对残差是否独立进行检验，如果残差不独立，则没有给出改进的方向。拉格朗日乘子检验（LM 检验）不仅可用于残差的独立性检验，还能给出模型改进的方向。

LM 检验是将有限制和无限制模型进行比较作出判断。有限制条件的模型记作 R，可以写成 AR(p) 的形式：

$$e_t = Y_t - \phi_1 Y_{t-1} - \cdots - \phi_p Y_{1-p}$$

无限制条件模型记作 UR，可以写成 AR($p+r$) 的形式：

$$e_t = Y_t - \phi_1 Y_{t-1} - \cdots - \phi_p Y_{t-p} - \phi_{p+1} Y_{t-p-1} - \cdots - \phi_{p+r} Y_{t-p-r}$$

或 ARMA(p，r) 的形式：

$$e_t = Y_t - \phi_1 Y_{t-1} - \cdots - \phi_p Y_{t-p} - \theta_1 e_{t-1} - \cdots - \theta_r e_{t-r}$$

如果 AR(p) 是合适的，则在其后加入 ϕ_{p+1} 等或加入 θ_1 等，残差的增加几乎为 0，即如果 UR 和 R 相比，模型的残差没有显著减少，则 UR 没有必要。

原假设：残差序列不存在自相关，即 AR(p) 模型合理。检验统计量为：

$$\mathrm{LM} \approx nR^2 \tag{2.42}$$

其服从自由度为 r 的 χ^2 分布，r 是 UR 模型与 R 模型待估计参数个数之差，式中 R^2 是 UR 模型的拟合优度，即可决系数。以给定的显著性水平 α，自由度 r，查 χ^2 分布表得到临界值 χ_α^2，若 $\mathrm{LM} < \chi_\alpha^2$，表明模型 UR 没有明显改善原有模型的残差，不能拒绝原假设，模型不需要改善；若 $\mathrm{LM} \geqslant \chi_\alpha^2$，表明模型 UR 进一步拟合了原模型的残差，拒绝原假设，模型需要改善修正。r 的取值可以从 1 开始，逐渐升高，其大小可以提供模型改善的方向。

[例 2.5]　我国工业总产值（1990 年不变价）序列模型建立

分析：图 2-28 是我国 1990 年 1 月至 1997 年 12 月工业总产值序列的曲线图（数据请见第一章表 1-12 和表 1-14）。由图可以看出，序列呈现上升的趋势，同时有季节变化。由于数据量足够，可以考虑采用 ARMA 模型。预留 1997 年 12 个月的数据用作测试，运用 1990—1996 年月度数据建立模型。

1. 模型识别

(1) 差分阶数确定

计算出序列的自相关系数如图 2-29 所示。可以看出序列有很强的趋势。对其进行一阶逐期差分，差分后序列记作 iy，如图 2-30 所示。可以看出序列的趋势基本消除，但有周期性变化。计算出一阶差分序列的自相关系数如图 2-31 所示。

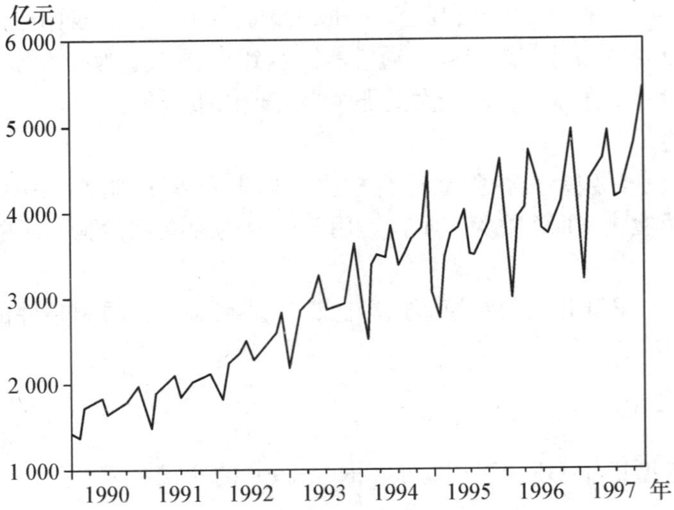

图 2-28　工业总产值序列曲线图

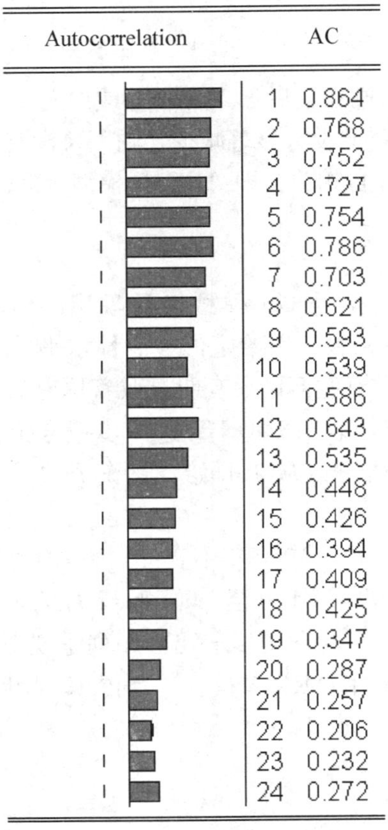

图 2-29　工业总产值序列自相关图

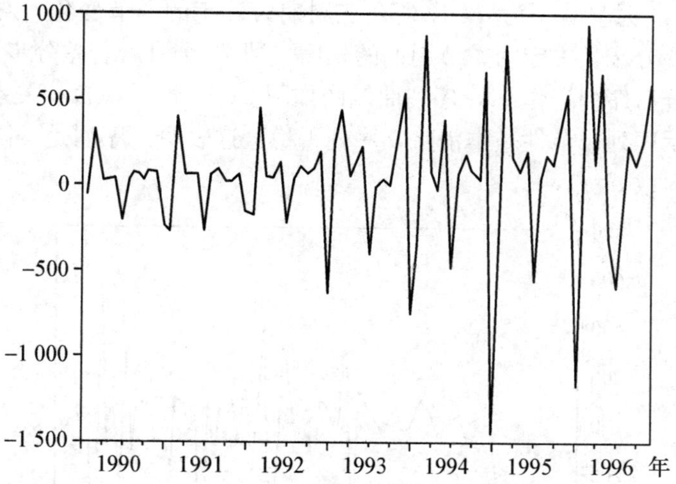

图 2－30　一阶差分序列曲线图

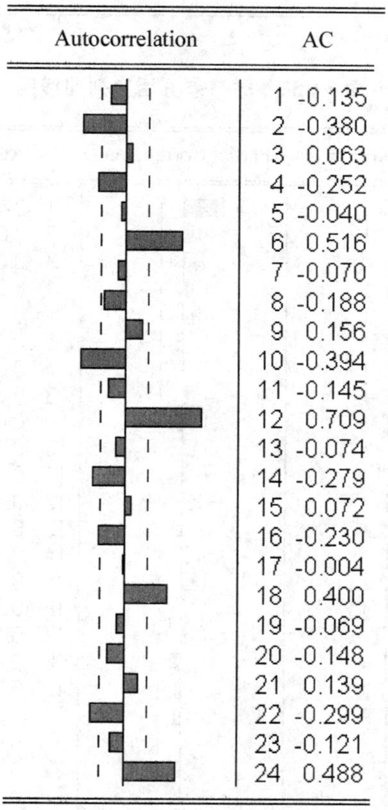

图 2－31　一阶差分序列自相关图

由图看出序列确实没有明显趋势，表明通过一阶差分趋势基本消除，但自相关系数在 k 为 6，12，18，24 时显著不为 0，序列存在周期为一年的季节变化。对该序列进行一阶季节差分，注意差分步长一定为季节周期的长度，即 12 个月，若差分步长取 6，则季节变化无法消除。差分后序列记作 sy，序列曲线图如图 2－32 所示，自相关系数如图 2－33 所示。两个图均显示序列季节性基本消除，序列平稳。这表明，序列是一阶逐期差分一阶季节差分平稳序列，故 $d=1$，$D=1$。

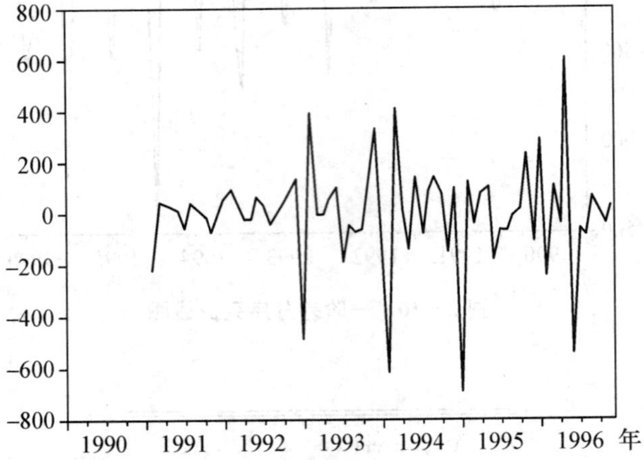

图 2－32　季节差分后序列曲线图

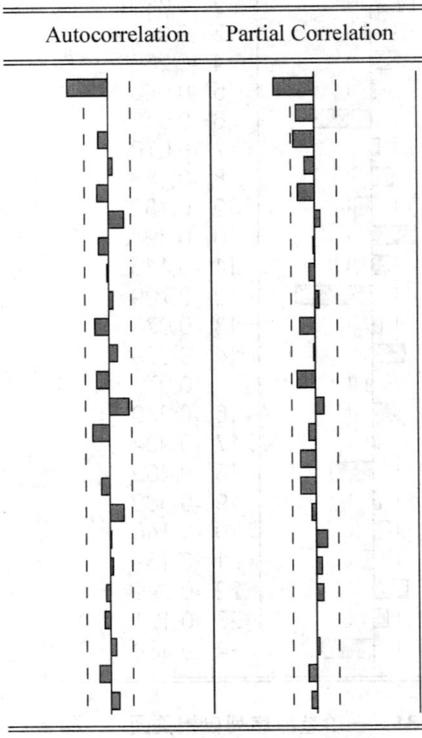

	AC	PAC
1	-0.405	-0.405
2	0.014	-0.180
3	-0.093	-0.197
4	0.057	-0.086
5	-0.099	-0.165
6	0.170	0.059
7	-0.093	-0.010
8	-0.012	-0.056
9	0.052	0.050
10	-0.137	-0.150
11	0.094	-0.016
12	-0.116	-0.175
13	0.203	0.092
14	-0.168	-0.068
15	0.003	-0.150
16	-0.080	-0.144
17	0.151	-0.036
18	0.023	0.118
19	0.032	0.065
20	-0.040	0.078
21	-0.055	0.001
22	0.063	0.041
23	-0.103	-0.076
24	0.096	-0.050

图 2－33　季节差分后序列自相关和偏自相关图

（2）非季节 p，q 选择

图 2-33 是平稳序列的自相关和偏自相关图，可以根据该图初步选择 p，q。由图知，在时滞 $k=12$ 以内，明显不为 0 的偏自相关系数个数为 2（$k=1$ 和$k=3$），$k=2$ 和 $k=5$ 时没有趋于 0，可以考虑初选 p 为 2，3，4。显著不为 0 的自相关系数有一个，即 $k=1$ 时，同时看到 $k=6$ 时，r_k 增大，考虑 q 为 1 或 2。

（3）季节 P，Q 选择

由图 2-33 知，$k=12$ 时 r_k 和 ϕ_k 均较大，$k=24$ 时均较小，可以选择 $P=1$，$Q=1$。

初选模型为：ARIMA（2，1，1）（1，1，1）^{12}，ARIMA（3，1，1）（1，1，1）^{12}，ARIMA(4，1，1)(1，1，1)^{12}，ARIMA(2，1，2)(1，1，1)^{12}，ARIMA(3，1，2)(1，1，1)^{12}，ARIMA(4，1，2)(1，1，1)^{12}。

2. 参数估计

采用最大似然估计，对初选的模型分别进行估计，结果如表 2-5 至表 2-10 所示。由于序列有很强趋势，在建立模型时，先对原序列取对数再差分。将增加量序列变换为增长率序列，这是因为通常绝对量变化不如相对量变化更平稳。

表 2-5　ARIMA(2，1，1)(1，1，1)^{12}估计结果

	Coefficient	Std. Error	t-Statistic	Prob.
AR(1)	0.121305	0.289144	0.419531	0.6766
AR(2)	-0.035710	0.192958	-0.185068	0.8539
SAR(12)	0.087698	0.148682	0.589836	0.5579
MA(1)	-0.639551	0.255333	-2.504773	0.0154
SMA(12)	-0.860644	0.039579	-21.74494	0.0000

R-squared	0.538512	Mean dependent var	-0.001974
Adjusted R-squared	0.503013	S.D. dependent var	0.069880
S.E. of regression	0.049264	Akaike info criterion	-3.099631
Sum squared resid	0.126199	Schwarz criterion	-2.920416
Log likelihood	93.33949	Hannan-Quinn criter.	-3.029982
Durbin-Watson stat	2.001976		

表 2-6　ARIMA(3，1，1)(1，1，1)^{12}估计结果

	Coefficient	Std. Error	t-Statistic	Prob.
AR(1)	-0.173389	0.352382	-0.492049	0.6248
AR(2)	-0.182735	0.198200	-0.921976	0.3610
AR(3)	-0.256982	0.166072	-1.547409	0.1281
SAR(12)	0.052721	0.147071	0.358472	0.7215
MA(1)	-0.333752	0.356626	-0.935859	0.3538
SMA(12)	-0.874269	0.039060	-22.38299	0.0000

R-squared	0.555094	Mean dependent var	-0.001728
Adjusted R-squared	0.510603	S.D. dependent var	0.070488
S.E. of regression	0.049311	Akaike info criterion	-3.080384
Sum squared resid	0.121579	Schwarz criterion	-2.863382
Log likelihood	92.25074	Hannan-Quinn criter.	-2.996252
Durbin-Watson stat	1.958456		

表 2-7　　ARIMA(4，1，1)(1，1，1)^{12} 估计结果

	Coefficient	Std. Error	t-Statistic	Prob.
AR(1)	0.137573	0.927351	0.148351	0.8827
AR(2)	-0.019515	0.477592	-0.040861	0.9676
AR(3)	-0.123402	0.343543	-0.359204	0.7210
AR(4)	0.155075	0.338304	0.458391	0.6487
SAR(12)	0.065441	0.150564	0.434639	0.6658
MA(1)	-0.633313	0.919378	-0.688850	0.4942
SMA(12)	-0.883297	0.040080	-22.03851	0.0000

R-squared	0.566167	Mean dependent var	-0.001521
Adjusted R-squared	0.511938	S.D. dependent var	0.071120
S.E. of regression	0.049686	Akaike info criterion	-3.047793
Sum squared resid	0.118495	Schwarz criterion	-2.792314
Log likelihood	90.81430	Hannan-Quinn criter.	-2.948997
Durbin-Watson stat	1.993457		

表 2-8　　ARIMA(2，1，2)(1，1，1)^{12} 估计结果

	Coefficient	Std. Error	t-Statistic	Prob.
AR(1)	1.442297	0.115107	12.53004	0.0000
AR(2)	-0.481174	0.116220	-4.140191	0.0001
SAR(12)	-0.107875	0.078903	-1.367177	0.1776
MA(1)	-1.961901	0.016609	-118.1243	0.0000
MA(2)	0.994992	3.52E-06	282468.0	0.0000
SMA(12)	-0.871621	0.037739	-23.09598	0.0000

R-squared	0.568515	Mean dependent var	-0.001974
Adjusted R-squared	0.526213	S.D. dependent var	0.069880
S.E. of regression	0.048100	Akaike info criterion	-3.131767
Sum squared resid	0.117994	Schwarz criterion	-2.916709
Log likelihood	95.25535	Hannan-Quinn criter.	-3.048188
Durbin-Watson stat	2.048238		

表 2-9　　ARIMA(3，1，2)(1，1，1)^{12} 估计结果

	Coefficient	Std. Error	t-Statistic	Prob.
AR(1)	-0.244101	0.560299	-0.435662	0.6650
AR(2)	-0.160857	0.306382	-0.525020	0.6019
AR(3)	-0.251300	0.172782	-1.454435	0.1522
SAR(12)	0.058398	0.148518	0.393203	0.6959
MA(1)	-0.262157	0.568108	-0.461456	0.6465
MA(2)	-0.058850	0.459294	-0.128131	0.8986
SMA(12)	-0.873941	0.039302	-22.23636	0.0000

R-squared	0.555146	Mean dependent var	-0.001728
Adjusted R-squared	0.500674	S.D. dependent var	0.070488
S.E. of regression	0.049809	Akaike info criterion	-3.044786
Sum squared resid	0.121564	Schwarz criterion	-2.791617
Log likelihood	92.25401	Hannan-Quinn criter.	-2.946633
Durbin-Watson stat	1.958405		

表 2-10　　**ARIMA(4，1，2)(1，1，1)^{12}估计结果**

	Coefficient	Std. Error	t-Statistic	Prob.
AR(1)	0.443077	0.839518	0.527776	0.6001
AR(2)	-0.210585	0.392045	-0.537145	0.5937
AR(3)	-0.187980	0.280128	-0.671051	0.5055
AR(4)	0.118538	0.318888	0.371721	0.7118
SAR(12)	0.015332	0.149720	0.102402	0.9189
MA(1)	-0.945286	0.851150	-1.110599	0.2724
MA(2)	0.342623	0.384009	0.892226	0.3768
SMA(12)	-0.885311	0.040982	-21.60221	0.0000

R-squared	0.568032	Mean dependent var	-0.001521
Adjusted R-squared	0.503696	S.D. dependent var	0.071120
S.E. of regression	0.050103	Akaike info criterion	-3.015737
Sum squared resid	0.117986	Schwarz criterion	-2.723761
Log likelihood	90.93277	Hannan-Quinn criter.	-2.902828
Durbin-Watson stat	1.974012		

从模型定阶的准则看，ARIMA(2，1，1)(1，1，1)^{12}和 ARIMA(2，1，2)(1，1，1)^{12}的三个指标值均较小，但 ARIMA(2，1，2)(1，1，1)^{12}模型的 AR(1) 参数大于 1，不满足参数的约束，应选择第一个最简单的模型。

3. *残差检验*

对所选模型进行残差序列的 χ^2 检验，计算残差序列的自相关系数和 Q 统计量，结果如图 2-34 所示。因为残差序列的数据只有 57 个，最大滞后 k 取了 14。图中结果显示，残差序列不存在自相关的概率达 94%，可以接受残差序列是白噪声的假设。

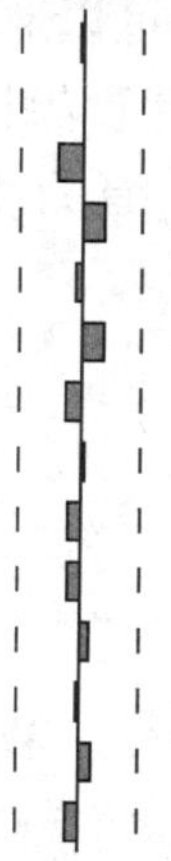

Autocorrelation		AC	Q-Stat	Prob
	1	-0.002	0.0003	
	2	0.014	0.0125	
	3	-0.103	0.6784	
	4	0.101	1.3239	
	5	-0.020	1.3493	
	6	0.113	2.1890	0.139
	7	-0.059	2.4210	0.298
	8	0.017	2.4402	0.486
	9	-0.055	2.6512	0.618
	10	-0.044	2.7868	0.733
	11	0.049	2.9626	0.814
	12	-0.015	2.9797	0.887
	13	0.069	3.3453	0.911
	14	-0.046	3.5093	0.941

图 2-34　残差序列自相关图

对残差序列进行 LM 检验，当提升阶数 $r=1$ 时，残差序列独立的概率是 78.6%；若 $r=2$，残差序列独立的概率约为 80%。这表明，模型残差满足独立性，不再需要调整升阶。

第五节　时序模型预测

经过模型识别、参数估计、模型检验，得到一个适宜的预测模型，就可以对未来可能出现的结果进行预测。所谓的 L 步预测，是根据现在时刻 k 和以前各时刻的实际观察值 Y_k，Y_{k-1}，…，对未来时刻 $k+L$ 的随机变量作出估计。既然是估计问题，就要考虑选取衡量估计效果优劣的标准，线性最小方差是常用的一种。

一、最小方差预测

最小方差预测的目的是使时间序列未来值的预测误差尽可能小。线性最小方差预测是使预测误差的方差减到最小的一种预测，即设 W_t 是平稳、零均值序列，$W_t(L)$ 表示由所建立的时序模型作出的 L 步平稳线性最小方差预测，那么，预测误差

$$e_k(L)=W_{k+L}-\hat{W}(L) \tag{2.43}$$

的方差

$$E(e_k(L))^2=E(W_{k+L}-\hat{W}_k(L))^2 \tag{2.44}$$

应达到最小。实际上，线性最小方差预测就是要使选择的时间序列 L 步预测值 $W_k(L)$ 与时序的实际值 W_{k+L}之间距离比其他任何一点都短。因而，这是一种最优预测。

二、预测值的计算

利用所建立的时序模型进行线性最小方差预测，可以通过递推形式完成。其步骤是，先计算预测步长 $L=1$ 的预测值，再利用这个预测值计算步长$L=2$的预测值，然后利用这两个预测值计算步长 $L=3$ 的预测值，如此继续进行，直到计算出步长为 L 的预测值为止。

1. AR(p) 序列的预测

AR(p) 序列预测的递推公式为：

$$\begin{aligned}
&\hat{W}_k(1)=\phi_1 W_k+\phi_2 W_{k-1}+\cdots+\phi_p W_{k-p+1}\\
&\hat{W}_k(2)=\phi_1\hat{W}_k(1)+\phi_2 W_k+\cdots+\phi_p W_{k-p+2}\\
&\vdots\\
&\hat{W}_k(p)=\phi_1\hat{W}_k(p-1)+\phi_2\hat{W}_k(p-2)+\cdots+\phi_{p-1}\hat{W}_k(1)+\phi_p W_k\\
&\vdots\\
&\hat{W}_k(L)=\phi_1\hat{W}_k(L-1)+\phi_2\hat{W}_k(L-2)+\cdots+\phi_{p-1}\hat{W}_k(L-p+1)\\
&\qquad\qquad+\phi_p\hat{W}_k(L-p)\quad (L>p)
\end{aligned} \tag{2.45}$$

由式（2.45）可知，只要掌握时序 W_k，W_{k-p+1}这个时刻的实际观察值，就能够根据这套递推公式求得关于 AR(p) 序列任意步的平衡线性最小方差预测值。当然，这并不是说其余数据不重要，在建模时，数据越多越好。一般来说，运用该类模型，至少需要 5 年分月或季的数据。

[例 2.6]　根据某种商品 50 个月的销量建立的 AR(2) 模型为：

$$Y_t=0.753\,8Y_{t-1}+0.158\,0Y_{t-2}+e_t$$

第 49 个月和第 50 个月的销量分别是 0.08 千件和 0.68 千件，试预测第 51～54 个月的销量

分析：由 AR(2) 模型，可以得到序列的预测方程为：

$$\hat{Y}_k(1)=0.753\,8Y_k+0.158\,0Y_{k-1}$$

$$\hat{Y}_k(2)=0.753\,8\,\hat{Y}_k(1)+0.158\,0Y_k$$

$$\hat{Y}_k(3)=0.753\,8\,\hat{Y}_k(2)+0.158\,0\,\hat{Y}_k(1)$$

一般，L 步预测方程为：

$$\hat{Y}_k(L)=0.753\,8\,\hat{Y}_k(L-1)+0.158\,0\,\hat{Y}_k(L-2)$$

预测第 51～54 个月的销量（$k=50$）：

$$\hat{Y}_{51}=0.753\,8\times0.68+0.158\,0\times0.08=0.525\,2$$

$$\hat{Y}_{52}=0.753\,8\times0.525\,2+0.158\,0\times0.68=0.503\,3$$

$$\hat{Y}_{53}=0.753\,8\times0.503\,3+0.158\,0\times0.525\,2=0.462\,4$$

$$\hat{Y}_{54}=0.753\,8\times0.462\,4+0.158\,0\times0.503\,3=0.428\,1$$

某种商品第 51～54 个月的销量将分别为：0.525 2 千件、0.503 3 千件、0.462 4 千件和 0.428 1 千件。

2. MA(q) *序列的预测*

MA(q) 序列预测的递推公式可以写成向量形式

$$\begin{bmatrix}\hat{W}_{k+1}(1)\\ \hat{W}_{k+1}(2)\\ \vdots\\ \hat{W}_{k+1}(q)\end{bmatrix}=\begin{bmatrix}\theta_1 & 1 & \cdots & 0\\ \theta_2 & & 0 & \\ \vdots & \vdots & & \vdots\\ \theta_{q-1} & 0 & \cdots & 1\\ \theta_q & 0 & \cdots & 0\end{bmatrix}\begin{bmatrix}\hat{W}_k(1)\\ \hat{W}_k(2)\\ \vdots\\ \hat{W}_k(q)\end{bmatrix}-\begin{bmatrix}\theta_1\\ \theta_2\\ \vdots\\ \theta_q\end{bmatrix}W_{k+1}$$

$$\hat{W}_k(L)=0\quad(L>q)\tag{2.46}$$

式（2.46）和式（2.47）描述了 MA(q) 序列以时刻 k 为起点，对未来进行任意 L 步预测所应具有的全部结果。式（2.46）中$\hat{W}_k(1)$，$\hat{W}_k(2)$，…，$\hat{W}_k(q)$ 在 $k=k_0$ 时，作为递推初值，可通过直接计算求得，也可以取$\hat{W}_{k0}(1)=\hat{W}_{k0}(2)=\cdots=\hat{W}_{k0}(q)=0$。可以证明，当 k 增加到充分大后，初始误差的影响会逐渐消失。所以若进行长期递推预测，取初值为 0，经过一段时间后，预测值就可以使用。但要注意，MA(q) 模型可以预测的时间长度与阶数 q 的大小有关。

3. ARMA(p，q) *序列的预测*

ARMA(p，q) 序列的预测与 MA(q) 序列的预测方法类似，只是更为复杂，限于本书篇幅，不再作介绍。

经过 d 阶差分平稳的时间序列，只要差分后序列 W_t 可以预测，那么将序列 W_t 累加 d

次，就可以得到原序列 Y_t 的预测值。如 $d=1$，则 Y_t 的 L 步预测值可由下式得到

$$\hat{Y}_k(L)=Y_k+\hat{W}_k(1)+\hat{W}_k(2)+\cdots+\hat{W}_k(L) \tag{2.47}$$

三、预测的置信限

ARMA 模型预测可以根据要求的置信水平（如 95%，90%等），得到预测值的上限（upper）和下限（lower）。其计算公式为：

$$U_U=\hat{W}_k(L)+T\cdot V(L)\cdot S_e \tag{2.48}$$

$$U_L=\hat{W}_k(L)-T\cdot V(L)\cdot S_e \tag{2.49}$$

式中，T 是按预先给定的置信水平由正态分布表得到的。如置信水平为 95%，$T=1.96$；置信水平为 90%，$T=1.65$ 等。S_e 是预测误差的标准差，与模型中所估计的系数有关。

$$S_e^2=\sum_{t=1}^{k}\hat{e}_t^2/k-p-q_0V(L) \tag{2.50}$$

其中

$$\begin{aligned}
&\psi_1=\phi_1-\theta_1\\
&\psi_2=\phi_1\psi_1+\phi_2-\theta_2\\
&\psi_3=\phi_1\psi_2+\phi_2\psi_1-\theta_3\\
&\psi_4=\phi_1\psi_3+\phi_2\psi_2+\phi_3\psi_1-\theta_4\\
&\cdots\\
&\psi_j=\phi_1\psi_{j-1}+\phi_2\psi_{j-2}+\cdots+\phi_p\psi_{j-p}-\theta_j
\end{aligned} \tag{2.51}$$

［例 2.7］ 试对于 ARIMA(2，1，0) 模型的最近未来 4 个时期，计算 95%的置信区间。已知 $\phi_1=0.3$，$\phi_2=-0.6$，$S_e=10$。

分析：根据式（2.51），求得

$$\begin{aligned}
&\psi_1=0.3\\
&\psi_2=0.3\times0.3+(-0.6)=-0.51\\
&\psi_3=0.3\times(-0.51)+(-0.6)\times0.3=-0.333
\end{aligned}$$

由于预测步长 $L=4$，所以只求得上面三个即可，于是

$$\begin{aligned}
&V(1)=1\\
&V(2)=(1+0.3^2)^{\frac{1}{2}}=1.044\\
&V(3)=[1+0.3^2+(-0.51)^2]^{\frac{1}{2}}=1.162\\
&V(4)=[1+0.3^2+(-0.51)^2+(-0.333)^2]^{\frac{1}{2}}=1.209
\end{aligned}$$

最近未来 4 个时期的 95%置信区间是

$$\begin{aligned}
&L_1=\hat{W}_k(1)-1.96\times1\times10=\hat{W}_k(1)-19.60\\
&U_1=\hat{W}_k(1)+1.96\times1\times10=\hat{W}_k(1)+19.60
\end{aligned}$$

$L_2=\hat{W}_k(2)-1.96\times1.044\times10=\hat{W}_k(2)-20.46$

$U_2=\hat{W}_k(2)+1.96\times1.044\times10=\hat{W}_k(2)+20.46$

$L_3=\hat{W}_k(3)-1.96\times1.162\times10=\hat{W}_k(3)-22.78$

$U_3=\hat{W}_k(3)+1.96\times1.162\times10=\hat{W}_k(3)+22.78$

$L_4=\hat{W}_k(4)-1.96\times1.209\times10=\hat{W}_k(4)-23.70$

$U_4=\hat{W}_k(4)+1.96\times1.209\times10=\hat{W}_k(4)+23.70$

从例 2.7 可以看出，随着预测向未来延伸，预测的可靠性逐渐下降，相应的置信区间逐渐变大。ARMA 模型最适合进行短期预测。

[例 2.8]　例 2.5 中的模型预测

分析：可以根据第一章对趋势模型的分析评价方法，先对样本期内模型的拟合效果进行分析。图 2－35 是工业总产值的实际值与模型估计值序列曲线图。由该图可以看出，样本期内拟合效果不错。计算整个样本期和近期的 MAPE 如表 2－11 所示。由该表可以看出，整个样本期的误差较小，近期误差比整个样本期要小，说明模型对近期的变化反映很好。用模型外推预测，预测 1997 年 1—12 月数值，并用预留的数据作误差分析，结果如表 2－11 所示。可以看出，误差进一步减小，模型短期预测效果不错。

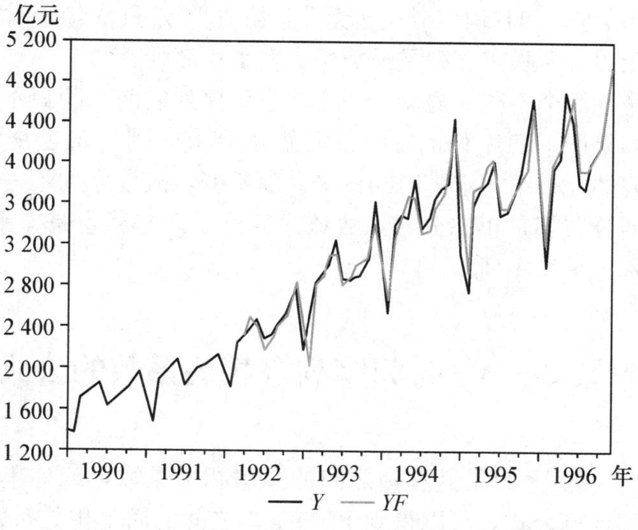

图 2－35　工业总产值实际值与估计值序列曲线图

表 2－11　MAPE 计算结果

时间	MAPE
1990 年 1 月至 1996 年 12 月	3.39
1995 年 1 月至 1996 年 12 月	3.35
1997 年 1 月至 1997 年 12 月	2.61

将该模型预测结果与第一章趋势与季节的乘法模型预测结果比较，可以看出前者的预测精度更高。ARMA 模型适用于短期预测，采用乘法模型可以进行较长期的预测，只需

给时间变量 t 不断赋值即可。当数据量足够，实际序列今后的变化依然可以依照这一规律时，短期预测宜选择 ARMA 模型，较长时期的预测宜选用趋势与季节的乘法模型。当数据量不足时，只能运用传统时间序列分析中的乘法模型。

附录 2-A　平稳过程的定义

假若一个随机过程在时刻 t_1，t_2 的概率分布的特性不受时间原点改变的影响，则称其为严平稳过程。① 如果一个时间序列 y_t 的任意有穷维分布具有以下性质：

$$F_{t_1 t_2 \cdots t_m}(y_1, y_2, \cdots, y_m) = F_{t_1+n t_2+n \cdots t_m+n}(y_1, y_2, \cdots, y_m)$$

其中 n 是任意时刻（n 是整数），则称 y_t 为严平稳序列（或狭义平稳序列）。② 独立同分布序列是最简单的严平稳序列。

若随机序列 y_t 的二阶矩有穷而且对任意时刻 t 和 s 满足

$$E(y_t) = \mu$$

$$E(y_t y_s) = \mu^2 = \gamma_{ts} = \gamma_{t-s}$$

则称序列为宽平稳序列（或广义平稳序列、弱平稳序列）。③ 这表明，宽平稳序列的统计特性不随时间变化而改变，即其均值 μ 与 t 无关，协方差 γ_{ts} 只依赖于时间的长度 $|t-s|$，而与时间的起始点无关。白噪声序列是最简单的宽平稳序列。

严平稳与宽平稳是两个不同的概念。一个严平稳序列的前二阶矩不一定存在，故该序列不一定宽平稳；如果严平稳序列的一、二阶矩都有穷，则一定也是宽平稳，反之则不然。一个宽平稳序列的分布不一定随时间的平移而不变，故该序列不一定严平稳。正态随机序列的任意有穷维分布都是正态分布，故该序列既是严平稳也是宽平稳。实际应用时，常将宽平稳序列简称为平稳序列。

附录 2-B　时间序列自相关系数的公式

时间序列 Y_t 的自相关系数是其各项之间的简单相关系数，或称单重相关系数。根据变量简单相关系数的计算公式，可以得到 Y_t 与 Y_{t-1} 之间的简单相关系数为：

$$\gamma_{Y_t Y_{t-1}} = \frac{\sum_{t=2}^{n}(Y_t - \bar{Y}_t)(Y_{t-1} - \bar{Y}_{t-1})}{\sqrt{\sum_{t=1}^{n}(Y_t - \bar{Y}_t)^2}\sqrt{\sum_{t=2}^{n}(Y_{t-1} - \bar{Y}_{t-1})^2}}$$

---

① George E. P. Box，Gwilym M. Jenkins，Gregory C. Rcinsel. 时间序列分析：预测与控制. 北京：中国统计出版社，1997：26.

② 安鸿志等. 时间序列的分析与应用. 北京：科学出版社，1983：18.

③ 安鸿志等. 时间序列的分析与应用. 北京：科学出版社，1983：20.

式中，n 为样本数据的个数。

由于平稳时间序列的均值相对于时间是一个常数，所以

$$\bar{Y}=\bar{Y}_t=\bar{Y}_{t-1}$$

又由于平稳时序的方差在时刻 t 和 $t+k$ 相同，即 $\sigma_{Y_{t-1}}=\sqrt{\dfrac{\sum (Y_t-\bar{Y}_t)^2}{n-1}}$ 与 $\sigma_{Y_{t-1}}=\sqrt{\dfrac{\sum (Y_{t-1}-\bar{Y}_{t-1})^2}{n-1}}$ 大致相同，因而上式可以写成

$$\gamma_{Y_tY_{t-1}}=\frac{\sum_{t=2}^{n}(Y_t-\bar{Y})(Y_{t-1}-\bar{Y})}{\sqrt{\sum_{t=1}^{n}(Y_t-\bar{Y})^2}}$$

由平稳时间序列的定义可知，平稳时序不同时刻的两个量之间的相关程度，只与两个时刻之间的时差 k 有关，而与时间的起始点无关。这样，Y_t 与 Y_{t-1} 之间和 Y_{t-1} 与 Y_{t-2} 之间的时差均为 $k=1$，自相关系数相同。对于各种时差 k 适用的自相关系数公式为：

$$r_k=\frac{\sum_{t=1}^{n}(Y_t-\bar{Y})(Y_{t+k}-\bar{Y})}{\sqrt{\sum_{t=1}^{n}(Y_t-\bar{Y})^2}}$$

附录 2－C　偏自相关函数

设 W_t 是平稳、零均值序列，若由 W_{t-1}，W_{t-2}，…，W_{t-k} 对 W_t 进行线性最小方差估计，即需选择系数 ϕ_{k1}，ϕ_{k2}，…，ϕ_{kk}，使得

$$\delta=E\Big(W_t-\sum_{j=1}^{k}\phi_{kj}W_{t-j}\Big)^2\quad(j=1,2,\cdots,k)$$

达到极小。为此，对 δ 右端求偏导 $\dfrac{\partial\delta}{\partial\phi_{kj}}$，并令其为 0，即得到 ϕ_{kj} 应满足的线性方程组

$$\begin{pmatrix}1 & r_1 & \cdots & r_{k-1}\\ r_1 & 1 & \cdots & r_{k-2}\\ \vdots & \vdots & & \vdots\\ r_{k-1} & r_{k-2} & \cdots & 1\end{pmatrix}\begin{pmatrix}\phi_{k1}\\ \phi_{k2}\\ \vdots\\ \phi_{kk}\end{pmatrix}=\begin{pmatrix}r_1\\ r_2\\ \vdots\\ r_k\end{pmatrix}$$

由以上线性方程组求得的 $\phi_{kk}(k=1,2,\cdots)$ 称为序列 W_t 的偏自相关函数。原则上，ϕ_{kk} 可以直接解线性方程组求得，但对于阶数较高的 ARMA 序列，直接计算比较复杂，通常采用递推算法。

$$\phi_{11}=r_1$$

$$\phi_{kk}=r_k\frac{r_{k-1}-\sum_{j=1}^{k-1}r_{k-j}\phi_{k-1,j}}{1-\sum_{j=1}^{k-1}r_j\phi_{k-1,j}}$$

$$r_{k,j}=\phi_{k-1,j}-\phi_{kk}\phi_{k-1;k-j}\quad(j=1,2,\cdots,k-1)$$

上式表明，从初值 $\phi_{11}=r_1$ 出发，随着时滞 k 的增加，$\phi_{kj}(j=1,2,\cdots,k)$ 的值可由 $\phi_{kj}(j=1,2,\cdots,k-1)$ 递推算出。其步骤可用流程图表示（见图 2A-1）。

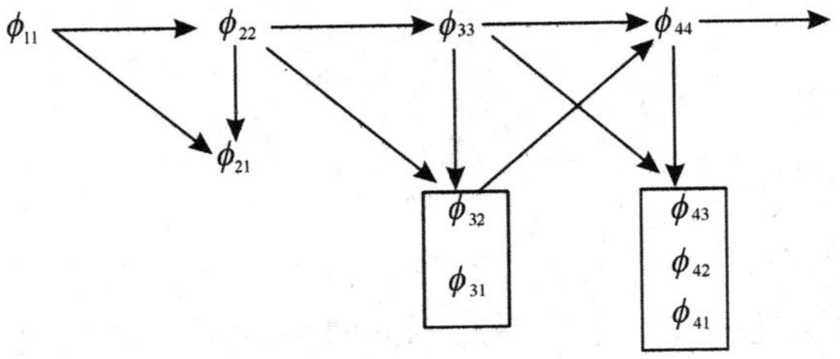

图 2C-1

附录 2-D　模型参数的估计

一、参数的初步估计

在模型阶数给定的前提下，可以利用序列的样本自相关函数对模型参数进行初步估计，或者说确定初始值，这种方法也简称矩估计法。

1. AR(p) 模型参数的初步估计

AR(p) 模型表述为：

$$Y_t=\phi_1Y_{t-1}+\phi_2Y_{t-2}+\cdots+\phi_pY_{t-p}+e_t\qquad(A2.1)$$

两边同乘以 Y_{t-k}（$k=1,2,\cdots,p$），结果为：

$$Y_t\cdot Y_{t-k}=\phi_1Y_{t-1}\cdot Y_{t-k}+\phi_2Y_{t-2}\cdot Y_{t-k}+\cdots+\phi_pY_{t-p}\cdot Y_{t-k}+e_t\cdot Y_{t-k}\qquad(A2.2)$$

对式（A2.2）两边取期望（相对于 t），得到

$$E(Y_t\cdot Y_{t-k})=\phi_1E(Y_{t-1}\cdot Y_{t-k})+\cdots+\phi_pE(Y_{t-p}\cdot Y_{t-k})+E(e_t\cdot Y_{t-k})\qquad(A2.3)$$

因为 e_t 是随机干扰项且与 Y_{t-k} 无关，所以 $E(e_t\cdot Y_{t-k})\equiv0$。

以 γ_k 表示时间序列 Y_t 的自协方差函数，则式（A2.3）可写为：

$$\gamma_k=\phi_1\gamma_{k-1}+\phi_2\gamma_{k-2}+\cdots+\phi_p\gamma_{k-p}$$

两边同除以 γ_0，根据自协方差函数与自相关函数的关系可得①

① 理论推导时，应采用理论自相关函数 ρ_k，即 $\rho_k=\frac{\gamma_k}{\gamma_0}$。由于本书未涉及这个概念，故直接用样本自相关函数 r_k 代替。这一点请在阅读参考文献时加以注意。

$$r_k=\phi_1 r_{k-1}+\phi_2 r_{k-2}+\cdots+\phi_p r_{k-p}\text{①}\quad (k>0) \tag{A2.4}$$

因为 $k=1, 2, \cdots, p$，所以式（A2.4）可以展开得到方程组

$$\begin{cases} r_1=\phi_1+\phi_2 r_1+\cdots+\phi_p r_{p-1} \\ r_2=\phi_1 r_1+\phi_2+\cdots+\phi_p r_{p-2} \\ \vdots \\ r_p=\phi_1 r_{p-1}+\phi_2 r_{p-2}+\cdots+\phi_p \end{cases} \tag{A2.5}$$

这就是著名的 Yule-Walker 方程，系数矩阵由 $r_1, r_2, \cdots, r_{p-1}$ 组成，即

$$\begin{bmatrix} 1 & r_1 & \cdots & r_{p-1} \\ r_1 & & & \vdots \\ \vdots & & & r_1 \\ r_{p-1} & r_{p-2} & \cdots & 1 \end{bmatrix} \tag{A2.6}$$

这个矩阵称作 Toepletz 矩阵。可以证明，它是非奇异阵或可逆阵，因而，由式（A2.5）可解得 AR(p) 模型的自回归参数

$$\begin{pmatrix} \phi_1 \\ \phi_2 \\ \vdots \\ \phi_p \end{pmatrix}=\begin{pmatrix} 1 & r_1 & \cdots & r_{p-1} \\ r_1 & 1 & \cdots & r_{p-2} \\ \vdots & \vdots & & \vdots \\ r_{p-1} & r_{p-2} & \cdots & 1 \end{pmatrix}^{-1}\begin{pmatrix} r_1 \\ r_2 \\ \vdots \\ r_p \end{pmatrix} \tag{A2.7}$$

根据式（A2.7）求得的 $\phi=(\phi_1, \phi_2, \cdots, \phi_p)$，称为参数 ϕ 的 Yule-Walker 估计，简称 Y-W 估计。

若 $p=1$，AR(1) 模型为：

$$Y_t=\phi_1 Y_{t-1}+e_t$$

由式（A2.7）得

$$\phi_1=r_1$$

若 $p=2$，AR(2) 模型为：

$$Y_t=\phi_1 Y_{t-1}+\phi_2 Y_{t-2}+e_t$$

由式（A2.7）得

$$\begin{bmatrix} \phi_1 \\ \phi_2 \end{bmatrix}=\begin{bmatrix} 1 & r_1 \\ r_1 & 1 \end{bmatrix}^{-1}\begin{bmatrix} r_1 \\ r_2 \end{bmatrix}$$

求解上式得到

$$\begin{cases} \phi_1=\dfrac{r_1(1-r_2)}{1-r_1^2} \\ \phi_2=\dfrac{r_2-r_1^2}{1-r_1^2} \end{cases}$$

① $\gamma_0=1, \gamma_k=\gamma_{-k}$。

2. MA(q) 模型参数的初步估计

MA(q) 模型为：

$$Y_t = e_t - \theta_1 e_{t-1} - \theta_2 e_{t-2} - \cdots - \theta_q e_{t-q}$$

两边同乘以 Y_{t-k} 得到

$$Y_t Y_{t-k} = (e_t - \theta_1 e_{t-1} - \cdots - \theta_q e_{t-q})(e_{t-k} - \theta_1 e_{t-k-1} - \theta_q e_{t-k-q})$$

两边同时取期望值

$$\begin{aligned} E(Y_t Y_{t-k}) &= E[(e_t - \theta_1 e_{t-1} - \cdots - \theta_q e_{t-q})(e_{t-k} - \theta_1 e_{t-k-1} - \cdots - \theta_q e_{t-k-q})] \\ &= E(e_t e_{t-k} - \theta_1 e_t e_{t-k-1} - \theta_2 e_t e_{t-k-2} - \cdots - \theta_q e_t e_{t-k-q} \\ &\quad - \theta_1 e_{t-1} e_{t-k} + \theta_1^2 e_{t-1} e_{t-k-1} + \theta_1 \theta_2 e_{t-1} e_{t-k-2} \\ &\quad + \cdots + \theta_1 \theta_q e_{t-1} e_{t-k-q} - \cdots - \theta_q e_{t-q} e_{t-k} + \theta_1 \theta_q e_{t-q} e_{t-k-1} \\ &\quad + \theta_2 \theta_q e_{t-q} e_{t-k-1} + \cdots + \theta_q^2 e_{t-q} e_{t-k-q}) \end{aligned} \tag{A2. 8}$$

若 $k=0$，式（A2. 8）为：

$$\gamma_0 = E(e_t e_{t-0} + \theta_1^2 E(e_{t-1} e_{t-0-1}) + \theta_2^2 E(e_{t-2} e_{t-0-2}) + \cdots + \theta_q^2 E(e_{t-q} e_{t-0-q})) \tag{A2. 9}$$

由于残差序列 e_t 服从以 0 为均值，σ_t 为标准差的正态分布，且相互独立，即有

$$E(e_t e_{t+i}) = \begin{cases} \sigma_t^2, & i=0 \\ 0, & i \neq 0 \end{cases}$$

所以式（A2. 9）为：

$$\gamma_0 = (1 + \theta_1^2 + \theta_2^2 + \cdots + \theta_q^2)\sigma_t^2 \tag{A2. 10}$$

若 $k=k$，式（A2. 8）为：

$$\begin{aligned} r_k &= -\theta_k E(e_{t-k} e_{t-k}) + \theta_1 \theta_{k+1} E(e_{t-k-1} e_{t-k-1}) + \theta_2 \theta_{k+2} E(e_{t-k-2} e_{t-k-2}) + \cdots \\ &\quad + \theta_{q-k} \theta_q E(e_{t-q} e_{t-q}) \\ &= (-\theta_k + \theta_1 \theta_{k+1} + \theta_2 \theta_{k+2} + \cdots + \theta_{q-k} \theta_q)\sigma_t^2 \end{aligned} \tag{A2. 11}$$

根据序列自协方差函数与自相关函数的关系①，可以得到

$$r_k = \frac{-\theta_k + \theta_1 \theta_{k+1} + \theta_2 \theta_{k+2} + \cdots + \theta_{q-k} \theta_q}{1 + \theta_1^2 + \theta_2^2 + \cdots + \theta_q^2} \tag{A2. 12}$$

若 $q=1$，由式（A2. 12）可得

$$r_1 = \frac{-\theta_1}{1 + \theta_1^2}$$

整理得

---

① 用式（A2. 11）除以式（A2. 10），并以样本自相关函数代替理论自相关函数，即可得出式（A2. 12），这与式（2. 21）相同。

$$r_1\theta_1^2+\theta_1+r_1=0$$

求解这个方程，得

$$\theta_1=\frac{-1\pm\sqrt{1-4r_1^2}}{2r_1} \tag{A2.13}$$

根据 $|\theta_1|<1$ 的要求，可以计算得到所需要的 θ_1，这就是 MA(1) 模型参数的初始值。

若 $q=2$，式（A2.12）为：

$$\begin{cases} r_1=\dfrac{-\theta_1+\theta_1\theta_2}{1+\theta_1^2+\theta_2^2} \\ r_2=\dfrac{-\theta_2}{1+\theta_1^2+\theta_2^2} \end{cases} \tag{A2.14}$$

若 $q=3$，式（A2.12）为：

$$\begin{cases} r_1=\dfrac{-\theta_1+\theta_1\theta_2+\theta_2\theta_3}{1+\theta_1^2+\theta_2^2+\theta_3^2} \\ r_2=\dfrac{-\theta_2+\theta_1\theta_3}{1+\theta_1^2+\theta_2^2+\theta_3^2} \\ r_3=\dfrac{-\theta_3}{1+\theta_1^2+\theta_2^2+\theta_3^3} \end{cases} \tag{A2.15}$$

式（A2.14）和式（A2.15）是多元非线性方程组，要直接求解是很困难的，需要采用迭代的方法。在实际应用中，一般当样本数据足够多（通常样本数据 $n=50$ 可视为足够多）时，初始值如何选取对参数估计影响会减弱，所以可取初始值为 0，以使运算简便。

3. ARMA(p，q) 模型参数的初步估计

对 ARMA(p，q) 模型求参数的初始值，比前两类模型更为复杂。在对具体的时间序列建立 ARMA(p，q) 模型时，并不一定要按部就班地进行参数的初步估计，而可以选择某一组初值，直接进行精估计。例如，将自回归初值取为 0，移动平均初值取下面数列中的前 q 个值

$$-0.90,-0.85,-0.80,-0.75,-0.70,\cdots,-0.05$$

对于含有季节性的模型，结构复杂，进行初步估计很麻烦，因而也可采用上面的方法，任选一组参数作为精估计的迭代初值。

二、参数的精估计

参数的精估计是在初步估计基础上，根据一定的估计准则进行的，最小二乘和最大似然是两种常用的准则。限于本书的内容，只介绍最小二乘估计的一般原理。

设因变量 Y_t 与 L 维向量 X_t 之间具有下面的函数关系

$$Y_t=f_t(X_t,\Theta)+\varepsilon_t \quad (t=1,2,\cdots,N) \tag{A2.16}$$

式中，$\Theta=(\theta_1, \theta_2, \cdots, \theta_m)^t$ 是待估计的参数；ε_t 是误差；f_t 的函数形式已知。最小二乘法是从已经观察到的 N 组数据（X_t，Y_t）出发，对于未知参数 $\Theta=(\theta_1, \theta_2, \cdots, \theta_m)^t$ 进行估计，使残差平方和

$$\sum_{t=1}^{N}\varepsilon_t^2=\sum_{t=1}^{N}[Y_t-f_t(X_t,\Theta)]^2 \tag{A2.17}$$

达到最小。一般情形下，f 与 Θ 之间呈现非线性关系，对于 Θ 的估计，通常采用非线性最小二乘法。若模型可表示为：

$$Y=A\Theta+\varepsilon \tag{A2.18}$$

式中，$Y=(Y_1, Y_2, \cdots, Y_N)^t$；$A=(X_1+X_2, \cdots, X_N)^t$；$\varepsilon=(\varepsilon_1, \varepsilon_2, \cdots, \varepsilon_N)^t$，则称 f 与 Θ 参数之间呈线性关系，对参数 Θ 的估计采用线性最小二乘法。

AR(P) 模型可以表述为：

$$Y_t=\phi_1Y_{t-1}+\phi_2Y_{t-2}+\cdots+\phi_pY_{t-p}+e_t \quad (t=1,2,\cdots,N)$$

对照式（A2.7），不难看出，对于参数 ϕ_1，ϕ_2，…，ϕ_p 可以实现线性最小二乘估计

$$\begin{bmatrix}\phi_1\\ \phi_2\\ \vdots\\ \phi_p\end{bmatrix}=(A^tA)^{-1}A^tY \tag{A2.19}$$

其中

$$A^t=\begin{bmatrix}Y_p & Y_{p+1} & \cdots & Y_{N-1}\\ Y_{p-1} & Y_p & \cdots & Y_{N-2}\\ \vdots & \vdots & & \vdots\\ Y_1 & Y_2 & \cdots & Y_{N-p}\end{bmatrix}$$

$$Y=(Y_{p+1},Y_{p+2},\cdots,Y_N)^t$$

MA(q) 和 ARMA(p，q) 模型的参数估计只能采用非线性最小二乘法，其计算步骤是，从被估计参数的一组初值出发，使参数依某种规律沿着残差平方和减小的方向变化，得到使平方和值较小的一点，再以此作为新的出发点进行下一步迭代，这种迭代一直进行到在预先给定的精度下，平方和不能再下降为止。在进行非线性最小二乘估计时，针对不同的函数类型，有不同的迭代方法，主要有最速下降法、高斯-牛顿法和阻尼最小二乘法（又称 Levenberg-Marquarat 折中法）。①

附录 2－E　AIC 的计算

AIC 的一般形式为：

---

① 这部分内容参见参考文献［9］。

$$\text{AIC}=-2\ln(\text{极大似然函数})+2M$$

式中，M 为模型中待估计参数。

ARMA(p，q) 模型的 AIC 为：

$$\text{AIC}=n\ln\sigma_e^2+2(p+q+1)+\text{常数}$$

ARMA(p，d，q) 模型的 AIC 为：

$$\text{AIC}=(n-d)\ln\sigma_e^2+2(p+q+1+\delta_{do})$$

或

$$\text{AIC}=n\ln\sigma_e^2+2\frac{n}{n-d}(p+q+1+\delta_{do})$$

ARMA(p，d，q)(P，D，Q)^s 模型的 AIC 为：

$$\text{AIC}=n\ln\sigma_e^2+2\frac{n}{n-d-Ds}(P+p+Q+q+1+\delta_{do}+\delta_{Do})$$

上述各式中，d，D，p，q，P，Q 以及 s 的含义同前；σ_e^2 是残差 e_t 极大似然估计的方差；$\delta_{do}=\begin{cases}1, & d=0\\0, & d\neq 0\end{cases}$；$\delta_{Do}=\begin{cases}1, & D=0\\0, & D\neq 0\end{cases}$。

第三章

ARCH 类模型

第一节　单位根过程

利用时间序列数据建立 ARMA 模型，要求序列是平稳的，即产生这些数据的随机过程是稳定过程。而实际的时间序列数据并不都表现出平稳性，往往带有趋势变化，如商品销售额、工业总产值等。单位根过程是常见的生成实际时间序列数据的一类非稳定过程。

一、单位根过程的含义

1. 问题的提出

用于预测的线性平稳模型 AR(p) 的一般形式为：

$$z_t=\phi_1 z_{t-1}+\phi_2 z_{t-2}+\cdots+\phi_p z_{t-p}+a_t$$

式中，z_t 是零均值序列，可以是非零均值序列 y_t 减均值μ 后生成的，即$z_t=y_t-\mu$。

若引入后移算子

$$\phi(B)=1-\phi_1 B-\phi_2 B^2-\cdots-\phi_p B^p$$

则模型为：

$$\phi(B)z_t=a_t$$

自回归过程是平稳过程的必要条件：若将 $\phi(B)$ 视为 B 的 p 次多项式，方程 $\phi(B)=0$ 的根可以认为是多项式的零点，方程称为过程的特征方程。过程平稳的条件是，特征方程所有根的绝对值都必须大于 1，即在单位圆外。①

一阶自回归过程 AR(1) 的形式为：

① George E. P. Box，Gwilym M. Jenkins，Gregory C. Rcinsel. 时间序列分析：预测与控制. 北京：中国统计出版社，1997：60.

$$(1-\phi_1 B)z_t=a_t$$

模型也可以写成

$$z_t=\phi_1 z_{t-1}+a_t$$

根据模型的递推形式有

$$z_{t-1}=\phi_1 z_{t-2}+a_{t-1}$$
$$z_{t-2}=\phi_1 z_{t-3}+a_{t-2}$$
$$\vdots$$

于是有

$$\begin{aligned} z_t &= a_t+\phi_1 a_{t-1}+\phi_1^2 a_{t-2}+\cdots \\ &= \sum_{j=0}^{\infty}\phi_1^j a_{t-j} \end{aligned}$$

为保证过程平稳，上式必须是收敛的，即必须满足 $|\phi_1|<1$。由于方程 $1-\phi_1 B=0$ 的根为 $B=\phi_1^{-1}$，因此过程平稳的另一表述为：方程 $1-\phi_1 B=0$ 的根必须在单位圆外。

2. 单位根的定义

随机过程 $\{y_t, t=1, 2, \cdots\}$，若

$$y_t=\rho y_{t-1}+\varepsilon_t \quad (t=1,2,\cdots) \tag{3.1}$$

其中，$\rho=1$，$\{\varepsilon_t\}$ 为一稳定过程，且 $E(\varepsilon_t)=0$，$\text{cov}(\varepsilon_t, \varepsilon_{t-s})=\mu_t<\infty$，这里 $s=0, 1, 2, \cdots$，则该过程称为单位根过程（unit root process）。

特别地，若

$$y_t=y_{t-1}+\varepsilon_t \quad (t=1,2,\cdots) \tag{3.2}$$

其中，$\{\varepsilon_t\}$ 独立同分布，且 $E(\varepsilon_t)=0$，$D(\varepsilon_t)=\sigma^2<\infty$，则 $\{y_t\}$ 为随机游走过程（random walk process）。可以看出，随机游走过程是单位根过程的一个特例。注意，随机游走过程和单位根过程在 $\{\varepsilon_t\}$ 的假设上有差异，单位根过程中的随机干扰项 ε_t 只需服从一般的稳定过程。换句话说，若随机过程 $\{y_t\}$ 的一阶差分过程（$\nabla y_t=y_t-y_{t-1}$）为稳定过程，则 $\{y_t\}$ 服从单位根过程。分别以 $I(1)$ 和 $I(0)$ 表示单位根过程和稳定过程，则有

$$y_t\sim I(1) \qquad \nabla y_t\sim I(0)$$

式（3.1）可以写成

$$(1-\rho L)y_t=\varepsilon_t \quad (t=1,2,\cdots)$$

式中，L 为滞后算子，即后移算子，$(1-\rho L)$ 称为滞后多项式。它的特征方程 $1-\rho L=0$ 有根 $L=1/\rho$，当 $\rho=1$ 时，特征方程的根为 1，即有一单位根。这就是称为“单位根过程”的原因。单位根过程是最常见的非稳定过程之一。若 $|\rho|<1$，则式（3.1）所描述的是稳定过程。

二、趋势的类型

时间序列的趋势具有不同的表现形式，如第一章介绍的式（3.3）的确定性趋势。

$$y_t=c+\delta t+\varepsilon_t \tag{3.3}$$

式中，$f(t)=c+\delta t$，表示时间序列 y_t 的确定性趋势（deterministic trend）。这时，y_t 的期望是时间 t 的线性函数，y_t 的值在 $c+\delta t$ 周围波动。

观察带常数项的单位根过程

$$y_t=c+y_{t-1}+\varepsilon_t$$

式中，c 是常数项。对 y_t 向后迭代，得到

$$\begin{aligned} y_t &= c+(c+y_{t-2}+\varepsilon_{t-1})+\varepsilon_t \\ &= \cdots \\ &= ct+\sum_{j=1}^{t}\varepsilon_j \end{aligned} \tag{3.4}$$

式（3.4）显示的时间序列 y_t 从形式上看包含确定的时间趋势 ct，但实际上这是由单位根过程中的常数项积累而成的，并不是确定的时间趋势，而是一种随机性趋势。

从式（3.3）和式（3.4）看，两个序列似乎都含有确定的时间趋势，从图形上看，往往也很相似，但它们具有非常不同的统计性质，在经济上的应用也不一样。可以证明①，对一个从图形显示趋势的时间序列，仅对常数项、时间 t 的系数进行统计检验是不够的。常数项和时间 t 的系数的显著性并不能区分式（3.3）和式（3.4）。正确的方法是首先对序列进行单位根检验，在单位根假设被拒绝后，再对式（3.3）的参数进行检验。图 3-1 是 1952—1996 年我国零售商品价格指数的时序图；图 3-2 是 1952—1996 年我国社会商品零售总额的时序图。从图中可以看出，两个序列都具有很强的趋势，但无法确认序列是何种趋势形式，即具有确定性趋势还是随机性趋势。为建立合理的预测模型，有必要对序列的趋势类型作出分析判断。

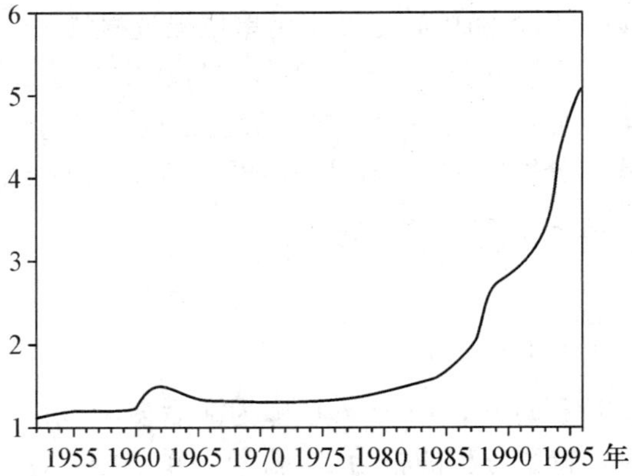

图 3-1　零售商品价格指数时序图

① 陆懋祖．高等时间序列经济计量学．上海：上海人民出版社，1999：48.

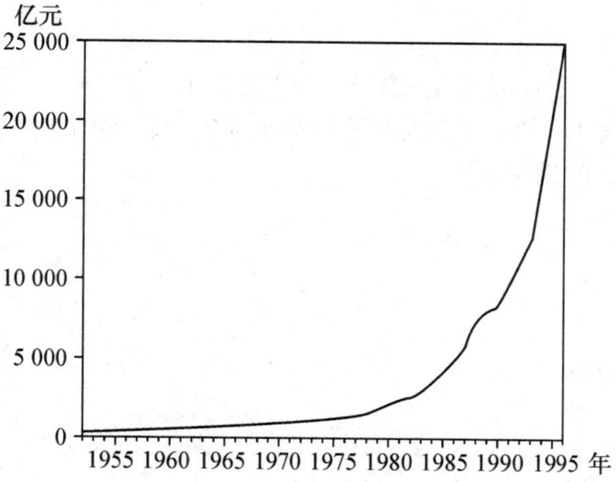

图 3－2 社会商品零售总额时序图

通常，考虑建立在 AR(1) 基础上的随机序列有三种基本趋势形式。

(1) 不含常数项 c 和确定性时间趋势项 δt

$$y_t=\rho y_{t-1}+\varepsilon_t \tag{3.5}$$

若 $\rho=1$，序列为单位根过程；若 $|\rho|<1$，序列为稳定过程。

(2) 包含常数项，不含确定性时间趋势项 δt

$$y_t=c+\rho y_{t-1}+\varepsilon_t \tag{3.6}$$

若 $\rho=1$，序列为带常数项的单位根过程；若 $|\rho|<1$，序列为带常数项（均值不为 0）的稳定过程。

(3) 既包含常数项又包含确定性时间趋势 δt

$$y_t=c+\delta t+\rho y_{t-1}+\varepsilon_t \tag{3.7}$$

若 $\rho=1$，序列为带常数项和确定性时间趋势项的单位根过程；若 $|\rho|<1$，序列为带常数项和确定性时间趋势项的稳定过程。

序列的趋势类型不同，建立的预测模型不同。若序列为稳定过程，可以考虑直接建立 ARMA 模型；若序列为单位根过程，则对一阶差分后序列建模，换句话说，应选择 $d=1$。

三、单位根检验

对时间序列平稳性的检验主要有两种方法：自相关图法和单位根检验法。自相关图法在前面已作过介绍，不再赘述。单位根检验目前有两种常用方法——（A）DF 检验和 PP 检验，此外还有其他一些检验方法。

(一) (A) DF 检验

1. 迪基-福勒（DF）检验

DF 检验法是迪基（Dickey）和福勒（Fuller）在 20 世纪七八十年代发表的一系列文章中建立的。其基本思想是：一阶自回归模型

$$y_t = \rho y_{t-1} + \varepsilon_t$$

其中，$|\rho|<1$ 时，序列 y_t 是稳定的；若 ρ 可能为 1，则序列 y_t 非平稳，存在单位根。通过检验 ρ 是否可能为 1，判断序列是平稳序列还是有单位根的非平稳序列。DF 检验只适合检验存在一阶自相关的情况。

（1）建立假设

$$H_0: \rho = 1$$
$$H_1: |\rho| < 1$$

（2）计算检验统计量

$$t_\tau = \frac{\hat{\rho} - 1}{s_{\hat{\rho}}} \tag{3.8}$$

式中，$\hat{\rho}$ 为 ρ 的最小二乘估计值；$s_{\hat{\rho}}$ 为估计 $\hat{\rho}$ 的标准差。

该统计量与一般回归中参数的 t 统计量分布不同。它不服从标准的 t 分布，而有非标准和非对称的极限分布，因此不能用 t 检验标准判定原假设是否成立。为示区别，常将该统计量记作 t_τ。迪基和福勒用模拟的方法对统计量 t_τ 的极限分布值进行计算，得到不同显著性水平下、不同趋势类型以及不同样本量时 t_τ 统计量的临界值。①

（3）作出判断

对于给定的样本量 n 和显著性水平 α，在附表 5 中查到相应的临界值。若统计量 t_τ 的实际计算值小于临界值，则拒绝原假设，即拒绝单位根假设，序列为平稳的；若统计量 t_τ 的实际计算值大于或等于临界值，则不能拒绝原假设，表明序列是单位根过程。和一般的统计检验一样，也可以计算得到 H_0 为真的概率 p，将其与显著性水平 α 比较，若 p 很小，表明 H_0 为真的概率很小，拒绝 H_0，序列是平稳的。

［例 3.1］ 我国零售商品价格指数的单位根检验

分析：如图 3－1 所示的我国 1952—1996 年零售商品价格指数序列，直观看，序列具有上升趋势，是何种趋势，可以根据上述三种情况进行单位根检验。

（1）序列无常数项、无确定性时间趋势项

$$y_t = \rho y_{t-1} + \varepsilon_t$$

利用 1952—1996 年数据，依据最小二乘法估计参数，得到

$$y_t = 1.072\,3 y_{t-1} + \varepsilon_t$$
$$(98.655\,4)$$
$$s_{\hat{\rho}} = 0.010\,9$$

计算检验统计量

$$t_\tau = \frac{\hat{\rho} - 1}{s_{\hat{\rho}}} = \frac{1.072\,3 - 1}{0.010\,9} \approx 6.633\,0$$

① 参见附表 5。

以 $\alpha=0.05$，$n=45$①查附表 5，得到临界值 $t_{\tau,0.05}=-1.95$，显然 $t_\tau>t_{\tau,0.05}$，不能拒绝 H_0，即不能拒绝 $\rho=1$，表明该序列为非平稳序列。这时可以再考察带常数项的情况。

（2）序列带常数项、无确定性时间趋势项

$$y_t=c+\rho y_{t-1}+\varepsilon_t$$

依据最小二乘法估计参数，得到

$$y_t=-0.1816+1.1577y_{t-1}+\varepsilon_t$$
$$(-4.5372)(55.5129)$$
$$s_{\hat{\rho}}=0.0209$$

计算检验统计量

$$t_\tau=\frac{\hat{\rho}-1}{s_{\hat{\rho}}}=\frac{1.1577-1}{0.0209}\approx7.5455$$

以同样的显著性水平查附表 5，得到临界值 $t_{\tau,0.05}=-2.93$，显然仍未能拒绝 H_0，表明序列即使包含常数项也为非平稳序列。考察序列既包含常数项又包含时间趋势项的情况。

（3）序列有常数项、确定性时间趋势项

$$y_t=c+\delta t+\rho y_{t-1}+\varepsilon_t$$

采用最小二乘估计得到

$$y_t=-0.1879+0.0016t+1.1390y_{t-1}+\varepsilon_t$$
$$(-4.5890)(0.8062)(38.5167)$$
$$s_{\hat{\rho}}=0.0312$$

计算检验统计量

$$t_\tau=\frac{\hat{\rho}-1}{s_{\hat{\rho}}}=\frac{1.1390-1}{0.0312}\approx4.4551$$

以 $\alpha=0.05$，查表得到 $t_{\tau,0.05}=-3.50$，不能拒绝 H_0，表明该序列即使包含常数项、时间趋势项，也为非平稳序列。

（4）差分序列检验

从上述模型的估计中可以看出，y_{t-1}的系数估计值总在 1 附近，这预示着序列是单位根过程。对序列进行一阶逐期差分，得到序列

$$Z_t=y_t-y_{t-1}$$

运用最小二乘法估计参数，得到

$$Z_t=0.8396Z_{t-1}+\varepsilon_t$$
$$(9.2110)$$
$$s_{\hat{\rho}}=0.0912$$

① 附表 5 中，无 $n=45$，只能以 $n=50$ 近似查找。应用 Eviews 6.0 软件计算时，同时会给出相应的临界值。

计算检验统计量

$$t_\tau=\frac{\hat{\rho}-1}{s_{\hat{\rho}}}=\frac{0.8396-1}{0.0912}\approx-1.7588$$

以 $\alpha=0.05$，$n=50$ 查表，得到 $t_{\tau,0.05}=-1.95$，显然在5%的显著性水平下，没有通过检验，序列还未平稳；以 $\alpha=0.10$，$n=50$ 查表，得到 $t_{\tau,0.10}=-1.61$，$t_\tau=-1.7588<t_{\tau,0.10}=-1.61$，拒绝 H_0，表明序列在10%的显著性水平下已经平稳。DF检验只考虑了序列的一阶自相关情况，如果序列存在高阶的自相关，无法用该检验得出正确结论。

2. 增广的迪基-福勒（ADF）检验

DF检验只适合检验存在一阶自相关的情况。如果序列存在高阶自相关，则需要运用增广的迪基-福勒检验法（augmented Dickey-Fuller test，ADF）。它将检验单位根的DF方法推广到一般的单位根过程，即存在高阶自相关序列的单位根检验。

DF检验是对AR(1)过程进行考察，即考察

$$y_t=\rho y_{t-1}+x_t'\delta+\varepsilon_t$$

ρ 是否为1，式中 x_t' 为外生回归项，可以是一个常数或一个常数和一个时间的线性趋势项，可以引入也可以不引入该项。上式两边同时减 y_{t-1} 可以得到

$$\nabla y_t=(\rho-1)y_{t-1}+x_t'\delta+\varepsilon_t \tag{3.9a}$$

这时令 $\alpha=\rho-1$，检验 $\rho=1$ 就转换为检验 $\alpha=0$。实际的许多序列常存在高阶滞后相关，用AR(1)描述并不合适，需通过在模型中引入 y_t 的滞后差分项，控制高阶自相关。ADF检验适用于检验序列是否服从有单位根的 p 阶自回归过程。

含有单位根的 p 阶自回归过程，即特征方程只有一个根在单位圆上，其他 $p-1$ 个根都在单位圆外，可以表述为式（3.9b）。

$$\nabla y_t=\alpha y_{t-1}+x_t'\delta+\xi_1\nabla y_{t-1}+\xi_2\nabla y_{t-2}+\cdots+\xi_{p-1}\nabla y_{t-p+1}+\varepsilon_t \tag{3.9b}$$

式中，$\{\varepsilon_t\}$ 独立同分布，且 $E(\varepsilon_t)=0$，$D(\varepsilon_t)=\sigma^2$，$E(\varepsilon_t^2)<\infty$。检验的趋势类型与DF检验一样，或加带常数项，或加带常数项和时间趋势项。

ADF的原假设为 H_0：$\alpha=0$，检验统计量亦是 t_τ，检验标准同DF检验。

例3.1的序列经过一阶差分，在5%显著性水平下，没有通过单位根检验。这时考虑商品价格指数的变化不仅受到前一期的影响，还会受到再前一期的影响，对一阶差分序列计算自相关，如图3-3所示。从图可以看出，序列存在至少二阶的自相关。采用ADF检验，结果如表3-1所示。从表可以看出，经过一阶差分的序列确实存在高阶自相关，考虑 $p=2$ 的情况时，差分后序列在1%的显著性水平下已经平稳。

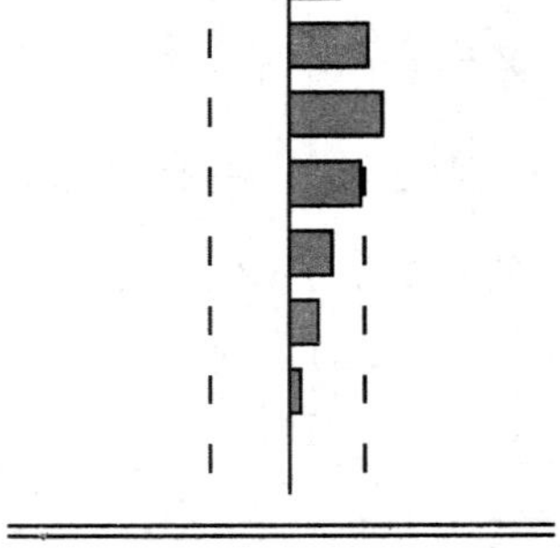

图3-3　商品价格指数一阶差分序列自相关图

表 3-1 商品价格指数一阶差分序列单位根检验

趋势形式	t_τ	1%	5%	10%
无 c，t，0*	−1.759 2	−2.619 9	−1.948 7	−1.612 0
无 c，t，1	−2.767 0	−2.621 2	−1.948 9	−1.611 9

*0 表示模型是式（3.5）的形式，1 表示模型是式（3.9b）中有一阶滞后的∇y_{t-1}，即存在二阶自相关 $p=2$，检验是否有一个单位根。

注意，(A)DF 检验只考虑了序列的线性趋势，当序列为非线性趋势变化时，常采用一些变换方法使其线性化。最常用的是进行对数变换，即取序列 y_t 的对数序列 $\ln y_t$ 进行分析运算。

（二）PP 检验

存在高阶自相关序列的单位根检验也可以运用 Phillips and Perron（1988）推荐的非参数方法，在检验单位根时控制序列相关。PP 检验修正了系数 α 的 t 统计量，检验类似于式（3.9b）的原假设 H_0：$\alpha=0$。检验统计量如式（3.10）。

$$\tilde{t}_\alpha=t_\alpha\left(\frac{\gamma_0}{f_0}\right)^{1/2}-\frac{T(f_0-\gamma_0)(se(\alpha))}{2f_0^{1/2}s} \tag{3.10}$$

式中，t_α 是 α 的 t 统计量；$se(\alpha)$ 是系数 α 估计的标准误；分母中 s 是检验方程回归估计标准误；T 是时期数；γ_0 是式（3.9b）残差的方差的一致估计；f_0 是残差零频谱的一个估计。修正的 t 统计量有着和 ADF 统计量相同的渐近分布。

PP 检验与 ADF 检验一样，可以考虑带有一个常数、一个常数和一个线性时间趋势，或什么都不带的情况。PP 检验需要选择一种方法估计 f_0，如基于核的协方差和、自回归谱密度估计。这一检验可能有比 ADF 检验更小的 p 值。

（三）其他检验

1. KPSS（Kwiatkowski，Phillips，Schmidt，and Shin）检验

KPSS 检验（1992）与上述单位根检验不同，原假设为序列 y_t（趋势）平稳，相当于 H_0：$\rho<1$，H_1：$\rho=1$。KPSS 统计量如式（3.11）。

$$y_t=x_t'\delta+u_t \tag{3.11}$$

使用的检验统计量为 LM 统计量，如式（3.12）。

$$\mathrm{LM}=\frac{\sum_t S(t)^2}{T^2 f_0} \tag{3.12}$$

式中，f_0 是残差的零频谱估计；$S(t)$ 是累积的残差函数，如式（3.13）。

$$S(t)=\sum_{r=1}^{t}\hat{u}_r \tag{3.13}$$

式中，残差 $\hat{u}_t=y_t-x_t'\delta$。LM 检验统计量的临界值基于 KPSS 提出的渐近结果。采用 KPSS 检验，必须设定外生回归项 x_t'，以及估计 f_0 的方法。

2. DFGLS（Dickey-Fuller Test with GLS Detrending）检验

在 ADF 检验中，可以选择引入一个常数，或一个常数和一个时间的线性趋势。对于

这两种情况，ERS（1996）建议一种 ADF 检验的简单修正，这个检验是对去除趋势的数据进行检验，即进行检验之前，回归项被从数据中去除。

ERS 定义 y_t 的一个如式（3.14）的类似差分，它依赖于值 α，即依赖和原假设相对应的非线性的具体点。

$$d(y_t|\alpha)=\begin{cases}y_t, & t=1\\ y_t-\alpha y_{t-1}, & t>1\end{cases} \tag{3.14}$$

在类似差分的 $d(x_t \mid \alpha)$ 上考虑拟差分的数据 $d(y_t \mid \alpha)$ 的 OLS 回归：

$$d(y_t|\alpha)=d(x_t|\alpha)'\delta(\alpha)+\eta_t \tag{3.15}$$

式中，x_t 与前面相同，是外生回归项，可以是一个常数，或一个常数和趋势；$\delta(\alpha)$ 是这个回归的 OLS 估计。α 的值，ERS 推荐使用 $\alpha=\bar{\alpha}$，其中：

$$\bar{\alpha}=\begin{cases}1-7/T, & x_t=\{1\}\\ 1-13.5/T, & x_t=\{1,t\}\end{cases} \tag{3.16}$$

用 GLS 去除趋势的数据 y_t^d 可以由式（3.17）得到估计。

$$y_t^d=y_t-x_t'\delta(\bar{\alpha}) \tag{3.17}$$

DFGLS 检验相当于估计标准的 ADF 检验式（3.9b），只是以 GLS 去除趋势的序列 y_t^d 替代原序列 y_t，如式（3.18）。

$$\nabla y_t^d=\alpha y_{t-1}^d+\xi_1\nabla y_{t-1}^d+\cdots+\xi_{p-1}\nabla y_{t-p+1}^d+\upsilon_t \tag{3.18}$$

DFGLS 的 t 统计量在只有常数的情况下服从 Dickey-Fuller 分布，当同时引入一个常数和趋势时，这个渐近分布改变。ERS（1996）模拟了一套在 $T=\{50，100，200，\infty\}$ 中检验统计量的临界值。取值低于这些临界值时，拒绝原假设 H_0：$\alpha=0$，序列为平稳过程。

3. ERS（Elliot，Rothenberg，and Stock Point Optimal）检验

ERS 点最优检验基于式（3.15）确定的拟差分回归。式（3.15）的残差为 $\eta_t(\alpha)=d(y_t \mid \alpha)-d(x_t \mid \alpha)'\delta(\alpha)$，$SSR(\alpha)=\sum\eta_t(\alpha)$ 为残差平方和函数。ERS 的原假设 $H_0:\alpha=1$，相当于备择 $\alpha=\bar{\alpha}$ 点最优，检验统计量如式（3.19）。

$$P_T=\frac{SSR(\bar{\alpha})-\bar{\alpha}SSR(1)}{f_0} \tag{3.19}$$

式中，f_0 是残差的零频谱估计。

进行 ERS 检验，必须事先设定外生回归项 x_t，以及估计 f_0 的方法。ERS 检验统计量的临界值通过内部插值 ERS（1996）关于 $T=\{50，100，200，\infty\}$ 的模拟结果得到，取值小于临界值，拒绝原假设，序列为平稳过程。

4. NP（Ng and Perron）检验

Ng and Perron（2001）构造了基于 GLS 去除趋势数据 y_t^d 的四个检验统计量。这些检验统计量是被 Phillips and Perron 修正的 Z_α，Z_t 统计量，Bhargava（1986）的 R_1 统计量，

以及 ERS 点最优统计量。先确定式（3.20）。

$$k=\frac{\sum_{t=2}^{T}(y_{t-1}^{d})^{2}}{T^{2}} \tag{3.20}$$

可以得到四个修正的统计量，如式（3.21）。

$$\begin{aligned}
&MZ_{\alpha}^{d}=\frac{T^{-1}(y_{t}^{d})^{2}-f_{0}}{2k}\\
&MZ_{t}^{d}=MZ_{\alpha}^{d}\times MSB^{d}\\
&MSB^{d}=(k/f_{0})^{1/2}\\
&MPT^{d}=\begin{cases}[\bar{c}^{2}k-\bar{c}T^{-1}(y_{t}^{d})^{2}]/f_{0}, & x_{t}=\{1\}\\ [\bar{c}^{2}k+(1-\bar{c})T^{-1}(y_{t}^{d})^{2}]/f_{0}, & x_{t}=\{1,t\}\end{cases}
\end{aligned} \tag{3.21}$$

其中

$$\bar{c}=\begin{cases}-7, & x_{t}=\{1\}\\ -13.5, & x_{t}=\{1,t\}\end{cases} \tag{3.22}$$

取值小于临界值，拒绝原假设，序列为平稳过程。NP 检验也需要事先设定 x_t，并选择一种 f_0 的估计方法。

（四）单位根检验的应用

利用单位根检验可以判别序列的变化性质，以帮助选择适宜的预测模型。

［例 3.2］　深圳证券交易所商业类指数 1998 年 246 个交易日的趋势分析

分析：绘制商业类指数的时序图，如图 3-4 所示，可以看出，序列似乎具有某种趋势。

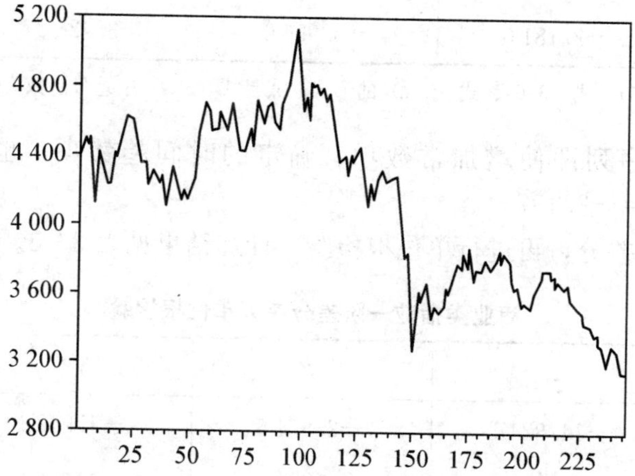

图 3-4　商业类指数时序图

绘制序列的自相关图，如图 3-5 所示。由图可知，r_k 在 $k=2$ 或 3 以后并未迅速趋于 0，而是随 k 的增大，逐渐趋于 0。这表明序列具有很强的趋势，序列非平稳。

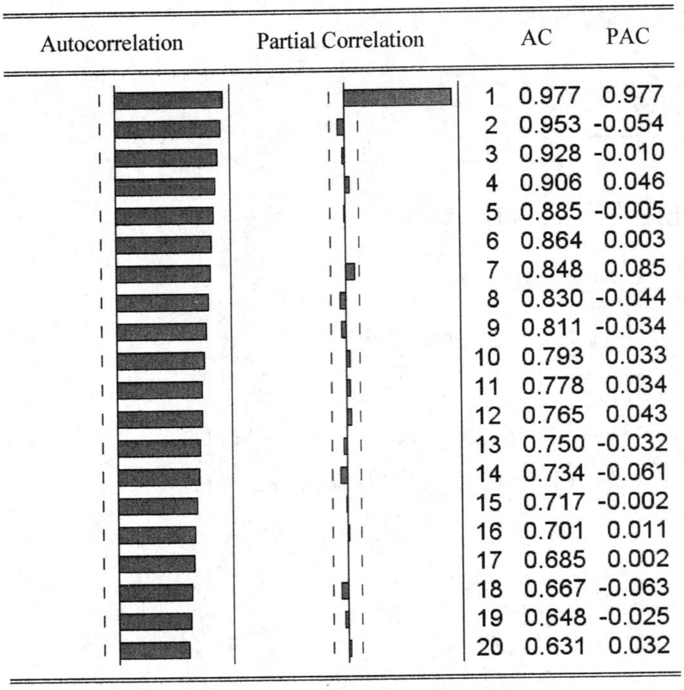

图 3-5　商业类指数时序自相关和偏自相关图

运用单位根检验，分析序列具有何种趋势。计算结果如表 3-2 所示。

表 3-2　　商业类指数序列单位根检验

趋势形式	t_τ	1%	5%	10%
无 c，t，0*	−1.028 6	−2.574 4	1.942 1	−1.615 8
有 c，无 t，0	−0.652 5	−3.457 0	−2.873 1	−2.573 0
有 c，t，0	−2.181 0	−3.996 0	−3.428 3	−3.137 5

*0 表示模型是式（3.5）、式（3.6）、式（3.7）的形式，或是式（3.9）中差分阶数为 0。

表 3-2 说明，序列即使增加常数项、确定的时间趋势项，也是非平稳的，因为 $t_\tau=-2.181\ 0>t_{0.10}=-3.137\ 5$。

对序列进行一阶差分，再进行单位根检验，计算结果见表 3-3。

表 3-3　　商业类指数一阶差分序列单位根检验

趋势形式	t_τ	1%	5%	10%
无 c，t，0	−14.824 1	−2.574 5	−1.942 1	−1.615 8
有 c，无 t，0	−14.852 0	−3.457 1	−2.873 2	−2.573 1
有 c，t，0	−14.861 3	−3.996 1	−3.428 3	−3.137 6

结果显示，差分序列无常数项、无时间趋势项时，已拒绝 H_0，即已平稳。检验结果

表明序列为一阶差分平稳序列。

由上面的分析可知，该指数在这一时期的变化是非平稳的，是无常数项、时间趋势项的单位根过程，不能直接选用 AR 模型预测。

[例 3.3]　1981 年 1 月至 1997 年 12 月我国社会消费品指数趋势分析

分析：绘制该序列的时序图，如图 3－6 所示。由图可以看出，序列有起伏波动。计算自相关系数，如图 3－7 所示，r_k 在 $k=3$ 以后较迅速地趋于 0，似乎平稳。对序列进行三种趋势类型下的 ADF 检验，如表 3－4 所示。表中结果显示 $t_\tau=-8.3600<t_{0.01}=-3.4626$，拒绝 H_0，说明序列是带常数项的稳定过程。如果建立模型，序列可以选用带常数项的 ARMA 模型。

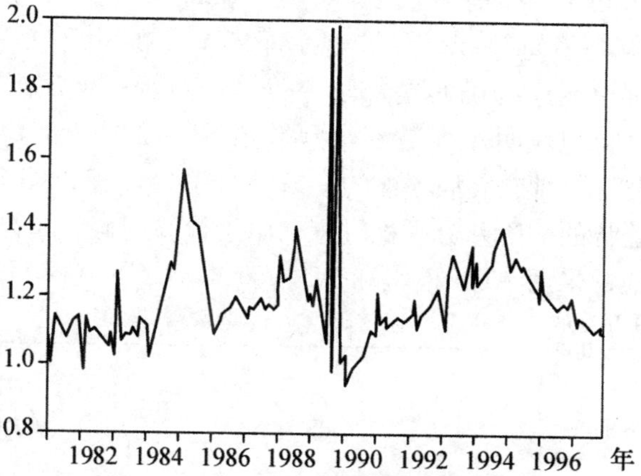

图 3－6　社会消费品指数时序图

资料来源：统计研究，2000（1）：54.

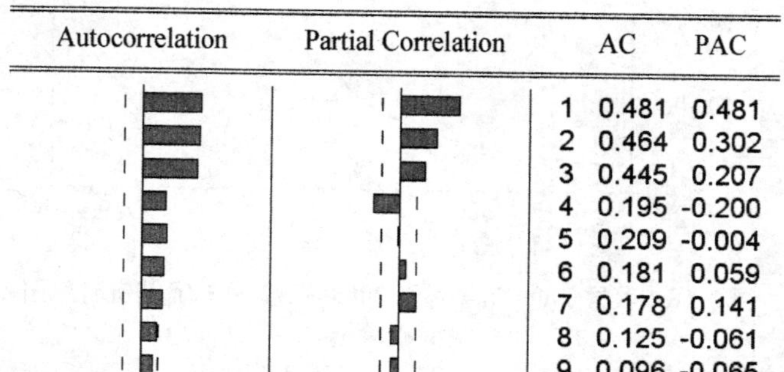

图 3－7　社会消费品指数的自相关与偏自相关图

表 3-4　　社会消费品指数序列的单位根检验值

趋势形式	t_τ	1%	5%	10%
无 c，t，0	−0.892 2	−2.576 4	−1.942 4	−1.615 7
有 c，无 t，0	−8.360 0	−3.462 6	−2.875 6	−2.574 3
有 c，t，0	−8.453 9	−4.003 9	−3.432 1	−3.139 8

［例 3.4］　我国 2000 年 1 月至 2009 年 12 月外汇储备趋势分析

分析：绘制我国 2000 年 1 月至 2009 年 12 月外汇储备时序（以 Y3 表示）图（见图 3-8）。从图中可以看出，序列具有很强的趋势，利用前面提供的各种检验方法对其进行单位根检验，结果分别如表 3-5 至表 3-10 所示。表中$D(Y3)$ 表示序列 Y3 一阶差分后序列；Exogenous：None 表示不带有常数项，如是 Constant 表示带有常数项，若有 Linear Trend 表示带有线性趋势；Lag Length：0 表示序列不存在高于一阶的自相关。由表可以看出，几个检验结果都说明序列确实是一阶差分平稳过程，但序列趋势类型并不完全相同。ADF 检验、PP 检验均表明序列是不带常数项的一阶差分平稳过程；DFGLS 检验、ERS 检验、NP 检验表明序列是带常数项的一阶差分平稳过程；KPSS 检验则表明序列是带常数项和时间线性趋势的一阶差分平稳过程。由于检验的假设基准模型不完全相同，结论可能不完全一致，通常采用 ADF 检验和 PP 检验。

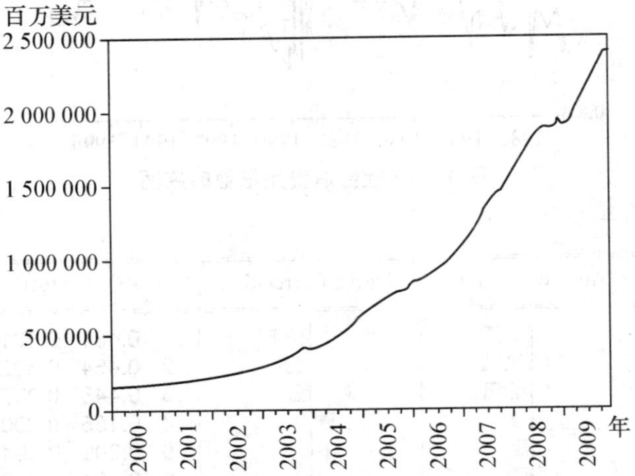

图 3-8　我国 2000 年 1 月至 2009 年 12 月外汇储备时序图

表 3-5　　**ADF 检验结果**

Augmented Dickey-Fuller Unit Root Test on D(Y3)

Null Hypothesis: D(Y3) has a unit root
Exogenous: None
Lag Length: 0 (Automatic based on SIC, MAXLAG=0)

		t-Statistic	Prob.*
Augmented Dickey-Fuller test statistic		-3.670069	0.0003
Test critical values:	1% level	-2.584707	
	5% level	-1.943563	
	10% level	-1.614927	

*MacKinnon (1996) one-sided p-values.

表 3-6 PP 检验结果

Phillips-Perron Unit Root Test on D(Y3)

Null Hypothesis: D(Y3) has a unit root
Exogenous: None
Bandwidth: 6 (Newey-West using Bartlett kernel)

		Adj. t-Stat	Prob.*
Phillips-Perron test statistic		-3.478198	0.0006
Test critical values:	1% level	-2.584707	
	5% level	-1.943563	
	10% level	-1.614927	

*MacKinnon (1996) one-sided p-values.

表 3-7 KPSS 检验结果

KPSS Unit Root Test on D(Y3)

Null Hypothesis: D(Y3) is stationary
Exogenous: Constant, Linear Trend
Bandwidth: 6 (Newey-West using Bartlett kernel)

		LM-Stat.
Kwiatkowski-Phillips-Schmidt-Shin test statistic		0.040049
Asymptotic critical values*:	1% level	0.216000
	5% level	0.146000
	10% level	0.119000

*Kwiatkowski-Phillips-Schmidt-Shin (1992, Table 1)

表 3-8 DFGLS 检验结果

DF-GLS Unit Root Test on D(Y3)

Null Hypothesis: D(Y3) has a unit root
Exogenous: Constant
Lag Length: 0 (Automatic based on SIC, MAXLAG=0)

		t-Statistic
Elliott-Rothenberg-Stock DF-GLS test statistic		-4.394132
Test critical values:	1% level	-2.584707
	5% level	-1.943563
	10% level	-1.614927

*MacKinnon (1996)

表 3-9　　ERS 检验结果

ERS Point-Optimal Unit Root Test on D(Y3)

Null Hypothesis: D(Y3) has a unit root
Exogenous: Constant
Lag length: 0 (Spectral OLS AR based on SIC, MAXLAG=0)
Sample (adjusted): 2000M02 2009M12
Included observations: 119 after adjustments

		P-Statistic
Elliott-Rothenberg-Stock test statistic		1.038673
Test critical values:	1% level	1.942400
	5% level	3.121400
	10% level	4.200400

*Elliott-Rothenberg-Stock (1996, Table 1)

表 3-10　　NP 检验结果

Ng-Perron Modified Unit Root Tests on D(Y3)

Null Hypothesis: D(Y3) has a unit root
Exogenous: Constant
Lag length: 0 (Spectral GLS-detrended AR based on SIC, MAXLAG=0)
Sample (adjusted): 2000M02 2009M12
Included observations: 119 after adjustments

		MZa	MZt	MSB	MPT
Ng-Perron test statistics		-28.6532	-3.78401	0.13206	0.85840
Asymptotic critical values*:	1%	-13.8000	-2.58000	0.17400	1.78000
	5%	-8.10000	-1.98000	0.23300	3.17000
	10%	-5.70000	-1.62000	0.27500	4.45000

*Ng-Perron (2001, Table 1)

第二节　ARCH 模型的基本形式

一、问题的提出

在描述股票价格等金融时间序列的变化时，常常采用一类特殊的描述单位根过程的模型——随机游走模型，如式（3.23）。

$$y_t = y_{t-1} + \varepsilon_t \quad (t=1,2,\cdots) \tag{3.23}$$

式中，$\{\varepsilon_t\}$ 独立同分布，且 $E(\varepsilon_t)=0$，$D(\varepsilon_t)=\sigma^2<\infty$。虽然 y_t 的期望值

$$E(y_t)=E(y_0+\varepsilon_1+\varepsilon_2+\cdots+\varepsilon_t)=y_0 \tag{3.24}$$

但它的方差

$$D(y_t)=E(y_t-y_{t-1})^2=E(\varepsilon_1+\varepsilon_2+\cdots+\varepsilon_t)^2=t\sigma^2 \tag{3.25}$$

可能是 t 的函数。

例如，我国深市1998年246个交易日工业类股票指数曲线图如图3－9所示。

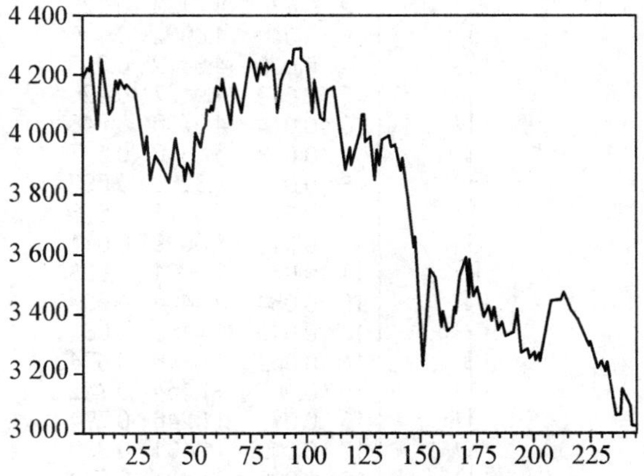

图3－9　工业类股票指数曲线图

对序列进行一阶差分，得到 $\varepsilon_t = y_t - y_{t-1}$，残差序列 ε_t 的曲线图如图3－10所示，由图可以看出序列的趋势基本消除；如果序列 ε_t 是白噪声序列，即一阶差分序列完全随机，则所建立的模型合适。序列 ε_t 自相关图如图3－11所示。由图看不出序列有较强的自相关，但 $Q=23.29$ 较大，序列无自相关的概率 $p=0.503$，不够大，即序列无自相关的概率只有50%，很难得出序列无自相关的结论。绘制序列 ε_t^2 的曲线图即工业类股指条件方差图，如图3－12所示。由图可以看出，随着时间的变化，方差的大小在变化，某一段时间比较小，而另一段时间则比较大。这显然不是一个纯随机的序列。

ε_t^2 的自相关系数如图3－13所示，可以看出，$k=1$ 和 $k=2$ 时，自相关系数较大，序列还包含一些有用的信息，从建模预测的角度，表明已建立的模型不合理。解决这一问题的方法之一就是将残差序列中的这些信息提取出来。ARCH及其拓广模型是在这方面非常有用的模型。

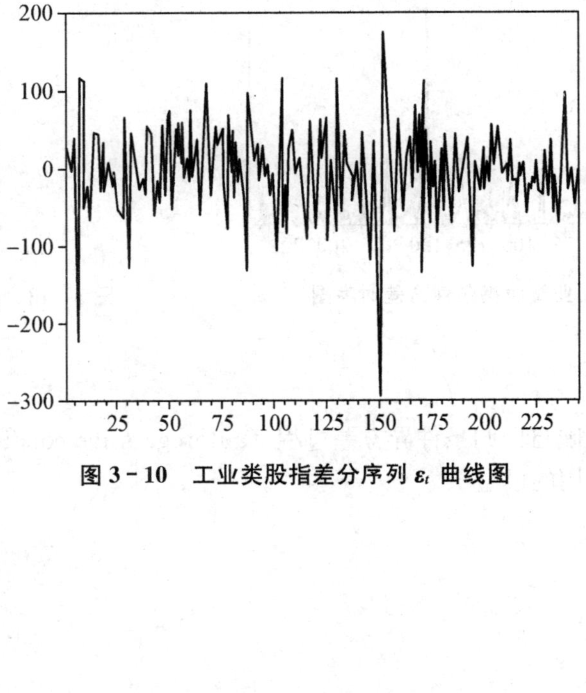

图3－10　工业类股指差分序列 ε_t 曲线图

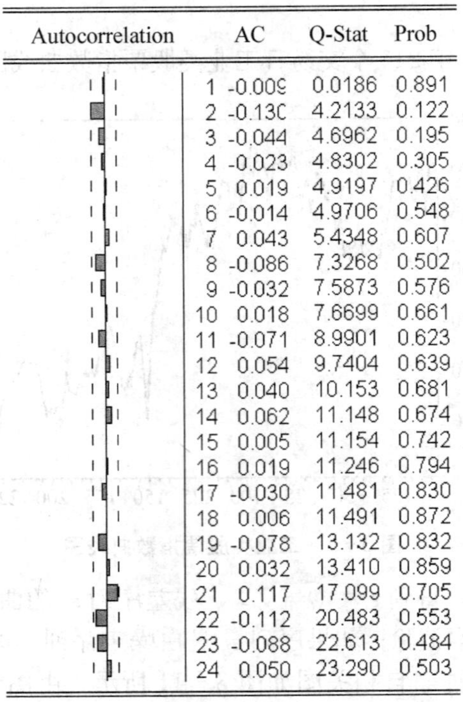

Autocorrelation		AC	Q-Stat	Prob
	1	-0.009	0.0186	0.891
	2	-0.130	4.2133	0.122
	3	-0.044	4.6962	0.195
	4	-0.023	4.8302	0.305
	5	0.019	4.9197	0.426
	6	-0.014	4.9706	0.548
	7	0.043	5.4348	0.607
	8	-0.086	7.3268	0.502
	9	-0.032	7.5873	0.576
	10	0.018	7.6699	0.661
	11	-0.071	8.9901	0.623
	12	0.054	9.7404	0.639
	13	0.040	10.153	0.681
	14	0.062	11.148	0.674
	15	0.005	11.154	0.742
	16	0.019	11.246	0.794
	17	-0.030	11.481	0.830
	18	0.006	11.491	0.872
	19	-0.078	13.132	0.832
	20	0.032	13.410	0.859
	21	0.117	17.099	0.705
	22	-0.112	20.483	0.553
	23	-0.088	22.613	0.484
	24	0.050	23.290	0.503

图 3-11　ε_t 序列自相关图

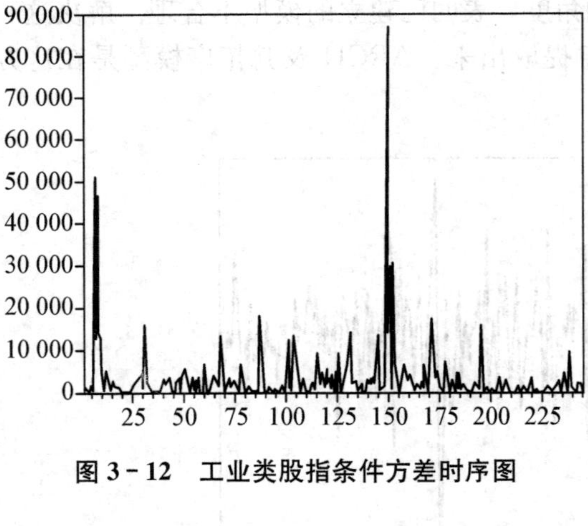

图 3-12　工业类股指条件方差时序图

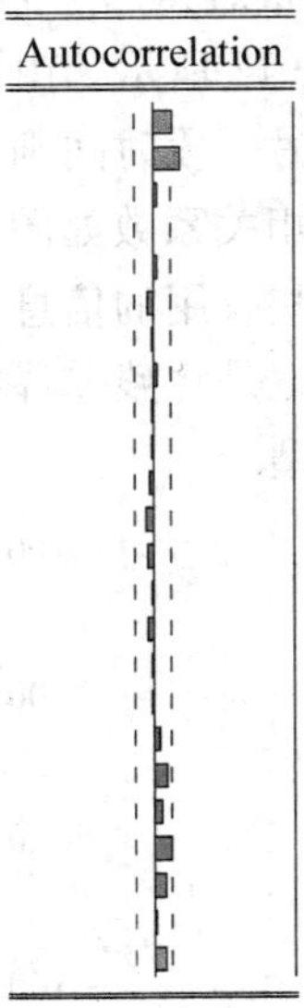

图 3-13　ε_t^2 序列自相关图

二、ARCH 模型

ARCH 模型是反映自回归条件异方差过程（autoregressive conditional heteroskedastic process）的一类很有用的模型。

（一）ARCH 含义和基本模型

自回归条件异方差（ARCH）的定义有多种，目前常用的是恩格尔（Engle）于 1982 年提出的定义。

若有一随机过程 $\{\varepsilon_t\}$，它的平方 ε_t^2 服从 AR(q) 过程，即有

$$\varepsilon_t^2=\alpha_0+\alpha_1\varepsilon_{t-1}^2+\cdots+\alpha_q\varepsilon_{t-q}^2+\eta_t \tag{3.26}$$

式中，$\{\eta_t\}$ 独立同分布，且有 $E(\eta_t)=0$，$D(\eta_t)=\lambda^2$（$t=1$，2，…），则称 $\{\varepsilon_t\}$ 服从 q 阶的 ARCH 过程，记作 $\varepsilon_t \sim$ ARCH(q)。①

对图 3－7 所显示的序列进行一阶差分，即建立随机游走模型

$$y_t-y_{t-1}=\varepsilon_t \tag{3.27}$$

得到序列 ε_t，如图 3－10 所示，其平方后的序列 ε_t^2 变化如图 3－12 所示。这表明股价的变异率（volatility）不仅随时间 t 变化，还常在某一时段连续出现偏高或偏低的变动，残差序列中还存在某种形式的自相关。若 $\varepsilon_t \sim$ ARCH(q)，则可以用式（3.26）描述其变化。式（3.26）是自回归条件异方差模型，简记为 ARCH 模型。

ARCH 模型常用于某类残差序列的描述。其条件均值模型可以是通常的回归模型、自回归模型、单位根过程模型等。如 AR(p) 模型

$$y_t=\phi_1 y_{t-1}+\phi_2 y_{t-2}+\cdots+\phi_p y_{t-p}+\varepsilon_t \tag{3.28}$$

中，假设 $\varepsilon_t \sim$ ARCH(q)，则序列 y_t 可用 AR(p)-ARCH(q) 模型描述。更一般地，如线性回归模型

$$y_t=\beta_0+\beta_1 x_{1t}+\cdots+\beta_k x_{kt}+\varepsilon_t \tag{3.29}$$

中，假设 $\varepsilon_t \sim$ ARCH(q)，这表明，序列可以在回归的同时，带有 ARCH 模型。

式（3.27）、式（3.28）和式（3.29）是条件均值模型，对于其残差建立的如式（3.26）的模型为条件方差模型。一般来说，ARCH 类模型都是针对均值模型的残差建立的。

（二）ARCH 模型的另一种形式

为方便研究 ARCH(q) 的性质，也为方便与其拓展形式联系，ARCH(q) 模型可以表示为式（3.30）和式（3.31）。

$$\varepsilon_t=\sqrt{h_t}\cdot v_t \tag{3.30}$$

式中，$\{v_t\}$ 独立同分布，$E(v_t)=0$，$D(v_t)=1$；h_t 可以表示为：

$$h_t=\alpha_0+\alpha_1\varepsilon_{t-1}^2+\cdots+\alpha_q\varepsilon_{t-q}^2 \tag{3.31}$$

对于任意时刻 t，ε_t 的条件期望为：

---

① 关于 ARCH 定义的理解请参看附录 3－C。

$$E\{\varepsilon_t|\varepsilon_{t-1},\cdots\}=\sqrt{h_t}\cdot E(v_t)=0$$

条件方差为：

$$E\{\varepsilon_t^2|\varepsilon_{t-1}^2,\cdots\}=h_t\cdot E(v_t^2)=h_t\cdot 1=h_t$$

ARCH 模型的一般形式可以由式（3.26）与式（3.27）或式（3.28）或式（3.29）构成，也可以由式（3.30）、式（3.31）与式（3.27）或式（3.28）或式（3.29）构成。式（3.31）是条件方差，因而模型中的参数必须满足

$$\alpha_0>0,\alpha_i\geqslant 0\quad(i=1,2,\cdots,q)$$

为确保 $\{\varepsilon_t\}$ 是一个稳定过程，需要假设式（3.26）的特征方程

$$1-\alpha_1L-\alpha_2L^2-\cdots-\alpha_qL^q=0$$

的所有根都在单位圆外。上述条件等价于

$$\alpha_1+\alpha_2+\cdots+\alpha_q<1$$

因此，ARCH 模型参数除了必须满足：$\alpha_0>0$，$\alpha_i\geqslant 0$（$i=1$，2，…，q），参数的约束为：$\alpha_1+\alpha_2+\cdots+\alpha_q<1$，这决定了参数估计后需要进行合理性检验。

若 $\varepsilon_t\sim \text{ARCH}(q)$，则 ε_t 的无条件方差

$$\sigma^2=E(\varepsilon_t^2)=\frac{\alpha_0}{1-\alpha_1-\cdots-\alpha_q}$$

为常数。而过程在 t 时刻的条件方差 σ_t^2，在给定 ε_{t-1}^2，ε_{t-2}^2，…，ε_{t-q}^2的值时，为：

$$\sigma_t^2=E(\varepsilon_t^2|\varepsilon_{t-1}^2,\cdots,\varepsilon_{t-q}^2)=\alpha_0+\alpha_1\varepsilon_{t-1}^2+\cdots+\alpha_q\varepsilon_{t-q}^2$$

可以看出，ε_t 的条件方差是时间 t 的函数。只要知道参数 α_0，α_1，…，α_q 的值，就可以在（$t-1$）时刻，利用给定的数据 ε_{t-1}^2，ε_{t-2}^2，…，ε_{t-q}^2，预测 ε_t 在时刻 t 的条件方差 σ_t^2。

（三）ARCH 效应检验

无论对于原序列建立的条件均值模型是哪种形式，都要求随机干扰项独立同分布，若 $\varepsilon_t\sim \text{ARCH}(q)$，则单独对均值模型作最小二乘估计是不合理的。为保证所建模型的合理性，有必要先对随机干扰项 ε_t 进行检验。若 ε_t 不存在 ARCH 效应，则可以直接对模型作最小二乘估计；若 ε_t 存在 ARCH 效应，则应找到 ARCH 模型的形式，确定 q 后，在条件均值模型中附加式（3.26）或式（3.30）与式（3.31），再进行参数估计。

ARCH 效应检验的最常用方法是拉格朗日乘子检验即 LM 检验。假设$\varepsilon_t\sim \text{ARCH}(q)$，则可以建立如式（3.32）的辅助回归模型。

$$h_t=\alpha_0+\alpha_1\varepsilon_{t-1}^2+\cdots+\alpha_q\varepsilon_{t-q}^2 \tag{3.32}$$

检验是否存在 ARCH 效应等价于检验式（3.32）是否成立。若式中所有回归系数同时为 0，式（3.32）不成立，表明不存在 ARCH 效应；若有一个回归系数不为 0，则式（3.32）可以描述条件方差变化，存在 ARCH 效应。相应的假设为：

$H_0: \alpha_1 = \cdots = \alpha_q = 0$

H_1：存在 $\alpha_i \neq 0\ (1 \leqslant i \leqslant q)$

检验统计量为：

$$\mathrm{LM} = nR^2 \sim \chi^2(q) \tag{3.33}$$

式中，n 为计算辅助回归时的样本数据个数；R^2 为辅助回归方程式（3.32）的未调整可决系数，即拟合优度。

检验标准：根据辅助回归式（3.32）的最小二乘估计，得到拟合优度 R^2，由式（3.33）计算检验统计量 LM，根据给定的显著性水平 α 和自由度 q，查 χ^2 分布表，得到相应的临界值 $\chi^2_\alpha(q)$。若 $\mathrm{LM} > \chi^2_\alpha(q)$，拒绝 H_0，表明存在 q 阶 ARCH 效应；若 $\mathrm{LM} < \chi^2_\alpha(q)$，不能拒绝 H_0，表明序列不存在 q 阶 ARCH 效应。若能得到原假设 H_0 成立的概率 p，将 p 与显著性水平 α 比较，也可得出结论。

检验时，从 q 等于 1 开始，直到不存在 ARCH 效应为止。存在 ARCH 效应的最高阶数为 q 的取值。

[例 3.5]　1998 年我国深市工业类股指的 ARCH 效应检验

分析：根据 1998 年 246 个交易日深市工业类股票指数绘制的时序图如图 3－9 所示。序列为 y_t，对其实施对数变换，得到序列 $\ln y_t$，观察其自相关系数，显示较强的趋势变动，利用最小二乘法建立一阶自回归模型，自回归系数几乎为 1，表明其为单位根过程。进行一阶差分，得到

$$\varepsilon_t = \ln y_t - \ln y_{t-1}$$

计算残差序列 ε_t 的自相关系数 $r_k(e)$，如图 3－11 所示。由图可以看出，序列还有某种程度的自相关。绘制 ε_t^2 的时序图如图 3－12 所示。由图可以看出，条件方差随时间变化，且在某一段时间连续偏高或偏低。计算序列 ε_t^2 的自相关系数，如图 3－13 所示。由图可以看出，r_1，r_2 均较大，表明序列相邻两项和每隔一项存在较高度的相关。

建立辅助回归

$$\text{A. } \varepsilon_t^2 = \alpha_0 + \alpha_1 \varepsilon_{t-1}^2 + u_t$$

$$\text{B. } \varepsilon_t^2 = \alpha_0 + \alpha_1 \varepsilon_{t-1}^2 + \alpha_2 \varepsilon_{t-2}^2 + u_t$$

运用最小二乘估计得到

$$\text{A. } \varepsilon_t^2 = 0.000\,2 + 0.125\,8 \varepsilon_{t-1}^2 + u_t$$

$$(4.987\,6)\quad(1.972\,2)$$

$$n = 244 \quad R^2 = 0.015\,8 \quad d = 2.056\,1$$

$$\text{B. } \varepsilon_t^2 = 0.000\,2 + 0.097\,4 \varepsilon_{t-1}^2 + 0.224\,0 \varepsilon_{t-2}^2 + u_t$$

$$(3.770\,7)\quad(1.548\,4)\qquad(3.559\,5)$$

$$n = 243 \quad R^2 = 0.065\,1 \quad d = 1.999\,9$$

ARCH 检验统计量

$$LM_A = nR^2 = 3.855\,2 \qquad LM_B = nR^2 = 15.819\,3$$

以 $\alpha=0.05$ 查 χ^2 分布表，$\chi^2_{0.05}(1)=3.841$，$\chi^2_{0.05}(2)=5.991$；以 $\alpha=0.01$ 查 χ^2 分布表，$\chi^2_{0.01}(1)=6.635$，$\chi^2_{0.01}(2)=9.210$。这表明，在 5%的显著性水平下，序列 ε_t^2 存在二阶 ARCH 效应。用 ARCH(1) 还是 ARCDH(2) 描述序列的变化，可以根据模型残差序列 u_t 的自相关性进行判定。这点与 ARMA 模型类似。

模型 A 的残差序列 u_t 的自相关最大滞后阶数确定为 $\left[\frac{n}{10}\right]\approx 24$，其自相关系数如图 3-14 所示。由图可知，$Q=21.46$，$p=0.614$，残差序列无自相关的概率只有 60%，未通过 χ^2 检验。模型 B 的残差系列 u_t 的自相关最大滞后阶数同上，自相关系数如图3-15 所示。由图可知，$Q=10.655$，$p=0.991$，Q 统计量足够小，残差序列无自相关的概率足够大，通过 χ^2 检验。相对于模型 ARCH(1)，模型 ARCH(2) 是对 ε_t^2 的合理描述。序列至少存在二阶 ARCH 效应。

Autocorrelation		AC	Q-Stat	Prob
	1	-0.027	0.1816	0.670
	2	0.183	8.5083	0.014
	3	0.006	8.5186	0.036
	4	-0.005	8.5258	0.074
	5	0.051	9.1667	0.103
	6	-0.031	9.4068	0.152
	7	-0.009	9.4287	0.223
	8	0.029	9.6457	0.291
	9	-0.016	9.7085	0.375
	10	0.004	9.7127	0.466
	11	-0.016	9.7781	0.550
	12	-0.038	10.144	0.603
	13	-0.019	10.237	0.674
	14	-0.001	10.237	0.745
	15	-0.038	10.619	0.779
	16	0.001	10.619	0.832
	17	-0.021	10.736	0.870
	18	0.037	11.094	0.890
	19	0.102	13.885	0.790
	20	0.027	14.084	0.826
	21	0.110	17.368	0.689
	22	0.079	19.066	0.641
	23	-0.003	19.068	0.697
	24	0.093	21.416	0.614

图 3-14　模型 A 残差序列的自相关图

Autocorrelation		AC	Q-Stat	Prob
	1	0.002	0.0014	0.971
	2	0.008	0.0189	0.991
	3	-0.018	0.0975	0.992
	4	-0.026	0.2614	0.992
	5	0.049	0.8557	0.973
	6	-0.037	1.1958	0.977
	7	-0.017	1.2699	0.989
	8	0.034	1.5598	0.992
	9	-0.009	1.5810	0.996
	10	0.006	1.5900	0.999
	11	-0.013	1.6312	0.999
	12	-0.040	2.0533	0.999
	13	-0.011	2.0858	1.000
	14	0.005	2.0913	1.000
	15	-0.034	2.3941	1.000
	16	-0.010	2.4198	1.000
	17	-0.035	2.7426	1.000
	18	0.034	3.0436	1.000
	19	0.092	5.3029	0.999
	20	0.013	5.3508	1.000
	21	0.099	7.9812	0.995
	22	0.064	9.0783	0.993
	23	-0.011	9.1135	0.996
	24	0.075	10.655	0.991

图 3-15 模型 B 残差序列的自相关图

(四) ARCH 模型参数估计

例 3.5 中工业类股指序列的一阶差分序列 $\varepsilon_t = \ln y_t - \ln y_{t-1} \sim \mathrm{ARCH}\ (2)$。这种情况下，运用最小二乘法估计参数较为简便。通常 ARCH 模型用于均值模型的残差，因此参数估计时，两个模型的参数需要同时估计。当均值模型的残差确实存在 ARCH 效应时，宜采用二步最大似然估计。① 如工业类股指的预测模型为：

$$\ln y_t = \ln y_{t-1} + \varepsilon_t$$

$$\varepsilon_t = \sqrt{h_t} \cdot V_t$$

$$h_t = 0.000\,1 + 0.284\,4\varepsilon_{t-1}^2 + 0.078\,8\varepsilon_{t-2}^2$$

$$(8.880\,2)(5.062\,3)\quad(1.288\,6)$$

$$(0.000\,0)(0.000\,0)\quad(0.197\,5)$$

(五) 参数的检验

ARCH 模型的参数检验包括参数的合理性检验和显著性检验。

1. 合理性检验

由于模型的参数有限制，因此参数估计后需要进行合理性检验，即检验参数是否满足

① 有关证明可参见参考文献 [14]。

这些要求。若参数不满足，则表明即使存在 ARCH 效应，采用 ARCH 模型也是不合适的。由上面的工业类股指模型估计结果知，$\alpha_0>0$，$\alpha_1+\alpha_2<1$，满足参数的约束条件，参数的合理性检验通过。

2. 显著性检验

ARCH 模型的参数是有实际意义的，系数的大小反映不同滞后的残差平方对条件方差变动的影响大小。参数的显著性检验类似于回归中的参数 t 检验。只有估计的参数与 0 有显著差异，才表明所建立的模型是合适的。如上的工业类股指模型估计结果，参数估计值下方的第一行括号内为相应的 t 值，第二行括号内为相应参数为 0 的概率。可以看出，参数 α_2 为 0 的概率过大，参数的显著性检验未通过。这表明，虽然序列存在至少二阶的 ARCH 效应，但对残差建立 ARCH(2) 模型并不合适。

第三节　广义 ARCH 模型

一、GARCH 模型形式

对某些序列来说，虽然存在条件异方差，但是使用 ARCH 模型并不合适，特别是存在高阶 ARCH 效应的时候，参数往往都不能通过合理性或显著性检验。这种情况下可以考虑采用广义 ARCH(p, q) 模型，即 GARCH(p, q) 模型。

1. GARCH(p, q) 的含义

假设在 ARCH(q) 过程 $\varepsilon_t=\sqrt{h_t}\cdot v_t$ 中，$\{v_t\}$ 独立同分布，且 $v_t\sim N(0, 1)$ $(t=1, 2, \cdots, T)$。若 ARCH 过程的阶数 $q\to\infty$，条件异方差 h_t 可以表示为：

$$h_t=\alpha_0+\alpha_1\varepsilon_{t-1}^2+\cdots+\alpha_q\varepsilon_{t-q}^2+\beta_1 h_{t-1}+\cdots+\beta_p h_{t-p} \tag{3.34}$$

其中，特征方程 $1-\beta_1 L-\cdots-\beta_p L^p=0$ 的根都在单位圆外。由式（3.34）中 h_t 定义的 ARCH 过程 $\varepsilon_t=\sqrt{h_t}\cdot v_t$ 称为广义的 ARCH 过程，简称 GARCH 过程，记作 $\varepsilon_t\sim$GARCH(p, q)。显然，当 $p=0$ 时，$\varepsilon_t\sim$ARCH(q)；当 $p=q=0$ 时，ε_t 为白噪声过程。可以证明①，GARCH(p, q) 过程是稳定过程的充分必要条件为：

$$\alpha(1)+\beta(1)<1$$

式中，$\alpha(1)=\sum_{i=1}^{q}\alpha_i$；$\beta(1)=\sum_{j=1}^{p}\beta_j$。这表明，GARCH 模型对参数的约束与 ARCH 模型一样，即 $\alpha_0>0$，$\alpha_i\geqslant 0$ $(i=1, 2, \cdots, q)$，$\beta_j\geqslant 0$ $(j=1, 2, \cdots, p)$，以及 $\alpha(1)+\beta(1)<1$。

2. GARCH(1, 1) 的性质

GARCH(1, 1) 模型是最常用的 GARCH 模型，可表示为式（3.35）。

$$\varepsilon_t=\sqrt{h_t}\cdot v_t$$

---

① 陆祖懋. 高等时间序列经济计量学. 上海：上海人民出版社，1999：303.

$$h_t=\alpha_0+\alpha_1\varepsilon_{t-1}^2+\beta_1 h_{t-1} \tag{3.35}$$

式中，$\{v_t\}$ 独立同分布，且 $v_t \sim N(0,1)$；参数满足 $\alpha_0>0$，$\beta_1\geqslant 0$，$\alpha_1\geqslant 0$。

参数 α_0 反映序列波动的平均水平，数据量不同即数据时期不同，α_0 可能不同；由于通常在金融时间序列变化研究中，Y_t 是日收盘价指数，反映当日价格，而 ε_t 是 Y_t 取对数后差分结果，称为对数收益，因此参数 α_1 的大小反映波动受市场的影响。

$\varepsilon_t \sim$ GARCH(1，1) 是稳定过程的充分必要条件为：

$$\alpha_1+\beta_1<1$$

若式（3.35）中，$\alpha_1+\beta_1=1$，表明模型中含有单位根，模型记为 IGARCH(1，1)。

二、GARCH 效应检验

GARCH 效应检验可以借助 ARCH 效应检验的结果。如果序列存在高阶的 ARCH 效应，而 ARCH 模型并不适用，可以考虑存在 GARCH 效应，从而建立 GARCH 模型；也可以通过对辅助回归式（3.34）的参数，β_1，β_2，…，β_p 是否同时为 0 进行检验，得出结论。检验仍可采用 LM 检验，$LM=nR^2\sim\chi^2(p)$。

对 GARCH 模型进行检验，还可以采用 LB（Ljung-Box）检验。

LB（Ljung-Box）检验：

H_0：v_t^2 无自相关

H_1：v_t^2 存在自相关

检验统计量：

$$\mathrm{LB}(m)=n(n+2)\sum_{k=1}^{m}(n-k)^{-1}r_k(v_t^2)\sim\chi^2(m-p-q) \tag{3.36}$$

式中，$r_k(v_t^2)$ 是残差序列 v_t^2 的自相关系数；$v_t^2=\varepsilon_t^2/h_t$，即 v_t 的估计值平方序列；p，q 是式（3.34）中模型的阶数。

检验统计量服从 χ^2 分布，检验标准同 LM 检验。若拒绝 H_0，表明 GARCH 模型没有有效地描述序列 ε_t；若不能拒绝 H_0，表明 GARCH 模型有效地描述了序列 ε_t。

三、GARCH 模型的参数估计

与 ARCH 模型一样，GARCH 模型也常用于均值模型的残差。如回归分析中，GARCH 回归模型为：

$$y_t=x_t'B+\varepsilon_t$$

$$\varepsilon_t=\sqrt{h_t}\cdot v_t$$

$$h_t=\alpha_0+\sum_{i=1}^{q}\alpha_i\varepsilon_{t-i}^2+\sum_{j=1}^{p}\beta_j h_{t-j} \tag{3.37}$$

式中，y_t，x_t 分别为被解释变量、解释变量序列，x_t 可以包含 y_t 的滞后值，其他条件同前。式（3.37）的参数估计一般采用广义最小二乘估计（GLS）和二步最大似然估计（ML）。①

当用 ARCH(q) 模型描述序列变化所需阶数 q 很大时，是极不方便的，同时也常常违背模型对参数的约束。这时，一般应考虑采用 GARCH(p, q) 模型。

[例 3.6] 1998 年我国深市工业类股指变动分析

分析： 由例 3.5 知，工业类股指至少存在二阶的 ARCH 效应，但 ARCH(2) 模型并不适用。对序列进行 ARCH 效应检验，发现存在 11 阶的 ARCH 效应，ARCH(11) 有很多参数估计为负值，显然不合理，表明无法运用 ARCH 模型。当序列存在高阶 ARCH 效应时，可以考虑运用 GARCH 模型。

建立 GARCH(1, 1) 模型为：

$$\ln y_t = \ln y_{t-1} + \varepsilon_t$$

$$\varepsilon_t = \sqrt{h_t} \cdot v_t$$

$$h_t = 0.0001 + 0.2916\varepsilon_{t-1}^2 + 0.2247 h_{t-1}$$

$$(3.5415) \quad (5.0087) \quad (1.3918)$$

$$(0.0004) \quad (0.0000) \quad (0.1640)$$

四、模型检验与评价

1. *参数检验*

GARCH 模型与 ARCH 模型一样，参数估计后需要进行检验，包括合理性和显著性检验。如果检验没有通过，表明模型的设置有问题，需要调整模型或选用其他形式的模型。合理性检验是考察估计的参数是否满足参数的约束，即 $\alpha_0 > 0$，$\alpha_i \geqslant 0$（$i=1, 2, \cdots, q$），$\beta_j \geqslant 0$（$j=1, 2, \cdots, p$），以及 $\alpha(1)+\beta(1)<1$。例 3.6 中 $\alpha_0 = 0.0001 > 0$，$\alpha_1 = 0.2916 > 0$，$\beta_1 = 0.2247 > 0$，并且 $\alpha_1 + \beta_1 < 1$，参数的合理性满足。GARCH 模型的参数是有实际意义的，显著性检验是通过考察参数与 0 是否存在显著性差异，判断这些参数的实际意义是否存在。$\sum_{i=1}^{q}\alpha_i$ 部分是金融时间序列对数收益的系数，常称为回报系数，反映不同滞后的市场回报对当期波动（条件方差）的影响；$\sum_{j=1}^{p}\beta_j$ 部分是不同滞后期条件方差的系数，称为滞后系数，反映不同滞后期波动对当期波动的影响。例 3.5 中系数 α_1 为 0 的概率极小，表明不会为 0，参数的显著性检验通过；系数 β_1 为 0 的概率是 0.1640，大于 0.05，表明系数为 0 的概率过大，参数的显著性检验没有通过。虽然序列存在 GARCH 效应，但采用 GARCH 模型是不合适的。

2. *残差检验*

GARCH 类模型和其他统计模型一样，都假定残差序列独立同分布，因此残差的独立性很重要，也就是残差序列不能存在自相关。

[例 3.7] 1998 年 1 月 5 日至 2003 年 3 月 14 日沪市股指（收盘价）变动分析

① Eviews 和 SAS 软件提供了该类模型的参数估计功能。有关证明参见参考文献 [14]。

分析：绘制 1998 年 1 月 5 日至 2003 年 3 月 14 日沪市股指序列曲线图，如图 3-16 所示。

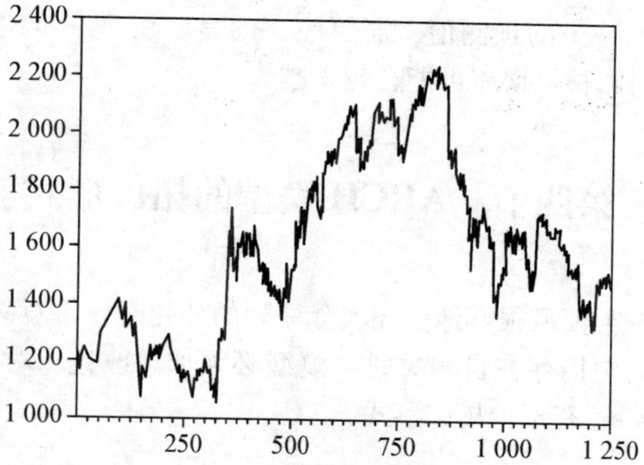

图 3-16　沪市股指序列曲线图

对其进行单位根检验，可知其为一阶差分平稳序列。可以建立模型

$$\ln y_t = \ln y_{t-1} + \varepsilon_t$$

对残差进行 ARCH 效应检验，存在高于 100 阶的 ARCH 效应，只能建立 GARCH 模型。估计参数模型为：

$$\ln y_t = \ln y_{t-1} + \varepsilon_t$$

$$\varepsilon_t = \sqrt{h_t} \cdot v_t$$

$$h_t = 6.57\text{E-}06 + 0.123\,7\varepsilon_{t-1}^2 + 0.854\,4h_{t-1}$$

$$(5.489\,8) \quad (14.346\,7) \quad (118.660\,5)$$

$$(0.000\,0) \quad (0.000\,0) \quad (0.000\,0)$$

估计结果表明，参数通过合理性和显著性检验，序列建立 GARCH(1，1）模型合适。

残差检验：对模型残差 v_t 进行正态性检验，$\mu=-0.016$，$\sigma=1.002$，偏度为 0.309，峰度为 8.358。虽然峰度过高，正态检验没有通过，但基本对称，均值接近 0，标准差接近 1，可以考虑基本满足正态性。利用残差自相关作独立性检验，取最大滞后阶数$[\sqrt{n}]\approx 36$，得到 $Q=44.021$，$p=0.168$，显然序列独立性的概率不够大。

3. 模型评价

当建立的几个模型都通过检验时，与 ARMA 模型一样，通常可以借助几个指标进行评价，以选择适合的模型。

五、预测

模型如果合理可以被接受用于预测，则可以进行递推预测。对于

$$h_t = \alpha_0 + \alpha_1 \varepsilon_{t-1}^2 + \beta_1 h_{t-1}$$

由于 $E(\varepsilon_t) = h_t$，因而 h_t 的预测式可以写成下面的形式

$$\hat{h}_t=\alpha_0+\alpha_1 h_{t-1}+\beta_1 h_{t-1}=\alpha_0+(\alpha_1+\beta_1)h_{t-1}$$

这样由 $t-1$ 时刻的实际波动可以预测 t 时刻，如果 t 时刻实际波动已知，可以不断进行递推得到 $t+1$，$t+2$，…的预测值。需要注意的是，在每一步递推预测时，都会有误差，随着预测期的不断加长，误差可能会越来越大。

第四节　ARCH 模型的拓广形式

当不能用上述某一类模型很好地描述实际序列的变化时，常意味着其预测的精度不够高，特别是当残差序列中仍存在自相关时，模型必须加以改进。对于 ARCH 过程，除了采用 GARCH 模型外，还有不少拓广形式。

一、指数的 GARCH 模型（EGARCH）

在 ARCH 过程 $\varepsilon_t=\sqrt{h_t}\cdot v_t$ 中，设 $\{v_t\}$ 独立同分布，$E(v_t)=0$，$D(v_t)=1$，并设条件方差 h_t 有下面的形式

$$\log(h_t)=\alpha_0+\sum_{j=1}^{p}\theta_j\log(h_{t-j})+\sum_{i=1}^{q}\left(\alpha_i\left|\frac{\varepsilon_{t-i}}{\sqrt{h_{t-i}}}\right|+\phi_i\frac{\varepsilon_{t-i}}{\sqrt{h_{t-i}}}\right) \tag{3.38}$$

则称 ε_t 服从 EGARCH 过程。

EGARCH 模型的条件方差 h_t 是由指数形式表示的。

从式（3.38）可以看出，EGARCH 模型在条件方差 h_t 中引入了一个参数 ϕ。当随机干扰项 $v_{t-i}=\varepsilon_{t-i}/\sqrt{h_{t-i}}$ 取正值或负值时，h_t 会有不同程度的变化。如果参数 ϕ 为负数，且 $-1<\phi<0$，则一个负干扰（$v_{t-i}<0$）引起的 h_t 变化，比相同程度的正干扰（$v_{t-i}>0$）引起的 h_t 变化要大，这表明序列变化存在杠杆效应。若 $\phi>0$，相同程度的正干扰引起的 h_t 的变化要大于负干扰；若 $\phi=0$，h_t 对正负干扰的变化是对称的。参数估计后，需要对 ϕ 是否与 0 有显著差异进行检验。EGARCH 模型的参数估计采用最大似然估计。

二、ARCH-M 模型

ARCH 和 GARCH 主要描述回归模型干扰项的条件方差，一般与 y_t 的条件期望无关。但实际中，干扰项条件方差的变化会直接影响 y_t 条件期望的值。ARCH-M 模型对回归模型的条件期望和条件方差都作了描述，是 ARCH 模型的一种推广。

如果随机过程 $\{y_t\}$ 有表现形式

$$y_t=x_t\beta+\delta g(h_t)+\varepsilon_t \tag{3.39}$$

式中，$\varepsilon_t=\sqrt{h_t}\cdot v_t$，$\{v_t\}$ 独立同分布且 $v_t\sim N(0,1)$；$g(h_t)$ 为条件方差 h_t 的函数，h_t 可以有 ARCH(q) 或 GARCH(p，q) 的形式，即随机过程 $\{y_t\}$ 可以服从 ARCH-M 过程或 GARCH-M 过程。

由式（3.39）可以看出，ARCH-M 模型中条件方差 h_t 同时出现在 $g(h_t)$ 和 ε_t 中，因此，其参数估计较为复杂。为了简便，实际应用时，通常取 $g(h_t)=h_t$，或 $g(h_t)=\sqrt{h_t}$，或 $g(h_t)=\ln h_t$。在运用 $g(h_t)=\ln h_t$ 时应注意，当 $h_t<1$ 时，$\ln h_t$ 为负值，若 $h_t\to 0$，则 $\ln h_t\to -\infty$ 这种情况下，不宜采用这种形式。

是否需要采用这种模型，参数估计后特别要对参数 δ 的显著性进行检验。如果参数与 0 没有显著差异，表明序列的波动没有影响其均值，不宜选用该模型；如果参数通过显著性检验，表明条件方差变化影响序列均值变动，应该采用该模型。系数符号的正负以及大小反映其对条件均值的影响方向和程度。

三、TARCH 模型

TARCH（Threshold ARCH）模型最先由 Zakoian（1990）提出，它具有如下形式的条件方差

$$h_t=\alpha_0+\sum_{i=1}^{q}\alpha_i\varepsilon_{t-i}^2+\varphi\varepsilon_{t-1}^2 d_{t-1}+\sum_{j=1}^{p}\theta_j h_{t-j} \tag{3.40}$$

式中，d_t 是一个名义变量

$$d_t=\begin{cases}1, & \varepsilon_t<0\\ 0, & 其他\end{cases}$$

由于引入 d_t，股价上涨信息（$\varepsilon_t>0$）和下跌信息（$\varepsilon_t<0$）对条件方差的作用效果不同。上涨时 $\varphi\varepsilon_{t-1}^2 d_{t-1}=0$，其影响可用系数 $\sum_{i=1}^{q}\alpha_i$ 代表；下跌时为 $\sum_{i=1}^{q}\alpha_i+\varphi$。若 $\varphi\neq 0$，则说明信息作用是非对称的，而当 $\varphi>0$ 时，认为存在杠杆（leverage）效应。是否需要运用这个模型，在参数估计后应对 φ 进行显著性检验。只有参数与 0 有显著差异，才可以采用该模型。

四、幂 ARCH 模型

GARCH 模型是对方差模拟（不是标准差），而不同冲击对于不同幂次的标准差影响不同。基于这一思想，幂 ARCH（Power ARCH）模型对 GARCH 模型作了进一步扩展，对标准差的幂次进行模拟，这个幂并不需要事先给定，而是通过模型自身来决定。它的形式为：

$$(\sqrt{h_t})^{\delta}=\alpha_0+\sum_{i=1}^{p}\alpha_i(|\varepsilon_{t-i}|\varphi_i\varepsilon_{t-i})^{\delta}+\sum_{j=1}^{q}\beta_j(\sqrt{h_{t-j}})^{\delta} \tag{3.41}$$

式中，$\delta>0$；$|\varphi_i|\leqslant 1$（$i=1, 2, \cdots, r$），$|\varphi_i|=0$（$i>k$，$1\leqslant k\leqslant p$）。如果对于所有的 i，$\varphi_i=0$，则模型是对称的；如果 $\varphi_i\neq 0$，则模型是非对称的。当 $\delta=2$，$\varphi_i=0$（对于所有 i）时，幂 ARCH 模型就是前面所说的 GARCH 模型。模型是否合适，参数估计后需要通过显著性检验确定。

五、成分 ARCH 模型

GARCH（1，1）模型的条件方差可写为：

$$h_t=\bar{\omega}+\alpha(\varepsilon_{t-1}^2-\bar{\omega})+\theta(h_{t-1}-\bar{\omega}) \tag{3.42}$$

式（3.42）表现条件方差与常数 $\bar{\omega}$ 的平均偏离程度。成分（component）ARCH 模型如式（3.43），反映条件方差对于一个变量 c_t 的平均偏离趋势。

$$h_t-c_t=\alpha(\varepsilon_{t-1}^2-c_{t-1})+\theta(h_{t-1}-c_{t-1}) \tag{3.43}$$

式中 $$c_t=\omega+\rho(c_{t-1}-\omega)+\sigma(\varepsilon_{t-1}^2-h_{t-1}) \tag{3.44}$$

式(3.43)描述短期(transitory)成分 h_t-c_t，以 $\alpha+\theta$ 的势(power，反映衰减速度)趋于 0；式(3.44)描述长期(permanent)成分 c_t，以 ρ 的势趋于ω。一般，$0.99<\rho<1$，以保证 c_t 的收敛速度足够慢。另外，可以在两式或任意一式中引入外生变量，来改变序列短期或长期波动水平。模型是否适用，需要在参数估计后进行显著性检验确定。

六、非对称成分 ARCH 模型

将非对称的 TARCH 模型与成分 ARCH 模型相结合，可以得到非对称成分 ARCH 模型，如式（3.45）和式（3.46）。

$$c_t=\omega+\rho(c_{t-1}-\omega)+\sigma(\varepsilon_{t-1}^2-h_{t-1})+\xi_1 z_{1t} \tag{3.45}$$

$$h_t-c_t=\alpha(\varepsilon_{t-1}^2-c_{t-1})+\varphi(\varepsilon_{t-1}^2-c_{t-1})d_{t-1}+\theta(h_{t-1}-c_{t-1})+\xi_2 z_{2t} \tag{3.46}$$

式中，z_{1t}和 z_{2t}都是外生变量；d_t 是名义变量。当 $\varphi>0$ 时，条件方差中存在短期杠杆效应。模型是否适用，同样需要在参数估计后进行显著性检验确定。

ARCH 模型还有许多其他形式的拓广，不仅对单变量序列，而且对多变量序列。有兴趣的读者可以参看有关的书籍和文章。

[例 3.8]　1998 年我国深市工业类股指变动分析

分析：例 3.6 中，该指数采用 GARCH 模型仍不适宜，可以考虑采用拓广的模型。

1. EGARCH 模型

建立如式（3.38）的 EGARCH 模型为：

$$\log(h_t)=-4.5370+0.3650\left|\frac{\varepsilon_{t-1}}{\sqrt{h_{t-1}}}\right|-0.2578\frac{\varepsilon_{t-1}}{\sqrt{h_{t-1}}}+0.5005\log(h_{t-1})$$

$$\begin{array}{cccc}(-4.6286) & (3.9140) & (-4.0198) & (3.4716)\\(0.0000) & (0.0001) & (0.0001) & (0.0000)\end{array}$$

上式中每一个系数下方的第一个括号中是系数估计的 t 统计量，第二个括号中是系数为 0 的概率。可以看出，所有系数通过显著性检验，ϕ 是负的，说明一个负干扰（$v_{t-i}=\varepsilon_{t-i}/\sqrt{h_{t-i}}<0$）引起的 h_t 变化，比相同程度的正干扰（$v_{t-i}>0$）引起的 h_t 变化要大，序列变化存在杠杆效应。GARCH 模型关于干扰 v_{t-i}是对称的，没有反映出杠杆效应。

2. TARCH 模型

建立如式（3.40）的 TARCH 模型为：

$$h_t = 0.000\,1 + 0.123\,6\varepsilon_{t-1}^2 + 0.486\,5\varepsilon_{t-1}^2 d_{t-1} + 0.258\,6h_{t-1}$$
$$(3.552\,8)\ (0.174\,4)\quad (3.560\,7)\qquad (1.420\,9)$$
$$(0.000\,4)\ (0.861\,6)\quad (0.000\,4)\qquad (0.155\,4)$$

式中，d_t 是一个名义变量

$$d_t = \begin{cases} 1, & \varepsilon_t < 0 \\ 0, & \text{其他} \end{cases}$$

由估计的结果可知，序列变化确实存在杠杆效应，但是 α_1，β_1 的显著性检验均未通过，模型不适合。

3. ARCH-M 模型

建立如式（3.39）的 ARCH-M 模型，选择 $g(h_t)=\sqrt{h_t}$，h_t 的表达式为 TARCH 模型，得到其系数为 0.739 8，t 统计量为 1.841 4，为 0 的概率是 0.065 6，显著性检验未通过，表明条件方差变化并不显著影响条件均值；若选择 $g(h_t)=h_t$，h_t 的表达式同上，得到其系数为 14.689 6，t 统计量为 1.624 2，为 0 的概率是 0.104 3，显著性检验也未通过，表明条件方差变化并不显著影响条件均值；若选择 $g(h_t)=\log(h_t)$，h_t 的表达式同上，得到其系数为 0.004 0，t 统计量为 1.262 0，为 0 的概率是 0.206 9，显著性检验仍未通过，说明无论取什么形式的 $g(h_t)$，条件方差变化都不显著影响条件均值。这类模型不合适。

其他类型的拓展模型都可以尝试建立，但均未通过检验，对于这个序列最合适的模型是 EGARCH。如果能够建立多个模型，可以与 ARMA 模型一样，借助几个指标进行评价，以选择适合的模型。

第五节　多元 ARCH 模型

对于多个变量的时间序列模型系统，方程残差的平方常常随时间呈现出显著的序列相关。这种情况下，需要运用多变量的条件异方差模型（Multivariate ARCH Model）进行分析。将单变量 ARCH 模型的思路扩展到多变量的情形，即对多个时间序列的波动率及其互动进行建模，就是多元 ARCH 模型。

一、模型形式

（一）对角 VECH（Diagonal VECH）模型

1. 基本形式

Bollerslev et al.（1988）提出了一个条件协方差带约束条件的一般多元 ARCH 模型。向量误差条件异方差模型 VECH(p，q) 的一般形式如式（3.47）。

$$\Sigma_t = A_0 + \sum_{i=1}^{p} A_i \otimes (\varepsilon_{t-i}\varepsilon'_{t-i}) + \sum_{j=1}^{q} B_j \otimes \Sigma_{t-j} \tag{3.47}$$

式中，A_i（$i=0$，1，…，p）和 B_j（$j=1$，2，…，q）均为 $N\times N$ 的对称系数矩阵；算子$\otimes$为 Hadamard 乘积，表示矩阵的对应元素相乘。模型中的系数阵可以有几种不同的约束方式。

2．系数的约束

（1）系数矩阵不施加限制

对系数矩阵使用最普遍的方法是允许矩阵中的参数不加限制，即将系数矩阵设置为不定矩阵。这种情况下，模型可以写成如式（3.48）的单方程形式。

$$(H_t)_{ij} = (\Omega)_{ij} + (A)_{ij}\varepsilon_{jt-1}\varepsilon_{it-1} + (B)_{ij}(H_{t-1})_{ij} \tag{3.48}$$

式中，$(H_t)_{ij}$ 是矩阵 H_t 第 i 行第 j 列的元素。

这种情况下每个矩阵都包含 $N(N+1)/2$ 个参数，是对角 VECH 方法中约束条件最少的一种模型，但这很难保证条件协方差阵是正定的（positive semidefinite，PSD）。Ding and Engle（2001）指出，可以用几种不同的方式限制系数矩阵，尽可能地减少参数的个数，以将 Σ 限定为半正定的。

（2）系数阵设为对角阵

将 A_0 以外的所有系数矩阵限定为对角阵，得到的模型也被称作 DVEC(p，q）模型（其中 D 表示 Diagonal)。即可以采用如式（3.49）的模型。

$$\Sigma_t = A_0A'_0 + \sum_{i=1}^{p} A_iA'_i \otimes (\varepsilon_{t-i}\varepsilon'_{t-i}) + \sum_{j=1}^{q} B_jB'_j \otimes \Sigma_{t-j} \tag{3.49}$$

式中，A_i（$i=0$，1，…，p），B_j（$j=1$，2，…，q）均为下三角阵，该模型也被称为 matrix-diagonal 模型。其参数个数与未进行限制的模型（3.47）一样多，但通过限制相应矩阵系数 A_i（$i=0$，1，…，p），B_j（$j=1$，2，…，q）保证了条件协方差阵是半正定的。

（3）秩为 1（Rank One）法

这种方法是将 ARCH 系数阵和 GARCH 系数阵设定为秩是 1 的矩阵。这种方法将待估计参数的个数减少 N 个，并且保证条件协方差为半正定的。在这种情况下，估计出来的系数矩阵被限定为除了第一列之外，其他所有系数均为 0。如估计一个多元 GARCH（1，1）模型，常数项设定为一个无限制矩阵，ARCH 项和 GARCH 项系数矩阵的秩设定为 1，模型参数的个数将会是 $N[(N+1)/2]+2N$，而不是 $3N[(N+1)/2]$。

（4）满秩矩阵法（Full Rank Matrix）

对于如 $H_t=\tilde{\Omega}\Omega'+\tilde{A}A'\otimes\varepsilon_{t-1}\varepsilon'_{t-1}+\tilde{B}B'\otimes H_{t-1}$ 的形式，其中原始矩阵 $\tilde{A}$，$\tilde{B}$ 和 $\tilde{\Omega}$ 是任意秩为 N 的矩阵，Full Rank 表示 $A_i=A_iA'_i$，$B_j=B_jB'_j$ 可以采用乔列斯基因子分解得到。这种方法下，参数个数与未限制的情况一样多，但是它保证了条件协方差的半正定性。

（5）常数矩阵

对于常数矩阵 Ω，可以在系数中加上一个方差目标（variance target）的限制，这样就相当于对系数矩阵中的元素值添加了如下限制：

$$\Omega=\Omega_0(ii'-A-B)$$

式中，Ω_0 是残差项的无条件样本方差矩阵。这种情况下不需要对常数矩阵进行估计，相当于减少了待估计的参数个数。常数项系数阵通常也可以设定为标量，即设定矩阵的每一个元素相同，这样的设定也减少了待估计的参数。

3. 外生变量处理

方差模型中允许有外生变量，可以选择将其系数限定为个体的（individual）或是共同的（common）。共同系数即认为每个方程中的外生变量具有相同的斜率 g；个体系数则允许每个方程中的外生变量存在各自的变化效应。

在以上这些方法中，如果对系数矩阵不加限制，得到的初始方差系数估计值均是矩阵 $\widetilde{A}$，$\widetilde{B}$ 和 $\widetilde{\Omega}$ 的元素，它与最终方差模型各系数估计值一一对应；如果设置矩阵秩为 1 或设定满秩矩阵，所得初始方差模型系数估计值需要进行适当转换，才能得到最终的方差模型系数阵估计。转换形式为：$A=\widetilde{A}A'$，$B=\widetilde{B}B'$，$\Omega=\widetilde{\Omega}\Omega'$。这些转换后的系数估计值是最终方差模型的系数估计值。这时，最终方差模型系数估计值是一个或多个原始系数估计值的函数。其与原始的参数估计值不存在一一对应的关系。

（二）Diagonal BEKK 模型

BEKK 模型由 Engle and Kroner（1995）提出，与对角 VECH 模型相比，BEKK 模型是一种更为广泛的模型，其模型形式如式（3.50）。

$$\Sigma_t = A_0A'_0 + \sum_{i=1}^{p} A_i(\varepsilon_{t-i}\varepsilon'_{t-i})A'_i + \sum_{j=1}^{q} B_j\Sigma_{t-j}B'_j \tag{3.50}$$

式中，A_0 为一下三角阵，而 A_i（$i=1$，…，p）和 B_j（$j=1$，2，…，q）均为没有限制的矩阵。可以证明，Σ_t 是对称且半正定的。最为常见的是 Diagonal BEKK 模型，即将 A_i（$i=1$，…，p）和 B_j（$j=1$，2，…，q）限定为对角阵，当系数矩阵的秩为 1 时，它与对角 VECH 是等价的。Diagonal BEKK 模型的常数矩阵设定可以类同对角 VECH 模型。

（三）有条件协相关模型

1990 年由 Bollerslev 所提出的有条件协相关（Conditional Constant Correlation，CCC）模型将条件协方差阵的元素确定为式（3.51）。

$$h_{iit} = c_i + \sum_{l=1}^{p} \alpha_l\varepsilon^2_{it-1} + d_iI_{it-1}\varepsilon^2_{it-1} + \sum_{j=1}^{q} \beta_j h_{iit-1} \tag{3.51}$$

$$h_{ijt} = \rho_{ij}\sqrt{h_{iit}h_{jjt}} \tag{3.52}$$

式（3.51）与式（3.52）共称为 CCC 模型。模型中的 ARCH 和 GARCH 系数阵通常设定为标量；d_i 为虚拟变量，即模型可以是类似 TARCH 的形式。可以对常数项 c_i 施加如式（3.53）的限制。

$$c_i = h_0(1-a_i-b_i) \tag{3.53}$$

式中，h_0 为无条件方差。可以在方差模型中加入外生变量，如式（3.54）。

$$h_{iit} = c_i + \sum_{l=1}^{p} \alpha_l\varepsilon^2_{it-1} + d_iI_{it-1}\varepsilon^2_{it-1} + \sum_{j=1}^{q} \beta_j h_{iit-1} + e_ix_{1t} + gx_{2t} \tag{3.54}$$

式中，e_i 为个体系数（individual coefficients），即对变量 x_{1t} 来说，每一个个体 i 有不同的斜率；g 为共同系数（common coefficients），即对变量 x_{2t} 来说，所有的个体有共同的斜率。

在 CCC 模型中，ARCH 系数阵、GARCH 系数阵通常被设定为对角阵。

二、参数估计

通过对上面各项系数进行约束，保证条件协方差阵是正定的（或半正定），同时假定误差项的分布，可以采用最大似然准则对模型的参数进行估计。通常误差项选用正态分布或 t 分布。若采用正态分布，多元 GARCH 模型的对数似然函数如式（3.55）。模型使用最大似然方法同时对均值方程和方差方程中待估计参数进行估计。

$$l_t=-\frac{1}{2}n\log(2\pi)-\frac{1}{2}\log(|\Sigma_t|)-\frac{1}{2}\varepsilon_t'\Sigma_t^{-1}\varepsilon_t \tag{3.55}$$

式中，n 是均值方程的个数；ε_t 是均值方程的 n 维残差序列向量。

如果残差序列服从 t 分布，则似然函数如式（3.56）。

$$l_t=\log\left\{\frac{\Gamma(\frac{\upsilon+m}{2})\upsilon^{m/2}}{(\upsilon\pi)^{m/2}\Gamma(\frac{\upsilon}{2})\ (\upsilon-2)^{m/2}}\right\}-\frac{1}{2}\log(|H_t|)-\frac{1}{2}(\upsilon+m)\log\left[1+\frac{\varepsilon_t'H_t^{-1}\varepsilon_t}{\upsilon-2}\right] \tag{3.56}$$

式中，υ 是估计的自由度。

用于迭代的方差初始值可以采用回溯的方法，其思想与单变量情形完全类似，表达式如式（3.57）。

$$\Sigma_0=\varepsilon_0\varepsilon_0'=\lambda^T\hat{\Sigma}+(1-\lambda)\sum_{j=0}^{T}\lambda^{T-j-1}\ \hat{\varepsilon}_{T-j}\hat{\varepsilon}_{T-j}' \tag{3.57}$$

式中，T 表示平滑窗宽，由系统给定；λ 表示平滑系数，系统默认值为 0.7，可以在 0.1，0.2，…，1 之中进行选择（注意：若设定 $\lambda=1$，则方差初始值就是无条件方差，回溯过程并未执行）；$\hat{\varepsilon}$ 表示均值方程的残差向量，$\hat{\Sigma}$ 表示无条件协方差阵的估计，其表达式如式（3.58）所示。

$$\hat{\Sigma}=\frac{1}{T}\sum_{t=0}^{T}\hat{\varepsilon}_t\hat{\varepsilon}_t' \tag{3.58}$$

另外，可以对迭代过程的优化算法、求导算法进行选择，并可对迭代过程的控制进行设定。

三、模型检验与评价

由于模型的参数是有实际含义的，因此估计出参数后，需要对参数的显著性进行检验。模型的评价可以借助 R^2，$\bar{R}^2$ 以及最小信息准则（AIC，SC，HQ）。如果初选了多个模型，在比较评价时，通常也是选用 R^2 与 $\bar{R}^2$ 较高，AIC，SC 及 HQ 较小的模型。

【例 3.9】沪市和深市 2006 年 1 月至 2011 年 11 月日收盘价指数变动规律分析

分析：2006 年 1 月 4 日至 2011 年 11 月 2 日两个股市日收盘价指数时序图如图 3－17

所示。其中，Y_1 是沪市股指，Y_2 是深市股指。分别对其进行单位根检验，均为一阶差分平稳序列；两个序列的均值模型都是 $Y_t = Y_{t-1} + \varepsilon_t$ 的形式，如写成对数收益形式可以为 $\ln(Y_t/Y_{t-1}) = \varepsilon_t$ 或带有漂移的对数收益形式 $\ln(Y_t/Y_{t-1}) = c + \varepsilon_t$。分别对两个序列进行 ARCH 效应检验，均存在高阶 ARCH 效应，分析两个股市指数波动之间的关系，可以考虑运用多元 GARCH 模型。假定误差向量 $\varepsilon_t = [\varepsilon_{1t}, \varepsilon_{2t}]$ 服从均值为 0、协方差阵为 H_t 的正态分布。条件协方差 H_t 用一个基本的对角 VECH 方法建模，常数矩阵设定为标量，即矩阵所有元素相同，ARCH 系数阵和 GARCH 系数阵均设定为秩是 1 的阵，即有

$$H_t = \Omega + A \otimes \varepsilon_{t-1}\varepsilon'_{t-1} + B \otimes H_{t-1}$$

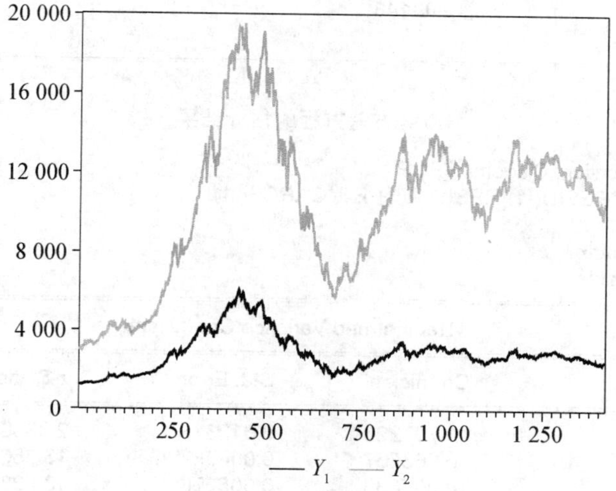

图 3-17　两个股市日收盘价指数时序图

估计结果如表 3-11、表 3-12 和表 3-13 所示。表 3-11 是系数估计值的两个部分，上面一部分 C(1)，C(2) 是均值方程系数估计值；下面一部分是初始方差方程系数估计值，C(3) 是常数项的估计值，C(4)，C(5) 是 ARCH 项的系数估计值，C(6)，C(7) 是 GARCH 项的系数估计值。最终的多元方差方程的参数估计值如表 3-13 所示。

表 3-11　均值方程和初始方差方程估计结果

	Coefficient	Std. Error	z-Statistic	Prob.
C(1)	1.000236	0.000328	3047.943	0.0000
C(2)	1.000400	0.000384	2607.296	0.0000
Variance Equation Coefficients				
C(3)	1.737226	0.612376	2.836863	0.0046
C(4)	0.252066	0.009436	26.71374	0.0000
C(5)	0.268316	0.010909	24.59689	0.0000
C(6)	0.969595	0.002033	476.8871	0.0000
C(7)	0.967158	0.002421	399.4552	0.0000
Log likelihood	-15492.03	Schwarz criterion		21.91726
Avg. log likelihood	-5.470348	Hannan-Quinn criter.		21.90099
Akaike info criterion	21.89128			

表 3 - 12　　两个变量序列均值模型估计检验统计量

Equation: Y1=C(1)*Y1(-1)			
R-squared	0.996115	Mean dependent var	2877.844
Adjusted R-squared	0.996115	S.D. dependent var	1000.893
S.E. of regression	62.38441	Sum squared resid	5506918.
Durbin-Watson stat	1.977840		
Equation: Y2=C(2)*Y2(-1)			
R-squared	0.996065	Mean dependent var	10441.08
Adjusted R-squared	0.996065	S.D. dependent var	3898.958
S.E. of regression	244.5715	Sum squared resid	84638531
Durbin-Watson stat	1.900145		

表 3 - 13　　最终方差方程的估计结果

Covariance specification: Diagonal VECH
GARCH = M + A1.*RESID(-1)*RESID(-1)' + B1.*GARCH(-1)
M is a scalar
A1 is a rank one matrix
B1 is a rank one matrix

Transformed Variance Coefficients

	Coefficient	Std. Error	z-Statistic	Prob.
M	1.737226	0.612376	2.836863	0.0046
A1(1,1)	0.063537	0.004757	13.35687	0.0000
A1(1,2)	0.067633	0.005076	13.32300	0.0000
A1(2,2)	0.071993	0.005854	12.29844	0.0000
B1(1,1)	0.940114	0.003943	238.4435	0.0000
B1(1,2)	0.937751	0.004127	227.2378	0.0000
B1(2,2)	0.935394	0.004683	199.7276	0.0000

表 3 - 13 中输出结果的最上方的表头部分第一行是估计使用的协方差模型，本例使用的是对角 VECH 模型；第二行描述了所估计的模型表达式；下面说明了各字母符号的含义。M 是常数矩阵系数，A1 是秩为 1 的 ARCH 项的系数矩阵，B1 是秩为 1 的 GARCH 项的系数矩阵。

表 3 - 13 给出了矩阵中所有元素的估计结果及相关的统计量。如果方差矩阵是无限制的，一般这些矩阵元素的估计值与初始方差方程中系数的估计值相同。如果系数矩阵的秩为 1 或者是满秩矩阵，这部分的系数估计值将是初始系数估计值的一种转换，也就是说，这里的系数估计值是一个或多个初始系数估计值的函数。这时，输出结果就与初始的参数估计值不存在一一对应的关系。本例设定系数矩阵的秩为 1，故表 3 - 13 与表 3 - 11 的系数没有一一对应的关系。

根据表 3 - 13 的结果可以写出方差和协方差模型，一般形式如式（3.59），具体模型如式（3.60）。

```
Variance and Covariance Equations:
======================
GARCH1 = M + A1(1,1)*RESID1(-1)^2 + B1(1,1)*GARCH1(-1)

GARCH2 = M + A1(2,2)*RESID2(-1)^2 + B1(2,2)*GARCH2(-1)                    (3.59)

COV1_2 = M + A1(1,2)*RESID1(-1)*RESID2(-1) + B1(1,2)*COV1_2(-1)
```

```
GARCH1 = 1.7372 + 0.0635*RESID1(-1)^2 + 0.9401*GARCH1(-1)

GARCH2 = 1.7372 + 0.0720*RESID2(-1)^2 + 0.9354*GARCH2(-1)                 (3.60)

COV1_2 = 1.7372 + 0.0676*RESID1(-1)*RESID2(-1) + 0.9378*COV1_2(-1)
```

如果认为波动具有信息不对称性，可以选用具有不对称形式类似 TARCH 的模型。本例数据设定常数矩阵为标量，ARCH 和 GARCH 系数阵秩为 1，TARCH 系数阵不加限制，得到的结果分别如表 3-14、表 3-15 和表 3-16 所示。

表 3-14　均值方程和初始方差方程估计结果

	Coefficient	Std. Error	z-Statistic	Prob.
C(1)	1.000319	0.000341	2935.046	0.0000
C(2)	1.000518	0.000404	2473.853	0.0000
Variance Equation Coefficients				
C(3)	1.703753	0.563149	3.025402	0.0025
C(4)	0.261945	0.012149	21.56070	0.0000
C(5)	0.284833	0.012637	22.53964	0.0000
C(6)	-0.028842	0.006835	-4.219923	0.0000
C(7)	-0.031152	0.006926	-4.497572	0.0000
C(8)	-0.034700	0.007768	-4.467023	0.0000
C(9)	0.973992	0.001959	497.1257	0.0000
C(10)	0.970834	0.002325	417.6314	0.0000
Log likelihood	-15481.70	Schwarz criterion		21.91805
Avg. log likelihood	-5.466703	Hannan-Quinn criter.		21.89480
Akaike info criterion	21.88094			

表 3-15　两个变量序列均值模型估计检验统计量

Equation: Y1=C(1)*Y1(-1)			
R-squared	0.996115	Mean dependent var	2877.844
Adjusted R-squared	0.996115	S.D. dependent var	1000.893
S.E. of regression	62.38813	Sum squared resid	5507575.
Durbin-Watson stat	1.977768		
Equation: Y2=C(2)*Y2(-1)			
R-squared	0.996064	Mean dependent var	10441.08
Adjusted R-squared	0.996064	S.D. dependent var	3898.958
S.E. of regression	244.5957	Sum squared resid	84655317
Durbin-Watson stat	1.899992		

表 3－16　　最终方差方程估计结果

```
Covariance specification: Diagonal VECH
GARCH = M + A1.*RESID(-1)*RESID(-1)' + D1.*(RESID(-1)*(RESID(-1)<0))
    *(RESID(-1)*(RESID(-1)<0))'D1.*(RESID(-1)*(RESID(-1)<0))*(RESID(
    -1)*(RESID(-1)<0))' + B1.*GARCH(-1)
M is a scalar
A1 is a rank one matrix
D1 is an indefinite matrix
B1 is a rank one matrix
```

Transformed Variance Coefficients

	Coefficient	Std. Error	z-Statistic	Prob.
M	1.703753	0.563149	3.025402	0.0025
A1(1,1)	0.068615	0.006365	10.78035	0.0000
A1(1,2)	0.074611	0.006426	11.61084	0.0000
A1(2,2)	0.081130	0.007199	11.26982	0.0000
D1(1,1)	-0.028842	0.006835	-4.219923	0.0000
D1(1,2)	-0.031152	0.006926	-4.497572	0.0000
D1(2,2)	-0.034700	0.007768	-4.467023	0.0000
B1(1,1)	0.948660	0.003817	248.5629	0.0000
B1(1,2)	0.945584	0.003972	238.0662	0.0000
B1(2,2)	0.942518	0.004514	208.8157	0.0000

从表 3－16 可以看出，D1 的系数都为负，且系数的显著性检验均通过，表明条件方差变动存在非对称的杠杆效应。根据表 3－11 和表 3－14，比较两个模型的 AIC，SC，HQ 可知，后一个模型均较小，描述这两个股指波动的关系，运用非对称的多元 GARCH 模型更合适。

根据表 3－16 可以写出具有非对称效应的多元 GARCH 模型，矩阵形式如式（3.61）；方差和协方差方程的一般式如式（3.62）；具体表达式如式（3.63）。

```
Variance-Covariance Representation:
=====================
GARCH = M + A1.*RESID(-1)*RESID(-1)' + D1.*(RESID(-1)*(RESID(-1)<0))*(RESID(-1)
*(RESID(-1)<0))'D1.*(RESID(-1)*(RESID(-1)<0))*(RESID(-1)*(RESID(-1)<0))' + B1.
*GARCH(-1)
```

（3.61）

```
Variance and Covariance Equations:
=====================
GARCH1 = M + A1(1,1)*RESID1(-1)^2 + D1(1,1)*RESID1(-1)^2*(RESID1(-1)<0) + B1
(1,1)*GARCH1(-1)

GARCH2 = M + A1(2,2)*RESID2(-1)^2 + D1(2,2)*RESID2(-1)^2*(RESID2(-1)<0) + B1
(2,2)*GARCH2(-1)

COV1_2 = M + A1(1,2)*RESID1(-1)*RESID2(-1) + D1(1,2)*RESID1(-1)*(RESID1(-1)<0)
*RESID2(-1)*(RESID2(-1)<0) + B1(1,2)*COV1_2(-1)
```

（3.62）

```
GARCH1 = 1.7038 + 0.0686*RESID1(-1)^2 -0.0288*RESID1(-1)^2*(RESID1(-1)<0) +
0.9487*GARCH1(-1)

GARCH2 = 1.7038 + 0.0811*RESID2(-1)^2 -0.0347*RESID2(-1)^2*(RESID2(-1)<0) +
0.9425*GARCH2(-1)

COV1_2 = 1.7038 + 0.0746*RESID1(-1)*RESID2(-1) -0.0312*RESID1(-1)*(RESID1(-1)
<0)*RESID2(-1)*(RESID2(-1)<0) + 0.9456*COV1 2(-1)
```

(3.63)

如果选用 CCC 模型，ARCH 和 GARCH 系数阵都设定为标量，常数矩阵也设为标量，估计结果如表 3－17、表 3－18 和表 3－19 所示。

表 3－17　　均值方程和初始方差方程估计结果

	Coefficient	Std. Error	z-Statistic	Prob.
C(1)	0.998901	0.000349	2865.002	0.0000
C(2)	0.998810	0.000395	2528.221	0.0000
Variance Equation Coefficients				
C(3)	16.67407	2.750849	6.061426	0.0000
C(4)	0.075490	0.006693	11.27945	0.0000
C(5)	0.921583	0.005785	159.2989	0.0000
C(6)	164.1574	31.18578	5.263853	0.0000
C(7)	0.077807	0.007476	10.40726	0.0000
C(8)	0.923127	0.006043	152.7536	0.0000
C(9)	0.931156	0.003055	304.7686	0.0000
Log likelihood	-15569.25	Schwarz criterion		22.03659
Avg. log likelihood	-5.497617	Hannan-Quinn criter.		22.01566
Akaike info criterion	22.00318			

表 3－18　　两个变量序列均值模型估计检验统计量

Equation: Y1=C(1)*Y1(-1)			
R-squared	0.996105	Mean dependent var	2877.844
Adjusted R-squared	0.996105	S.D. dependent var	1000.893
S.E. of regression	62.46532	Sum squared resid	5521212.
Durbin-Watson stat	1.970088		
Equation: Y2=C(2)*Y2(-1)			
R-squared	0.996054	Mean dependent var	10441.08
Adjusted R-squared	0.996054	S.D. dependent var	3898.958
S.E. of regression	244.9333	Sum squared resid	84889121
Durbin-Watson stat	1.891526		

表 3-19　　最终方差方程估计结果

Covariance specification: Constant Conditional Correlation
GARCH(i) = M(i) + A1(i)*RESID(i)(-1)^2 + B1(i)*GARCH(i)(-1)
COV(i,j) = R(i,j)*@SQRT(GARCH(i)*GARCH(j))

Transformed Variance Coefficients

	Coefficient	Std. Error	z-Statistic	Prob.
M(1)	16.67407	2.750849	6.061426	0.0000
A1(1)	0.075490	0.006693	11.27945	0.0000
B1(1)	0.921583	0.005785	159.2989	0.0000
M(2)	164.1574	31.18578	5.263853	0.0000
A1(2)	0.077807	0.007476	10.40726	0.0000
B1(2)	0.923127	0.006043	152.7536	0.0000
R(1,2)	0.931156	0.003055	304.7686	0.0000

从表 3-17 可以看出，模型的 AIC，SC，HQ 均大于前一个模型。对比表 3-11、表 3-14 和表 3-17 中三个模型的 AIC，SC，HQ，可以看出，最后一个模型即 CCC 模型最大，对称的对角 VECH 模型次之，非对称的对角 VECH 模型最小。从模型比较的结果来看，描述两个股指之间波动的关系运用非对称的对角 VECH 模型较为适宜。

附录 3-A　零频谱估计

时间序列分析有两大类分析视角：时域分析和频域分析。时域分析从序列自相关的角度揭示序列的发展规律；频域分析亦称频谱分析、谱分析，是从频率的角度揭示序列的规律，通过分析序列的隐含周期及相关关系揭示序列的内部特征。

一、平稳过程的谱

平稳过程的谱是该过程绝对可加自协方差函数的傅立叶变换。若序列 Z_t 是一实值平稳过程，自协方差函数 γ_k 绝对可加，则 γ_k 的傅立叶变换存在，等于

$$
\begin{aligned}
f(\omega) &= \frac{1}{2\pi}\sum_{k=-\infty}^{\infty}\gamma_k e^{-i\omega t} \\
&= \frac{1}{2\pi}\sum_{k=-\infty}^{\infty}\gamma_k \cos\omega k \\
&= \frac{1}{2\pi}\gamma_0 + \frac{1}{\pi}\sum_{k=1}^{\infty}\gamma_k \cos\omega k
\end{aligned}
$$

式中，$-\pi\leqslant\omega\leqslant\pi$；$t=1, 2, \cdots, n$；$e^{-i\omega t}$ 是复指数族。

$f(\omega)$ 是自协方差函数或对应过程平稳 Z_t 的谱，也是谱密度函数；ω 是傅立叶频率。$f(\omega)$ 和 γ_k 构成一对傅立叶变换，其中一个被另一个唯一确定。这种情况下，时域方法与频域方法理论上等价。

前面介绍的许多单位根检验需要残差的零频谱的一致估计，即频率 $\omega=0$ 的谱估计。

f_0 通常有两类估计：核协方差和估计、自回归谱密度估计。

二、核协方差和估计

零频谱的核估计基于自协方差的加权平方和，其权重由核函数确定。估计量形式如式（A3.1）。

$$\hat{f}_0 = \sum_{j=-(T-1)}^{T-1} \hat{\gamma}(j) \cdot K\left(\frac{j}{l}\right) \tag{A3.1}$$

式中，l 是窗宽常数（它作为协方差加权中的一个切断滞后）；K 是一个核函数；$\gamma(j)$ 是第 j 个样本残差 $\hat{u}_t$ 的自协方差，计算如式（A3.2）。

$$\hat{\gamma}(j) = \sum_{t=j+1}^{T} (\hat{u}_t \hat{u}_{t-j})/T \tag{A3.2}$$

注意，式（A3.2）中用来估计的协方差函数的残差 $\hat{u}_t$ 依赖于设定的单位根检验形式，如表 3A－1 所示。表 3A－2 给出了可以选用的核函数，这些核的性质在 Andrews（1991）中做过介绍，有兴趣的读者可以参看。

表 3A－1　　不同单位根检验核估计残差来源

单位根检验	核估计时残差 $\hat{u}_t$ 的来源
ADF，DFGLS	不适用
PP，ERS 点最优，NP	来自 Dickey-Fuller 检验方程式（3.9a）的残差
KPSS	OLS 检验方程式（3.11）的残差

表 3A－2　　可以选用的核函数

Bartlett	$K(x)=\begin{cases}1-\lvert x\rvert, & \lvert x\rvert\leqslant 1\\ 0, & \text{其他}\end{cases}$
Parzen	$K(x)=\begin{cases}1-6x^2+\lvert x\rvert^3, & 0\leqslant\lvert x\rvert\leqslant(1/2)\\ 2(1-\lvert x\rvert)^3, & (1/2)<\lvert x\rvert\leqslant 1\\ 0, & \text{其他}\end{cases}$
Quadratic Spectral	$K(x)=\frac{25}{12\pi^2 x^2}\left[\frac{\sin(6\pi x/5)}{6\pi x/5}-\cos(6\pi x/5)\right]$

类似于大多数核估计，窗宽参数很重要。可以设定一个固定的常数，或在软件中任意选择一个参数。

三、自回归谱密度估计

零频谱的自回归谱密度估计基于式（A3.3）的辅助回归的残差方程和估计系数。

$$\nabla\tilde{y}_t=\alpha\tilde{y}_{t-1}+\phi\cdot\tilde{x}_t'\delta+\beta_1\nabla y_{t-1}+\cdots+\beta_{p-1}\nabla y_{t-p+1}+u_t \tag{A3.3}$$

对应于序列 y_t 的差分选择不同，可以有三种自回归谱方法：OLS，OLS detrending 和 GLS detrending。表 3A－3 概述了使用 AR 谱密度估计的辅助方程。

表 3A－3　　AR 谱密度估计的辅助方程

估计方法	辅助方程
OLS	$\tilde{y}_t=y_t$，$\varphi=1$，$\tilde{x}_t=x_t$
OLS detrending	$\tilde{y}_t=y_t-\tilde{x}_t\delta(0)$，$\varphi=0$
GLS detrending	$\tilde{y}_t=y_t-x'_t\delta(\bar{\alpha})=y_t^d$，$\varphi=0$

其中，$\delta(\bar{\alpha})$ 是式（3.15）中指定的回归系数估计 $\delta(\alpha)$，ERS 推荐使用 $\alpha=\bar{\alpha}$。

零频谱的 AR 谱估计定义如式（A3.4）。

$$\hat{f}_0=\frac{\sigma_u^2}{1-\beta_1-\beta_2-\cdots-\beta_p} \tag{A3.4}$$

式中，$\sigma_u^2=\sum\tilde{u}_t^2/T$ 是残差的方差；β 是来自式（A3.3）的估计。当使用残差的无自由度估计时，计算的谱估计可能不同于那些从其他来源得到的结果。

谱估计对辅助方程中的滞后差分项的数目很敏感。可以设定一个固定参数或通过软件自动地基于一个信息准则进行选择。ADF 检验、DFGLS 检验不涉及 f_0 的估计，不需要选择核估计方法；PP 检验、KPSS 检验可以使用 Kernel（Bartlett）协方差的总和；ERS 检验可选择 AR spectral regression（OLS）；NP 检验可选择 AR spectral regression（GLS-detrending）。当然也可以根据自己的问题和经验进行选择。

附录 3－B　自动窗宽和滞后长度选择

在三种不同的情况下，Eviews 能够自动计算一个窗宽或一个滞后长度参数。当需要为 f_0 的核估计选择测试 1 时，第一种情况发生。对于核估计，Eviews 提供使用 Newey-West（1994）或 Andrews（1991）基于数据的窗宽参数方法的选择。详细内容参见初始的来源。对于那些熟悉 Newey-West 过程的人而言，我们注意到 Eviews 使用表格Ⅱ-C 的相应的第一行中给定的滞后选择参数。这个 Andrews 基于一个 AR(1) 的设定。

当单位根检验需要估计一个带有序列相关的参数修正的回归，类似于 ADF 和 DFGLS 检验方程回归，以及在 AR 谱估计中的 f_0 的估计，此时后两种情况发生。在所有这些情况下，p 阶滞后项被引入一个回归方程中。选择最大滞后期 p，可以借助如表 3B－1 的最小信息准则之一。

其中

$$\tau=\alpha^2\sum_t\tilde{y}_{t-1}^2/\sigma_u^2 \tag{A3.5}$$

表 3B-1 最小信息准则

信息准则	定义
Akaike (AIC)	$-2(l/T)+2k/T$
Schwarz (SIC)	$-2(l/T)+k\log(T)/T$
Hannan-Quinn (HQ)	$-2(l/T)+2k\log(\log(T))/T$
Modified AIC (MAIC)	$-2(l/T)+2(k+\tau)/T$
Modified SIC (MSIC)	$-2(l/T)+(k+\tau)\log(T)/T$
Modified Hannan-Quinn (MHQ)	$-2(l/T)+2(k+\tau)\log(\log(T))/T$

对于 $\bar{y}=y_t$，当计算 ADF 检验方程时，并且对于“自回归谱密度估计”定义的 $\bar{y}_t$，当估计 f_0 时，NP（2001）建议并测试修正的准则，得到关于 MAIC 的推荐。

使用带有信息准则的选择方法，必须设定滞后长度的上限。如选择一个最大滞后为：

$$k_{\max}=\text{int}(12(T/100)^{1/4}) \tag{A3.6}$$

关于这个上限选择的讨论，参见 Hayashi（2000）。

附录 3-C ARCH 定义的理解

在式（3.26）中，一般还假设 $\alpha_0>0$，$\alpha_i\geqslant 0$（$i=1, 2, \cdots, q$）。为了确保 $\{\varepsilon_t\}$ 是稳定过程，假设式（3.26）的特征方程

$$1-\alpha_1 L-\alpha_2 L^2-\cdots-\alpha_q L^q=0$$

的所有根都在单位圆外。若 $\alpha_0>0$，$\alpha_i\geqslant 0$（$i=1, 2, \cdots, q$）成立，上述条件等价于

$$\alpha_1+\alpha_2+\cdots+\alpha_q<1$$

这样，若 $\varepsilon_t\sim \text{ARCH}(q)$，则 ε_t 的无条件方差

$$\sigma^2=E(\varepsilon_t^2)=\frac{\alpha_0}{1-\alpha_1-\cdots-\alpha_q} \tag{A3.7}$$

为常数。而过程在 t 时刻的条件方差 σ_t^2，给定 ε_{t-1}^2，ε_{t-2}^2，…，ε_{t-q}^2 的值时，为 $\sigma_t^2=E(\varepsilon_t^2 \mid \varepsilon_{t-1}^2, \cdots, \varepsilon_{1-q}^2)=\alpha_0+\alpha_1\varepsilon_{t-1}^2+\cdots+\alpha_q\varepsilon_{t-q}^2$。可以看出，$\varepsilon_t$ 的条件方差是时间 t 的函数。只要知道参数 α_0，α_1，…，α_q 的值，就可以在（$t-1$）时刻，利用给定的数据 ε_{t-1}^2，…，ε_{t-q}^2 预测 ε_t 在时刻 t 的条件方差 σ_t^2。

第四章

两序列的协整和误差修正模型

第一节 含虚拟变量的回归模型

一、虚拟变量的设置

在回归模型中，一般解释变量即自变量都是连续取值的，但实际问题中，影响被解释变量变化的可能还会有一些属性变量，如性别等；随时间变化过程中，可能会出现不同时间段规律不完全相同的情况；一些月度或季度的现象可能会有季节影响等。这些无法用连续变量描述的现象，可以通过在模型中引入虚拟变量描述。

1. 虚拟变量的含义

虚拟变量是取值仅为 0 或 1 的变量。如性别，可以男性赋值为 1，女性为 0。一般，基础类型、肯定类型取值"1"，比较类型、否定类型取值"0"。

2. 虚拟变量的设置原则

若某一定性变量有 m 种情况（状态），设虚拟变量时，只能有 $m-1$ 个。如性别的自然状态有两个，则引入虚拟变量一个，可以设男性取值为 1，女性为 0。又如研究北京城六区的收入消费问题，需要考虑不同地区的影响，可以引入虚拟变量，6 个区可以设置 5 个虚拟变量，如东城为 1，其余区为 0；西城为 1，其余区为 0；以此类推，第六个区为 5 个虚拟变量取值均为 0。

二、虚拟变量对模型的影响

对一般的线性回归模型

$$y_t=\beta_0+\beta_1 x_t+\varepsilon_t \tag{4.1}$$

引入虚拟变量 D 到模型中，可以有三种形式：加法形式、乘法形式、加法与乘法同时引入形式。

1. 加法形式

加法形式是将虚拟变量直接引入上述模型，即有式（4.2）的形式。

$$y_t=\beta_0+\beta_1 x_t+\alpha D_t+\varepsilon_t \tag{4.2}$$

式中　$D_t=\begin{cases}1\\0\end{cases}$

对上式两边取期望有

$$E(y_t)=\begin{cases}\beta_0+\beta_1E(x_t), & D_t=0\\(\beta_0+\alpha)+\beta_1E(x_t), & D_t=1\end{cases} \tag{4.3}$$

对于是否需要以加法形式引入虚拟变量，应通过系数 α 的显著性检验说明，即对原假设 H_0：$\alpha=0$ 进行检验。这实际上就是回归中参数的 t 检验。如果系数与 0 有显著差异，表明以加法形式引入虚拟变量是合适的，否则不合适。

式（4.3）表明，采用加法形式引入虚拟变量，将改变模型的截距。如果模型是研究收入和消费的关系，虚拟变量是性别，将其引入式（4.1）的回归模型，意味着男性和女性在截距即消费起点上是有差异的。

2. 乘法形式

乘法形式是将虚拟变量与解释变量相乘后引入模型，如在式（4.1）中引入乘法形式的虚拟变量，有式（4.4）的形式。

$$y_t=\beta_0+\beta_1x_t+\gamma D_tx_t+\varepsilon_t \tag{4.4}$$

式中　$D_t=\begin{cases}1\\0\end{cases}$

对上式两边取期望有

$$E(y_t)=\begin{cases}\beta_0+\beta_1E(x_t), & D_t=0\\\beta_0+(\beta_1+\gamma)E(x_t), & D_t=1\end{cases} \tag{4.5}$$

是否需要以乘法形式引入虚拟变量，应通过系数 γ 的显著性检验说明，即对原假设 H_0：$\gamma=0$ 进行检验。如果系数与 0 有显著差异，表明以乘法形式引入虚拟变量是合适的，否则不合适。

式（4.5）表明，以乘法形式引入虚拟变量，将改变模型的斜率。如果模型是研究收入和消费的关系，虚拟变量是性别，将其以乘法形式引入式（4.1）的回归模型，意味着男性和女性在斜率即边际消费倾向上是有差异的。

3. 加法与乘法同时引入形式

加法与乘法同时引入形式是既将虚拟变量直接加到模型中，同时也将虚拟变量与解释变量相乘后引入模型，如在式（4.1）中同时引入加法和乘法形式的虚拟变量，有式（4.6）的形式。

$$y_t=\beta_0+\beta_1x_t+\alpha D_t+\gamma D_tx_t+\varepsilon_t \tag{4.6}$$

式中　$D_t=\begin{cases}1\\0\end{cases}$

对上式两边取期望有

$$E(y_t)=\begin{cases}\beta_0+\beta_1E(x_t), & D_t=0\\(\beta_0+\alpha)+(\beta_1+\gamma)E(x_t), & D_t=1\end{cases} \tag{4.7}$$

是否需要以这种形式引入虚拟变量，应通过系数 α 和 γ 的显著性检验说明，即对原假设 H_0：$\alpha=0$ 和 H_0：$\gamma=0$ 进行检验。如果系数与 0 有显著差异，表明以这种形式引入虚拟变量是合适的，否则不合适。

式（4.7）表明，虚拟变量同时以加法和乘法形式引入，将改变模型的截距和斜率。如果模型是研究收入和消费的关系，虚拟变量是性别，将其以这种形式引入式（4.1）的回归模型，意味着男性和女性在消费起点和边际消费倾向上都有差异。

引入虚拟变量的条件是误差项前后的方差是一样的。

三、虚拟变量的应用

1. 分离异常因素影响

实际的现象在随时间变化的过程中，可能会受到一些因素的影响，而变得规律不完全一致，如政策因素、制度因素、季节因素等。在单变量的时间序列分析中，季节变动可以计算序列的季节指数加以反映，但在两个或多个变量的回归分析中，只能利用虚拟变量加以反映。

[例 4.1]　某地区每月天气湿度对温度的影响

分析： 表 4-1 是某地区 1991 年 1 月至 2000 年 12 月的绝对湿度（X）和温度（Y），由表中数据绘制的散点图如图 4-1 所示。由图知，二者呈现线性关系，计算出简单相关系数为 0.977 4，二者高度相关，可以考虑以绝对湿度为解释变量（X）、温度为被解释变量（Y）建立一元线性回归模型。运用普通最小二乘估计，结果如表 4-2 所示。

表 4-1　**某地区 1991—2000 年绝对湿度和温度**

时间	温度	湿度	时间	温度	湿度
1991.01	3.3	6.1	1992.10	17.9	16.5
1991.02	5.1	7	1992.11	11.9	11.5
1991.03	9.5	9.4	1992.12	6.5	7.7
1991.04	14.8	13.2	1993.01	0.5	3.4
1991.05	19	17.8	1993.02	3.1	5
1991.06	24.1	26.5	1993.03	9.4	8.6
1991.07	29.1	31.7	1993.04	14.4	13.6
1991.08	28.7	31.8	1993.05	20.1	21.2
1991.09	24.9	26.5	1993.06	22.6	23.3
1991.10	18.9	18	1993.07	27.9	30.4
1991.11	14.1	13.3	1993.08	27.9	31.5
1991.12	6.7	7.8	1993.09	24.2	25.1
1992.01	2	4.9	1993.10	16.9	14.6
1992.02	5.8	6.9	1993.11	13	12.6
1992.03	8.2	7.8	1993.12	6.8	7.9
1992.04	12.5	11.6	1994.01	5.4	7.6
1992.05	18.1	16.6	1994.02	2	5.8
1992.06	23	23.9	1994.03	8.7	8.9
1992.07	28	32.4	1994.04	16.5	16.7
1992.08	27.4	31.4	1994.05	18.5	17.7
1992.09	24	25.1	1994.06	22.6	23

续前表

时间	温度	湿度	时间	温度	湿度
1994.07	29.4	32	1997.10	18.4	15.1
1994.08	27.9	30.3	1997.11	12.5	12.1
1994.09	25.8	26.7	1997.12	1	4.4
1994.10	19	17.8	1998.01	2.8	5.4
1994.11	11.4	9.8	1998.02	1.8	4.7
1994.12	5.9	6.9	1998.03	8.8	8.5
1995.01	5.1	6.4	1998.04	13.7	11.8
1995.02	5.7	7.5	1998.05	18.7	17.9
1995.03	7.7	7.5	1998.06	22.6	22.3
1995.04	12.1	11.7	1998.07	26.7	29.1
1995.05	19.5	17.7	1998.08	27.5	29.4
1995.06	22.2	22.3	1998.09	23.7	23.6
1995.07	28.1	31.2	1998.10	17.4	15.1
1995.08	26.9	29.9	1998.11	13.3	12.3
1995.09	22.7	21.3	1998.12	9.5	10.6
1995.10	18	17	1999.01	3.6	6.7
1995.11	13.8	13.1	1999.02	2.6	6.2
1995.12	4.8	6.7	1999.03	6.8	8.3
1996.01	4.3	6.6	1999.04	14.2	13.7
1996.02	6.5	7.9	1999.05	19.6	18
1996.03	10.2	10.1	1999.06	22.4	21.2
1996.04	13.8	13.6	1999.07	26.7	30.1
1996.05	19	16.7	1999.08	28	31
1996.06	23.5	23.2	1999.09	24.9	26.7
1996.07	27.1	29.9	1999.10	18	14.9
1996.08	28.6	30.8	1999.11	10.3	9.2
1996.09	22.3	21	1999.12	4.9	6
1996.10	18.1	15.6	2000.01	2	5.3
1996.11	12.6	11.5	2000.02	6	7.1
1996.12	6.1	7.7	2000.03	6	7.1
1997.01	2	5.4	2000.04	13.1	11.8
1997.02	4	6.2	2000.05	18.7	18.1
1997.03	8.7	9.1	2000.06	22.7	22.5
1997.04	13.6	13.3	2000.07	27.1	30
1997.05	19.3	19.1	2000.08	28.1	30.6
1997.06	24.3	25.3	2000.09	24.6	27
1997.07	28	31	2000.10	18.5	17.2
1997.08	24.9	31.9	2000.11	11.8	10.8
1997.09	24	22.7	2000.12	6.9	8

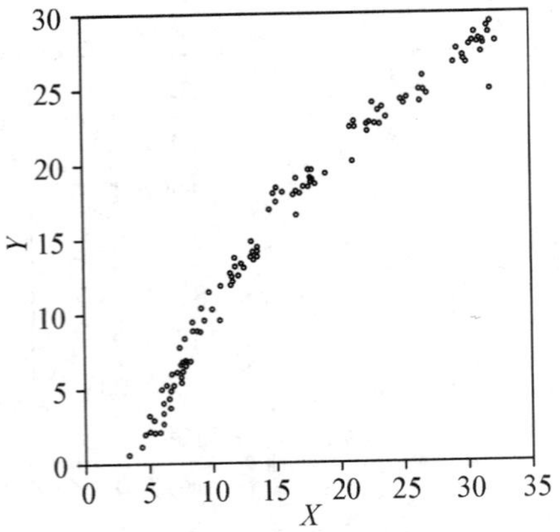

图 4-1　某地区绝对湿度与温度散点图

表 4-2　温度和绝对湿度回归结果

	Coefficient	Std. Error	t-Statistic	Prob.
C	0.008637	0.353951	0.024401	0.9806
X	0.953859	0.018996	50.21416	0.0000

R-squared	0.955294	Mean dependent var	15.64000
Adjusted R-squared	0.954915	S.D. dependent var	8.690866
S.E. of regression	1.845350	Akaike info criterion	4.079742
Sum squared resid	401.8275	Schwarz criterion	4.126200
Log likelihood	-242.7845	Hannan-Quinn criter.	4.098608
F-statistic	2521.462	Durbin-Watson stat	1.216588
Prob(F-statistic)	0.000000		

由表 4-2 可以看出，用绝对湿度解释温度的变化是合适的，参数通过显著性检验；R^2 和 $\bar{R}^2$ 都大于 0.95，模型对样本数据点的拟合程度很高，但是残差序列的自相关检验有问题，以 $\alpha=0.05$，样本个数 100，自变量个数 1 查 D. W. 表，得到 $d_l=1.65$；$\alpha=0.01$ 查表，$d_l=1.52$，显然计算出的 d 统计量小于临界值，残差序列存在正自相关。通常，导致残差序列自相关的原因可以归结为四个：第一，模型选择不合适。变量之间不是线性关系，而选择了线性模型；如果是这种情况造成的，应考虑换模型。第二，模型中遗漏了重要的解释变量。这种情况下，应将可能影响因变量的因素尽可能引入模型。第三，序列有很强的趋势。经典回归分析要求序列是平稳的，允许有波动，但不能有很明显的趋势变化。如果序列有很明显的上升或下降变动，将破坏经典回归的条件。这种情况下，通常会采用差分消除趋势，利用平稳后序列建模。但差分一般会丢失信息，同时差分后序列的含义不再是原序列的实际意义，模型用于预测还需要设法还原成原序列。第四，滞后性。经济现象之间并不一定都是同步变化，往往存在一定的滞后关系，如果没有考虑这一点，错误设定变量之间关系，也会导致残差序列的自相关。在这个问题中，模型选择问题不适用，考虑是否遗漏解释变量。

在回归中，对残差的检验还包括异方差检验。因为对于所研究的现象，要求来自同一个总体，也就是说，只有同质条件下才能研究其量变规律。异方差检验常用 White 检验。

H_0：残差不存在异方差

H_1：残差存在形式未知的异方差

其检验统计量通过建立的辅助回归构建。辅助回归通过残差平方（方差）与一切可能的解释变量及交叉项（非冗余变量）构成。如一元线性回归

$$Y_t = \beta_0 + \beta_1 X_t + \varepsilon_t$$

辅助回归为：

$$\varepsilon_t^2 = \alpha_0 + \alpha_1 X_t + \alpha_2 X_t^2 + v_t$$

二元线性回归

$$Y_t = \beta_0 + \beta_1 X_{1t} + \beta_2 X_{2t} + \varepsilon_t$$

辅助回归为：

$$\varepsilon_t^2 = \alpha_0 + \alpha_1 X_{1t} + \alpha_2 X_{2t} + \alpha_3 X_{1t}^2 + \alpha_4 X_{2t}^2 + \alpha_5 X_{1t} X_{2t} + v_t$$

检验统计量为：

$$W = nR^2 \sim \chi^2(m)$$

式中，n 是观测数据的个数；R^2 是辅助回归模型的拟合优度；m 是辅助回归中待估计参数的个数，不含常数项。

根据拒绝域或 p 值可以作出判定。表 4－3 是模型残差的异方差检验结果，可以看出 H_0 成立的概率为 0.283 6，不能拒绝 H_0，残差不存在异方差。

表 4－3　一元线性回归模型残差的 White 检验

Heteroskedasticity Test: White

F-statistic	1.254908	Prob. F(2,117)	0.2889
Obs*R-squared	2.520110	Prob. Chi-Square(2)	0.2836
Scaled explained SS	1.838277	Prob. Chi-Square(2)	0.3989

一元线性回归模型不能使用，主要是残差序列存在自相关。因为这是两个月度数据的序列，考虑是否存在季节因素。绘制两个序列的时序图，如图 4－2 所示。

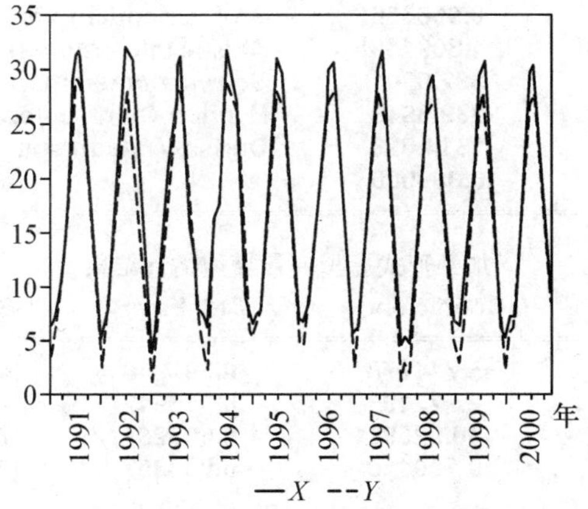

图 4－2　绝对湿度和温度的时序图

从图 4-2 可以看到，序列有明显的季节变化，而模型并没有考虑不同季节的影响，因此需要引入表示季节因素的虚拟变量。从表 4-1 和图 4-2 可以看出，天气冷和热的不同情况下，绝对湿度对温度的影响作用不同，可以通过引入一个虚拟变量区分这一季节影响。记变量 t 为虚拟变量，每年 1，2，3 和 11，12 月赋值为 1，其他月份为 0。引入加法形式、乘法形式以及加乘形式的模型，估计结果如表 4-4、表 4-5 和表 4-6 所示。可以看出，表 4-5 是不理想的模型，残差序列仍没有通过独立性检验，仅改变斜率是不合适的。表 4-4 的结果虽然通过各项检验，但模型的拟合程度不如表 4-6 的结果，说明在不同月份，绝对湿度对温度的影响不仅截距即起点不同，斜率即边际变化也不同。对加乘模型的残差进行异方差检验，结果如表 4-7 所示。可以看出，残差不存在异方差。该模型可以用于绝对湿度和温度之间关系的解释，也可以用于预测。

表 4-4　加法形式虚拟变量模型的估计结果

	Coefficient	Std. Error	t-Statistic	Prob.
C	4.254193	0.607683	7.000679	0.0000
X	0.788686	0.025910	30.43994	0.0000
T	-3.693094	0.466056	-7.924145	0.0000
R-squared	0.970907	Mean dependent var		15.64000
Adjusted R-squared	0.970410	S.D. dependent var		8.690866
S.E. of regression	1.494977	Akaike info criterion		3.666781
Sum squared resid	261.4900	Schwarz criterion		3.736468
Log likelihood	-217.0069	Hannan-Quinn criter.		3.695082
F-statistic	1952.324	Durbin-Watson stat		1.730372
Prob(F-statistic)	0.000000			

表 4-5　乘法形式虚拟变量模型估计结果

	Coefficient	Std. Error	t-Statistic	Prob.
C	1.131289	0.581974	1.943883	0.0543
X	0.911581	0.025620	35.58098	0.0000
T*X	-0.129823	0.054028	-2.402895	0.0178
R-squared	0.957396	Mean dependent var		15.64000
Adjusted R-squared	0.956668	S.D. dependent var		8.690866
S.E. of regression	1.809118	Akaike info criterion		4.048238
Sum squared resid	382.9301	Schwarz criterion		4.117925
Log likelihood	-239.8943	Hannan-Quinn criter.		4.076538
F-statistic	1314.623	Durbin-Watson stat		1.292635
Prob(F-statistic)	0.000000			

表 4-6　加乘形式虚拟变量模型估计结果

	Coefficient	Std. Error	t-Statistic	Prob.
C	5.744778	0.395918	14.51000	0.0000
X	0.722193	0.016942	42.62619	0.0000
T	-10.92583	0.609282	-17.93231	0.0000
T*X	0.789140	0.058367	13.52036	0.0000

R-squared	0.988706	Mean dependent var	15.64000
Adjusted R-squared	0.988414	S.D. dependent var	8.690866
S.E. of regression	0.935485	Akaike info criterion	2.737263
Sum squared resid	101.5154	Schwarz criterion	2.830179
Log likelihood	-160.2358	Hannan-Quinn criter.	2.774997
F-statistic	3384.892	Durbin-Watson stat	2.017658
Prob(F-statistic)	0.000000		

表 4-7　加乘模型残差的 White 检验

Heteroskedasticity Test: White

F-statistic	1.789886	Prob. F(5,114)	0.1204
Obs*R-squared	8.734741	Prob. Chi-Square(5)	0.1201
Scaled explained SS	14.83105	Prob. Chi-Square(5)	0.0111

由于引入虚拟变量，区分了不同月份的影响，更好地揭示了变量之间的变化关系，若进行预测会大大提高预测的精度。

类似地，对于制度变化、时间分期等都可以通过引入虚拟变量加以解决，这相当于分段回归。

2. 检验不同属性类型因素对因变量的影响

当解释变量为属性变量，例如，不同职业、不同文化程度的人，消费行为可能在相同收入情况下有差异，研究消费支出时，解释变量仅引入收入不合适，需要对这些因素予以考虑，可以采用虚拟变量，这样可以通过模型确认这些因素是否真的对不同人群的消费支出有显著影响。

3. 提高模型预测精度

由于时期不同，现象之间变动规律可能不完全相同，如果将不同时期的样本数据合并，相当于扩大样本容量，通过引入虚拟变量进行分段回归，可以解决近期时间过短，无法建模的问题。

［例 4.2］　我国农民收入与储蓄之间关系分析

分析：表 4-8 是 1978—1999 年我国农民收入与储蓄数据。绘制的散点图如图 4-3 所示。从图知，二者基本呈线性关系，计算出简单相关系数为 0.937 9，相关程度很高。以收入为解释变量 X，储蓄为被解释变量 Y，建立一元线性回归模型，最小二乘估计结果如表 4-9 所示。从表 4-9 可以看出，用收入解释储蓄是合适的，参数的显著性检验通过；R^2 和 $\bar{R}^2$ 都大于 0.8，表明模型对样本数据点的拟合程度较高，但是 d 统计量过小，接近 0，残差序列存在明显的正自相关。从散点图图 4-3 看，收入对储蓄影响的线性关系在不同水平上不大一样，不是按一个固定的比例变化，即收入每增加一元，储蓄的平均增加幅度不同。绘制两个变量序列的时序图，如图 4-4 所示。由图可以看出，随着时间的变化，收入和储蓄之间的线性关系确实在变化，用一条固定斜率的直线描述关系显然不合适。后面的规律明显与前面不同，如果后面的时间足够长，可以保留近期数据，删除远离现在的数据，用后面的数据建模。但这个问题中，近期最多只有 4 年，建模数据量不足够，需要考虑引入虚拟变量，进行分段线性回归。以时间作为分割点分段的关键是时间点的选取。一般来说，最好定性与定量分析相结合。根据我国的实际情况和图 4-4 显示的两个变量的变动关系，考虑以 1994 年作为分割点，将时间变量记作 t，1994 年以前赋值为 0，1994 年及以后各年赋值为 1。

表 4-8　1978—1999 年我国农民收入与储蓄　单位：元

时间（年）	X	Y	时间（年）	X	Y
1978	133.6	21.21	1989	297.37	71.6
1979	157.03	32.67	1990	324.5	81.81
1980	176.97	38.75	1991	327.51	73.8
1981	201.84	46.34	1992	346.17	86.33
1982	239.46	64.24	1993	357.93	81.82
1983	270.54	77.76	1994	384.34	90.23
1984	301.89	96.56	1995	422.65	102.44
1985	310.38	94.5	1996	478.24	123
1986	311.81	87.92	1997	506.24	173.21
1987	320.43	85.6	1998	528.91	201.01
1988	321.28	83.14	1999	555.99	217.74

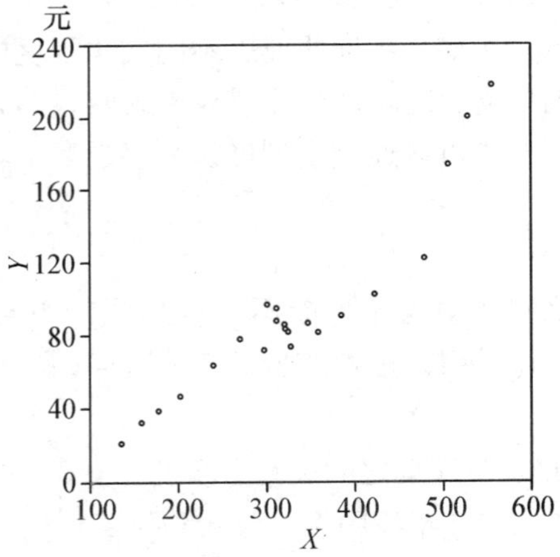

图 4-3　农民收入与储蓄散点图

表 4-9　收入与储蓄回归结果

	Coefficient	Std. Error	t-Statistic	Prob.
C	-40.15053	11.57391	-3.469054	0.0024
X	0.400686	0.033131	12.09406	0.0000

R-squared	0.879711	Mean dependent var	92.35045
Adjusted R-squared	0.873697	S.D. dependent var	49.24827
S.E. of regression	17.50243	Akaike info criterion	8.649065
Sum squared resid	6126.704	Schwarz criterion	8.748251
Log likelihood	-93.13972	Hannan-Quinn criter.	8.672430
F-statistic	146.2663	Durbin-Watson stat	0.376417
Prob(F-statistic)	0.000000		

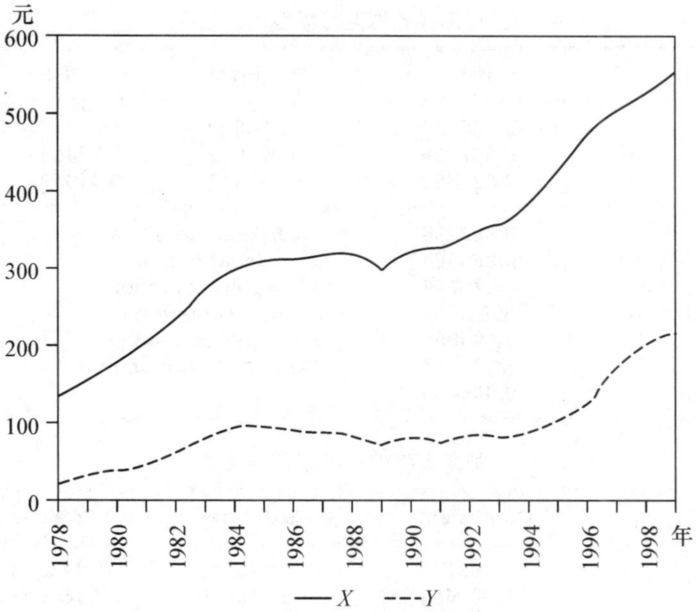

图 4-4　收入与储蓄的时序图

将虚拟变量加入一元线性回归模型，估计结果如表 4-10 所示。从表 4-10 可以看出，模型中虚拟变量的系数没有通过显著性检验，表明仅考虑 1994 年前后储蓄的起点不同是不行的，即采用加法形式是不合适的。运用乘法形式虚拟变量模型，估计结果如表 4-11 所示。结果显示，虚拟变量系数的显著性检验仍然没有通过，表明仅考虑 1994 年前后边际储蓄倾向变化是不合适的，即仅用乘法形式的虚拟变量模型也不行。采用加乘虚拟变量模型，估计结果如表 4-12 所示。由表 4-12 可以看出，所有系数都通过了显著性检验，表明 1994 年前后，储蓄的起点和边际储蓄倾向均不同，模型拟合优度大于 0.95，表明模型可以解释 95%以上的变差，但是残差序列的自相关检验仍然不理想，以 $\alpha=0.01$，样本数据个数 22，自变量个数 3，查 D. W. 表，$d_u=1.40$，计算的 d 统计量不大于这个临界值，落在不确定的区域。尽管这样，仍可以在一定程度上表明，引入虚拟变量大大改善了模型，说明农民收入与储蓄的关系确实在 1994 年前后有着不同的规律。如果想进一步解决模型检验问题，可以考虑采用工具变量估计。有关问题请参看本章附录 4-A。

表 4-10　　加法形式虚拟变量模型估计结果

	Coefficient	Std. Error	t-Statistic	Prob.
C	-42.22089	16.48880	-2.560580	0.0191
X	0.409123	0.057715	7.088670	0.0000
T	-2.639050	14.59593	-0.180807	0.8584

R-squared	0.879918	Mean dependent var	92.35045
Adjusted R-squared	0.867277	S.D. dependent var	49.24827
S.E. of regression	17.94169	Akaike info criterion	8.738255
Sum squared resid	6116.181	Schwarz criterion	8.887034
Log likelihood	-93.12081	Hannan-Quinn criter.	8.773303
F-statistic	69.61238	Durbin-Watson stat	0.371982
Prob(F-statistic)	0.000000		

表 4-11　　乘法形式虚拟变量模型估计结果

	Coefficient	Std. Error	t-Statistic	Prob.
C	-31.76324	17.50550	-1.814471	0.0854
X	0.367060	0.061956	5.924564	0.0000
X*T	0.020899	0.032342	0.646192	0.5259
R-squared	0.882298	Mean dependent var		92.35045
Adjusted R-squared	0.869908	S.D. dependent var		49.24827
S.E. of regression	17.76299	Akaike info criterion		8.718235
Sum squared resid	5994.953	Schwarz criterion		8.867014
Log likelihood	-92.90059	Hannan-Quinn criter.		8.753283
F-statistic	71.21217	Durbin-Watson stat		0.407885
Prob(F-statistic)	0.000000			

表 4-12　　加乘虚拟变量模型估计结果

	Coefficient	Std. Error	t-Statistic	Prob.
C	-12.89749	11.48135	-1.123343	0.2761
X	0.302461	0.040519	7.464601	0.0000
T	-212.8641	38.56622	-5.519444	0.0000
X*T	0.484016	0.086315	5.607521	0.0000
R-squared	0.956285	Mean dependent var		92.35045
Adjusted R-squared	0.948999	S.D. dependent var		49.24827
S.E. of regression	11.12198	Akaike info criterion		7.818689
Sum squared resid	2226.571	Schwarz criterion		8.017061
Log likelihood	-82.00558	Hannan-Quinn criter.		7.865420
F-statistic	131.2511	Durbin-Watson stat		1.346218
Prob(F-statistic)	0.000000			

虚拟变量也可以在多元线性回归中应用，基本原理同上。

第二节　Granger 因果检验

在现实问题中，经常会遇到需要研究是哪个变量引起另一个变量的变化的问题。比如，能否认为是货币供应量的变化引起 GDP 变化，或是 GDP 变化引起货币供应量变化，或都是内因决定，与其他因素关系不大？又如研究消费与 GDP 的关系，是 GDP 变化引起消费变化，还是消费拉动 GDP，二者关系如何？

考察序列 X 是否为序列 Y 变化的原因，或 Y 是否为引起 X 变化的原因，Granger 因果检验提供了一种解决这个问题的工具。

一、解决的思路

由第二章的内容可以看出，许多实际现象在随时间变化的过程中，都可以用其自身不同滞后期加以解释。如果序列 Y_t 的变化可以用自身的不同滞后期解释（其变化由内因决定)，引入变量 X_t 是否可以提高 Y_t 的被解释程度，就可以用来判断变量 X_t 对 Y_t 的作用，也就是说，通过考察 X_t 与 Y_t 之间的关系，可以检验一个变量是否为另一个变量变化的原因。如果 X_t 是 Y_t 的 Granger 成因，则 X_t 应有助于预测 Y_t，即 X_t 可以增加 Y_t 变化原因的解释；同时，Y_t 不应当有助于预测 X_t，即 Y_t 不是 X_t 变化的原因。

二、方法

Granger 因果检验是用于考察序列 X 是否为序列 Y 的原因的一种方法。如果序列 X 是序列 Y 的 Granger 成因，必须满足两个条件：第一，X 应有助于预测 Y；第二，Y 不应当有助于预测 X。

1. 第一个条件的检验

原假设：X 不是引起 Y 变化的原因。

如果变量 Y 可以用自身的不同滞后期加以解释，即可以建立有限制条件回归模型 (R)，如式 (4.8)。

$$\begin{aligned} Y_t &= \alpha_0 + \alpha_1 Y_{t-1} + \cdots + \alpha_k Y_{t-k} + \varepsilon_t \\ &= \alpha_0 + \sum_{i=1}^{k} \alpha_i Y_{t-i} + \varepsilon_t \end{aligned} \tag{4.8}$$

在式 (4.8) 中引入变量 X 不同滞后期作为解释变量，得到无限制条件回归模型 (UR)，如式 (4.9)。

$$\begin{aligned} Y_t &= \alpha_0 + \alpha_1 Y_{t-1} + \cdots + \alpha_k Y_{t-k} + \beta_1 X_{t-1} + \cdots + \beta_k X_{t-k} + \varepsilon_t \\ &= \alpha_0 + \sum_{i=1}^{k} \alpha_i Y_{t-i} + \sum_{j=1}^{k} \beta_j X_{t-j} + \varepsilon_t \end{aligned} \tag{4.9}$$

如果原假设 X 不是引起 Y 变化的原因成立，则式 (4.9) 引入变量 X 不同滞后期作为解释变量是多余的，因此，检验原假设是否成立，等价于检验式 (4.9) 与式 (4.8) 相比增加的参数是否会同时等于 0，即有

$$H_{01}: \beta_1 = \beta_2 = \cdots = \beta_k = 0$$
$$H_{11}: \beta_j \neq 0 \ (j = 1, 2, \cdots, k)$$

若不能拒绝 H_{01}，表明在有限制条件回归模型中引入 X 无助于解释 Y 的变化，即 X 不是引起 Y 变化的原因；若拒绝 H_{01}，表明 X 的系数有显著不为 0 的，引入 X 有助于解释 Y 的变化，否定 X 不是引起 Y 变化的原因，表明 X 是引起 Y 变化的原因。

2. 第二个条件的检验

原假设：Y 不是引起 X 变化的原因。

与第一个条件的检验类似，只是将被解释变量由 Y 换为 X。如果变量 X 可以用自身不同滞后期加以解释，即可以建立有限制条件回归模型 (R)，如式 (4.10)。

$$X_t = \alpha_0 + \alpha_1 X_{t-1} + \cdots + \alpha_k X_{t-k} + \varepsilon_t \tag{4.10}$$

在式（4.10）中引入变量 Y 不同滞后期作为解释变量，得到无限制条件回归模型（UR），如式（4.11）。

$$X_t=\alpha_0+\alpha_1X_{t-1}+\cdots+\alpha_kX_{t-k}+\beta_1Y_{t-1}+\cdots+\beta_kY_{t-k}+\varepsilon_t \tag{4.11}$$

如果原假设 Y 不是引起 X 变化的原因成立，则式（4.11）引入变量 Y 不同滞后期作为解释变量是多余的，因此，检验原假设是否成立，等价于检验式（4.11）与式（4.10）相比增加的参数是否会同时等于 0，即有

$$H_{02}: \beta_1=\beta_2=\cdots=\beta_k=0$$
$$H_{12}: \beta_j\neq 0\ (j=1,2,\cdots,k)$$

若不能拒绝 H_{02}，表明 Y 不是引起 X 变化的原因；若拒绝 H_{02}，否定 Y 不是引起 X 变化的原因，Y 是 X 变化的原因。

要得到"X 是引起 Y 变化的原因"，必须同时满足两个条件：

- 拒绝 H_{01}，即 X 是引起 Y 变化的原因；
- 不能拒绝 H_{02}，即 Y 不是引起 X 变化的原因。

3. 检验统计量

对上述原假设的检验，可以利用方差分析，构造检验统计量。

若 H_0 成立，则条件限制不会影响模型的解释力，即 ESS_R（有限制条件模型的误差平方和）不会超过 ESS_UR（无限制条件模型的误差平方和）太多。ESS_R 的自由度是 $n-k-1$，ESS_UR的自由度是 $n-2k-1$，于是有

$$F=\frac{(ESS_R-ESS_{UR})/k}{ESS_{UR}/(n-2k-1)}\sim F_\alpha(k,n-2k-1) \tag{4.12}$$

根据给定的显著性水平，如 0.05，第一自由度 k，第二自由度 $n-2k-1$，查 F 分布表，可以得到相应的临界值 F_α。若 $F>F_\alpha$，拒绝 H_0，表明无限制条件模型比有限制条件模型能够更多地减少误差，引入新的解释变量是合适的；若 $F<F_\alpha$，则相反。也可以计算得到 H_0 成立的概率 p，以其大小判断是否拒绝 H_0。和一般的统计检验一样，当 p 很小，如小于 0.05 时，则认为原假设发生是一个小概率事件，拒绝 H_0。

4. k 的取值

k 的选择对检验结果存在影响，滞后期不同，关系可能不同。这表明可能存在第三个变量 Z，既影响 Y，也与 X 相关。实际检验时，为保证结论的可靠，一般取不同的 k 值进行试验，只有当几期的滞后，结论相对稳定时，才可得出变量间 Granger 成因成立的结论。

［**例 4.3**］　消费与 GDP 关系检验

分析：表 4-13 是我国 1978—2006 年最终消费（Y）与 GDP（当年价，X）数据。进行 Granger 因果检验，检验二者的关系，是消费拉动经济，还是经济影响消费，在多长的时间里，它们之间的关系稳定。表 4-14 是滞后期取 1～9 的检验结果。可以看出，在滞后 5，6 和 7 期的时候，经济是消费的 Granger 成因，这一关系相对稳定。

表 4-13　　我国 1978—2006 年最终消费与 GDP　　单位：亿元

年份	GDP	最终消费	年份	GDP	最终消费
1978	3 605.6	2 239.1	1993	36 938.1	21 899.9
1979	4 092.6	2 633.7	1994	50 217.4	29 242.2
1980	4 592.9	3 007.9	1995	63 216.9	36 748.2
1981	5 008.8	3 361.5	1996	74 163.6	43 919.5
1982	5 590	3 714.8	1997	81 658.5	48 140.6
1983	6 216.2	4 126.4	1998	86 531.6	51 588.2
1984	7 362.7	4 846.3	1999	91 125	55 636.9
1985	9 076.7	5 986.3	2000	98 749	61 516
1986	10 508.5	6 821.8	2001	108 972.4	66 878.3
1987	12 277.4	7 804.6	2002	120 350.3	71 691.2
1988	15 388.6	9 839.5	2003	136 398.8	77 449.5
1989	17 311.3	11 164.2	2004	160 280.4	87 032.9
1990	19 347.8	12 090.5	2005	188 692.1	97 822.7
1991	22 577.4	14 091.9	2006	221 170.5	110 413.2
1992	27 565.2	17 203.3			

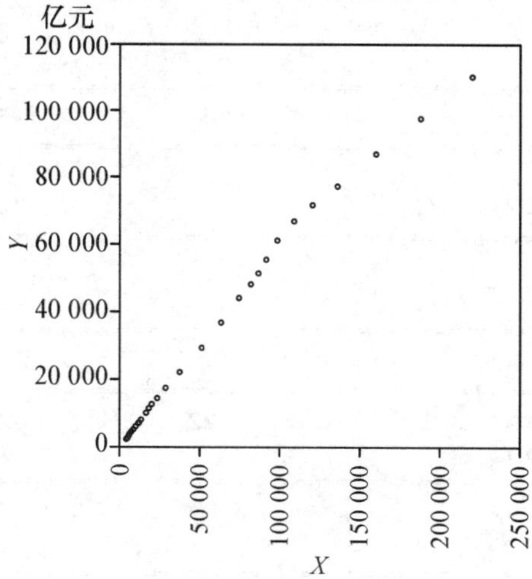

图 4-5　消费与 GDP 散点图

表 4-14　　不同滞后期的 Granger 因果检验结果

Lags: 1

Null Hypothesis:	Obs	F-Statistic	Prob.
Y does not Granger Cause X	28	14.2137	0.0009
X does not Granger Cause Y		6.70456	0.0158

Lags: 2

Null Hypothesis:	Obs	F-Statistic	Prob.
Y does not Granger Cause X	27	7.06146	0.0043
X does not Granger Cause Y		4.26791	0.0271

Lags: 3

Null Hypothesis:	Obs	F-Statistic	Prob.
Y does not Granger Cause X	26	2.23829	0.1169
X does not Granger Cause Y		1.77152	0.1867

Lags: 4

Null Hypothesis:	Obs	F-Statistic	Prob.
Y does not Granger Cause X	25	2.38336	0.0948
X does not Granger Cause Y		2.01929	0.1401

Lags: 5

Null Hypothesis:	Obs	F-Statistic	Prob.
Y does not Granger Cause X	24	1.24770	0.3428
X does not Granger Cause Y		4.11745	0.0184

Lags: 6

Null Hypothesis:	Obs	F-Statistic	Prob.
Y does not Granger Cause X	23	2.36552	0.1097
X does not Granger Cause Y		6.94841	0.0040

Lags: 7

Null Hypothesis:	Obs	F-Statistic	Prob.
Y does not Granger Cause X	22	2.19510	0.1607
X does not Granger Cause Y		10.5928	0.0030

Lags: 8

Null Hypothesis:	Obs	F-Statistic	Prob.
Y does not Granger Cause X	21	1.26130	0.4384
X does not Granger Cause Y		5.78184	0.0539

Lags: 9

Null Hypothesis:	Obs	F-Statistic	Prob.
Y does not Granger Cause X	20	0.33935	0.8798
X does not Granger Cause Y		1.24929	0.6057

第三节　协整含义及检验

一、单整序列及性质

1. 单整序列

经过逐期差分平稳的序列称作单整序列，如序列 Z_t 通过一阶逐期差分平稳，称为一阶单整序列，记作 $Z_t \sim I(1)$。一般，通过 d 阶差分平稳，称为 d 阶单整序列，记作 $Z_t \sim I(d)$。特殊地，如果序列不需要差分就是平稳序列，即 0 阶差分平稳序列，称为零阶单整序列，记作 $Z_t \sim I(0)$。

2. 性质

（1）一个单整序列的线性组合

若序列是零阶单整序列，如 $x_t \sim I(0)$，则其线性组合也是平稳的，有 $a+bx_t \sim I(0)$。

若序列是一阶单整序列，如 $x_t \sim I(1)$，则其线性组合也是一阶单整序列，有 $a+bx_t \sim I(1)$。

（2）两个零阶单整序列的线性组合

若序列 x_t 和 y_t 均为平稳序列，如 $x_t \sim I(0)$ 和 $y_t \sim I(0)$，则其线性组合仍为平稳序列，有 $ax_t+by_t \sim I(0)$。

（3）一阶单整序列与平稳序列的线性组合

若序列 x_t 为一阶单整序列，y_t 为平稳序列，即 $x_t \sim I(1)$，$y_t \sim I(0)$，则线性组合为一阶单整序列，有 $ax_t+by_t \sim I(1)$。这表明，趋势占优，只要序列有趋势，这种组合是无法消除趋势的。

（4）两个一阶单整序列的线性组合

若两个序列均为一阶单整序列，如 $x_t \sim I(1)$，$y_t \sim I(1)$，一般线性组合仍为一阶单整序列，有 $ax_t+by_t \sim I(1)$。但可能会有如下的情况。如有 $x_t = W_t + \bar{x}_t$，$y_t = AW_t + \bar{y}_t$，其中，$W_t \sim I(1)$，$\bar{x}_t \sim I(0)$，$\bar{y}_t \sim I(0)$。由性质（3）知，$x_t \sim I(1)$，$y_t \sim I(1)$，按照性质（4），一般两个序列的线性组合仍然是一阶单整。但如果构造这样一个线性组合：$Z_t = y_t - Ax_t = \bar{y}_t - A\bar{x}_t$，由上面的性质可知，这一线性组合是平稳的，有 $Z_t = \bar{y}_t - A\bar{x}_t \sim I(0)$。说明虽然两个序列都是一阶单整，即 $x_t \sim I(1)$，$y_t \sim I(1)$，均为单位根过程，但可能存在一个非零向量，如上例中向量（1，$-A$），使两个序列的线性组合达到平稳。

二、协整的概念

协整过程（co-integrated process，也有译为同积过程）是一种特殊的向量单位根过程。对于两个同阶单整的变量序列，即两个序列均为单位根过程，但通过相同阶数的逐期差分可以平稳，如果存在一个线性组合是平稳的，即有一个非零向量，使其的线性组合平稳，则称两个序列存在协整关系，或称为协整的。这个非零向量称为协整向量。

从上面可以看出，两个一阶单整序列之所以存在协整关系，是因为虽然它们各自都有随机趋势，但却有共同的随机趋势，即 x_t，y_t 具有公共的$I(1)$ 因子 w_t。可以证明，一对$I(1)$ 协整序列总是具有 $I(1)$ 公共因子。这一共同趋势反映两个序列变化的动态特征有相同之处，可以通过一定方式处理，揭示它们的共同规律。“协整”概念与宏观经济学的“均衡”概念有本质上的联系。两个变量之间的协整关系往往作为它们之间存在长期均衡关系的证据。

三、协整检验

两变量序列的协整关系检验通常采用 EG 两步法。这是从协整的概念出发进行的检验，检验的前提是两个序列是同阶单整，如 $x_t \sim I(1)$，$y_t \sim I(1)$。若两个序列 $y_t \sim I(1)$，$x_t \sim I(1)$，可以用一个变量对另一个变量回归，称为协整回归，变量间的协整关系检验可以按下面两步进行。

第一步，建立协整回归。对于如式（4.13）的回归模型

$$y_t = \alpha + \beta X_t + \varepsilon_t \tag{4.13}$$

采用最小二乘估计参数得到 $\hat{\alpha}$，$\hat{\beta}$。构造关于序列 y_t 和 x_t 的线性组合，即模型的残差序列。

$$\hat{\varepsilon}_t = y_t - \hat{\alpha} - \hat{\beta} x_t$$

第二步，残差序列单位根检验。对序列 y_t 和 x_t 的线性组合，即模型的残差序列 $\hat{\varepsilon}_t$ 进行单位根检验，若其平稳，即有 $\hat{\varepsilon}_t \sim I(0)$，表明 x_t，y_t 是协整的，即存在协整关系；若其非平稳，序列 x_t，y_t 不存在协整关系。实际上，常数项 α 是否存在，不影响序列 y_t 和 x_t 线性组合的平稳性，因此，为方便计算，构造回归模型的残差序列作为序列 y_t 和 x_t 的线性组合。如果序列 x_t，y_t 存在协整关系，向量（1，$-\hat{\beta}$）为协整向量。

［例 4.4］ 某地区社会商品零售总额与经济发展关系分析

分析： 表 4-15 是某地区 1952—2007 年社会商品零售总额与 GDP 的数据。绘制的散点图如图 4-6 所示。由图看出，二者基本呈线性关系，计算出简单相关系数为 0.975 3，呈高度相关。以 GDP 为解释变量 X，社会商品零售总额为被解释变量 Y，建立一元线性回归模型，结果如表 4-16 所示。结果表明，用 GDP 解释社会商品零售总额是合适的，参数通过显著性检验；R^2 和 $\bar{R}^2$ 都大于 0.95，模型对样本数据点的拟合程度很高；d 统计量接近于 0，D. W. 检验没有通过，残差序列存在正自相关。分析导致残差序列自相关的原因，前面提出的第一和第二条似乎都不适用，考虑第三条，序列是否有很强的趋势。绘制序列的时序图，如图 4-7 所示。图 4-7 显示序列确实存在极为明显的上升趋势。对序列进行协整关系检验。首先对 Y 与 X 是否同阶单整进行检验，这是序列存在协整关系的前提。很可惜，Y 与 X 不是同阶单整，X 通过一阶差分平稳，但 Y 需二阶差分才能平稳。由于趋势很强，考虑对两个原序列先取对数再作分析。

表 4-15　某地区 GDP 与社会商品零售总额　单位：亿元

年份	GDP	社会商品零售总额	年份	GDP	社会商品零售总额
1952	7	8.728	1980	139	61.317 4
1953	19	13.709 4	1981	139	68.815 8
1954	21	13.613 9	1982	154	73.310 6
1955	23	12.993 4	1983	183	83.574 5
1956	26	17.411 3	1984	216	101.662
1957	32	17.124 8	1985	257	127.897 9
1958	34	18.515 6	1986	284	146.457 1
1959	46	22.219 6	1987	326	176.587 4
1960	57	25.346 1	1988	410	234.299 9
1961	36	21.240 5	1989	455	266.732 7
1962	29	18.810 4	1990	500	307.664 3
1963	31	18.286 1	1991	560	357.752 9
1964	35	19.054 2	1992	681	430.008 8
1965	39	19.664 4	1993	1 019	611.2
1966	44	21.292 8	1994	1 318	766.6
1967	37	20.792 4	1995	1 694	950.4
1968	37	20.023 4	1996	1 678	1 061.6
1969	50	22.181 4	1997	1 870	1 208.5
1970	63	21.894 7	1998	2 046	1 373.6
1971	61	24.051	1999	2 174.46	1 509.3
1972	67	26.100 8	2000	2 478.76	1 658.7
1973	73	29.506 2	2001	2 845.65	1 831.4
1974	80	33.178 5	2002	3 212.71	2 005.2
1975	90	36.044 8	2003	3 663.1	2 296.9
1976	93	37.781	2004	4 283.31	2 626.6
1977	99	40.376 9	2005	6 886.3	2 902.8
1978	108	44.166 2	2006	7 870.3	3 275.2
1979	120	52.195	2007	9 006.2	3 800.2

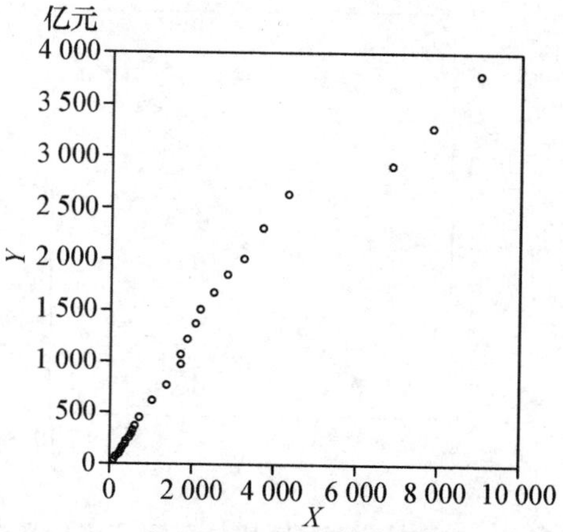

图 4-6　社会商品零售总额与 GDP 散点图

表 4-16 一元线性回归结果

	Coefficient	Std. Error	t-Statistic	Prob.
C	71.87589	31.52779	2.279763	0.0266
X	0.466477	0.014370	32.46236	0.0000

R-squared	0.951255	Mean dependent var	553.4033
Adjusted R-squared	0.950352	S.D. dependent var	934.3441
S.E. of regression	208.1884	Akaike info criterion	13.54983
Sum squared resid	2340490.	Schwarz criterion	13.62216
Log likelihood	-377.3951	Hannan-Quinn criter.	13.57787
F-statistic	1053.805	Durbin-Watson stat	0.396800
Prob(F-statistic)	0.000000		

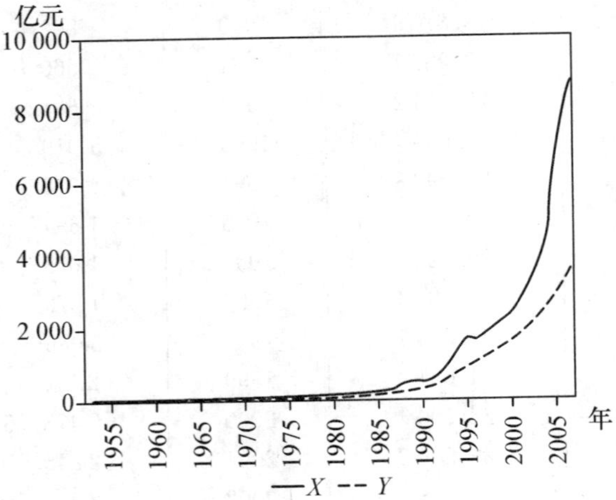

图 4-7 社会商品零售总额与 GDP 的时序图

重复前面的过程，散点图如图 4-8 所示，一元线性回归结果如表 4-17 所示。表中结论与原来一样，导致残差序列自相关的原因，如图 4-9 所示，仍然是序列有趋势，并有明显的共同趋势。对序列进行协整关系检验。LY 与 LX 的单位根检验结果如表 4-18 所

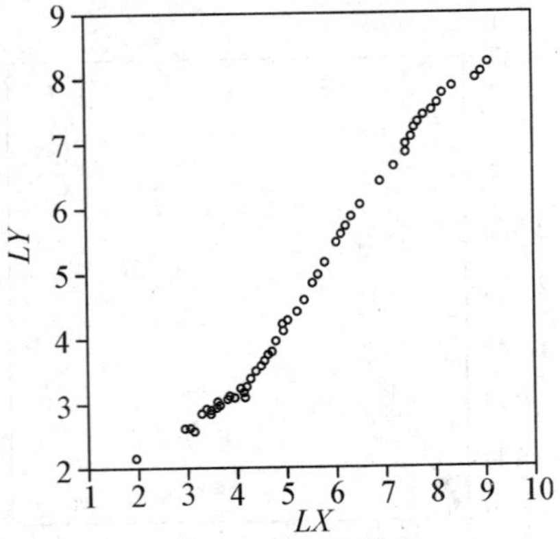

图 4-8 对数社会商品零售总额与 GDP 的散点图

示。表中结果说明，这两个序列通过一阶差分已经平稳。第一步，建立协整回归，结果如表 4－17 所示，模型残差记作 e，这是 LY 与 LX 的一个线性组合；第二步，对残差序列即该线性组合进行 ADF 检验，结果如表 4－19 所示。这是对不加常数项也不加时间趋势项的检验，结果表明残差序列平稳，即这是 LY 与 LX 的一个平稳线性组合。通过协整检验可知，LY 与 LX 确实存在协整关系。

表 4－17　　一元线性回归结果

	Coefficient	Std. Error	t-Statistic	Prob.
C	-0.656908	0.090385	-7.267899	0.0000
LX	1.004738	0.016010	62.75743	0.0000

R-squared	0.986475	Mean dependent var	4.703357
Adjusted R-squared	0.986224	S.D. dependent var	1.885057
S.E. of regression	0.221250	Akaike info criterion	-0.143984
Sum squared resid	2.643390	Schwarz criterion	-0.071650
Log likelihood	6.031549	Hannan-Quinn criter.	-0.115940
F-statistic	3938.494	Durbin-Watson stat	0.340055
Prob(F-statistic)	0.000000		

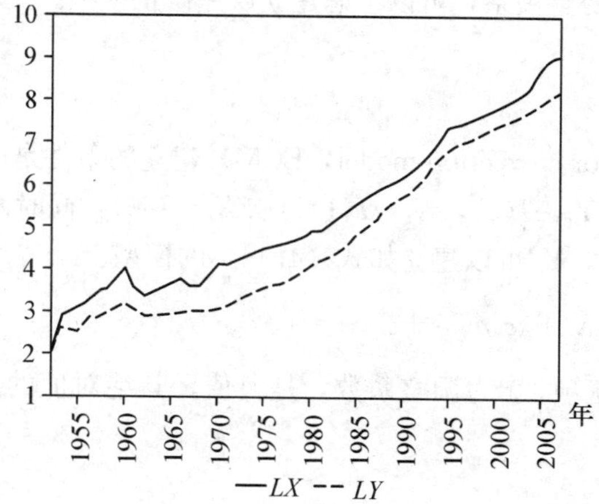

图 4－9　对数社会商品零售总额与 GDP 的时序图

表 4－18　　*LY* 与 *LX* 的单位根检验结果

序列	趋势形式	t_τ	1%	5%	10%
LY	无 c，t，0	8.143 4	−2.607 7	−1.946 8	−1.613 0
	无 c，t，1	−3.982 5	−2.608 5	−1.947 0	−1.612 9
LX	无 c，t，0	5.020 6	−2.607 7	−1.946 8	−1.613 0
	无 c，t，1	−6.360 9	−2.608 5	−1.947 0	−1.612 9

表 4-19　残差序列单位根检验结果

		t-Statistic	Prob.*
Augmented Dickey-Fuller test statistic		-4.499270	0.0000
Test critical values:	1% level	-2.607686	
	5% level	-1.946878	
	10% level	-1.612999	

第四节　误差修正模型

在线性回归中，要求回归变量的取值可以随时间变化发生波动，但要求是平稳的，不能有明显的增长趋势。如果序列有很强的趋势，建立线性回归模型，通常导致残差序列的自相关，亦称为“伪回归”，违背残差独立性的假设，导致模型不能被接受运用。传统的方法是对序列进行差分，消除趋势，用平稳序列建模。这种做法一是会丢失信息，二是建立的模型反映差分后序列之间关系，不便于解释原序列间关系，如果用于预测则较麻烦。如果变量序列之间存在协整关系，可以考虑建立误差修正模型。

一、模型形式

误差修正模型（error correction model，ECM）建立的条件是两个序列 X_t，Y_t 为同阶单整，如 $Y_t \sim I(1)$ 且 $\nabla Y_t \sim I(0)$，$X_t \sim I(1)$ 且 $\nabla X_t \sim I(0)$，同时两个序列存在协整关系。满足这些条件的序列 X_t，Y_t 可以建立如式（4.14）的模型。

$$\nabla Y_t = \beta_0 + \beta_1 \nabla X_t + \lambda ecm_{t-1} + \varepsilon_t \tag{4.14}$$

式中，ecm_{t-1} 为误差修正项；λ 为调整系数，是负值，其绝对值的大小反映朝均衡调整的力度。

二、模型的意义

Y_t，X_t 具有协整关系（Y_t 可以用 Y_{t-1} 表述，X_t 可以用 X_{t-1} 表述），Y 与 X 之间的回归关系可以写为式（4.15）。

$$Y_t = \beta_0 + \beta_1 X_t + \beta_2 Y_{t-1} + \beta_3 X_{t-1} + \varepsilon_t \tag{4.15}$$

这实际上是自回归分布滞后模型（auto-regressive distributed lay，ADL(p，q)）的特殊形式 ADL(1，1) 模型。实际经济现象之间除了同时期的变动，常常含有一定的滞后关系。

在式（4.15）两边减去 y_{t-1}，得到

$$\nabla Y_t = \beta_0 + \beta_1 \nabla X_t + (\beta_1 + \beta_3) X_{t-1} + \beta_2 Y_{t-1} - Y_{t-1} + \varepsilon_t \tag{4.16}$$

整理式（4.16）得到式（4.17）。

$$\nabla Y_t=\beta_0+\beta_1\nabla X_t-(1-\beta_2)\left(Y_{t-1}-\frac{\beta_1+\beta_3}{1-\beta_2}X_{t-1}\right)+\varepsilon_t \tag{4.17}$$

式（4.17）中，$Y_{t-1}-\frac{\beta_1+\beta_3}{1-\beta_2}X_{t-1}$反映序列在上一期的误差，是误差修正项，记作 ecm_{t-1}，亦称为均衡误差。若 Y_t 与 X_t 存在长期均衡关系，按照式（4.15）的 ADL(1，1)，有

$$\overline{Y}_t=\beta_1\overline{X}_t+\beta_2\overline{Y}_t+\beta_3\overline{X}_t$$

则

$$\overline{Y}_t=(\beta_1+\beta_3)\overline{X}_t+\beta_2\overline{Y}_t$$

整理得到

$$(1-\beta_2)\overline{Y}_t=(\beta_1+\beta_3)\overline{X}_t$$

于是

$$\overline{Y}_t=\left(\frac{\beta_1+\beta_3}{1-\beta_2}\right)\overline{X}_t$$

这就是 X_t，Y_t 间的长期均衡关系。定义 $ecm_{t-1}=Y_{t-1}-\frac{\beta_1+\beta_3}{1-\beta_2}X_{t-1}$，即 X_t，Y_t 的均衡误差。

式（4.14）的误差修正模型反映短期波动∇Y_t 的影响因素有两部分：一部分是自变量的短期波动∇X_t；另一部分是反映 X_t 与 Y_t 间均衡关系的均衡误差。一般，$|\beta_2|<1$，故 $1-\beta_2>0$，因而 $\lambda<0$。由式（4.17）可以看出，当 $Y_{t-1}>\frac{\beta_1+\beta_3}{1-\beta_2}X_{t-1}$时，$ecm_{t-1}>0$，于是有 $\lambda ecm_{t-1}<0$，表明通过误差修正项对∇Y_t 起负向作用，亦即当 Y_t 变动偏离均衡关系且有正向偏离时，误差修正项会通过负向作用，使其回到均衡；当 $Y_{t-1}<\frac{\beta_1+\beta_3}{1-\beta_2}X_{t-1}$ 时，$ecm_{t-1}<0$，于是有 $\lambda ecm_{t-1}>0$，表明通过误差修正项对∇Y_t 起正向作用，亦即当 Y_t 变动偏离均衡关系且有负向偏离时，误差修正项会通过正向作用，使其回到均衡。系数 λ 的大小反映对偏离长期均衡的调整力度。

[例 4.5] 例 4.4 的误差修正模型

分析：在例 4.4 的分析中知，某地区 GDP 和社会商品零售总额存在协整关系，因而可以在以 GDP 解释社会商品零售总额的回归模型基础上，建立如式（4.14）的误差修正模型。

由表 4-17 的回归结果知，协整向量为（1，−1.004 7），定义误差修正项为 $ecm_{t-1}=LY_{t-1}-1.0047\times LX_{t-1}$，估计误差修正模型结果如表 4-20 所示。由表 4-20 可以看出，系数 λ 按 5%的显著性水平没有通过检验，若按 10%的显著性水平可以通过检验。这表明 LY 与 LX 存在协整关系，可以考虑用式（4.14）的误差修正模型表述二者关系。系数 λ 的值不大，表明朝均衡方向调整的力度并不大。误差修正模型为：

$$\nabla LY_t=-0.0091+0.4789\,\nabla LX_t-0.0878 ecm_{t-1}+\varepsilon_t$$

表 4-20　　误差修正模型估计结果

Variable	Coefficient	Std. Error	t-Statistic	Prob.
C	-0.009133	0.039752	-0.229743	0.8192
D(LX)	0.478882	0.062674	7.640842	0.0000
ECM	-0.087815	0.051825	-1.694431	0.0962

R-squared	0.553774	Mean dependent var	0.110478
Adjusted R-squared	0.536611	S.D. dependent var	0.105740
S.E. of regression	0.071980	Akaike info criterion	-2.371858
Sum squared resid	0.269418	Schwarz criterion	-2.262367
Log likelihood	68.22609	Hannan-Quinn criter.	-2.329517
F-statistic	32.26643	Durbin-Watson stat	1.566749
Prob(F-statistic)	0.000000		

三、ADL(p, q) 与 ECM

如果 X_t，Y_t 的滞后同阶，即有 $p=q$，则任何一个 ADL(p, q) 模型都可以变换成 ECM 模型。如 ADL(2, 2)，模型形式如式（4.18）。

$$Y_t=\beta_0+\beta_1 Y_{t-1}+\beta_2 Y_{t-2}+\alpha_1 X_t+\alpha_2 X_{t-1}+\alpha_3 X_{t-2}+\varepsilon_t \tag{4.18}$$

两边同时减 Y_{t-1}，得到

$$\begin{aligned}Y_t-Y_{t-1}=&\beta_0+(\beta_1-1)Y_{t-1}+\beta_2 Y_{t-2}+\alpha_1(X_t-X_{t-1})\\&+(\alpha_1+\alpha_2)X_{t-1}+\alpha_3 X_{t-2}+\varepsilon_t\end{aligned} \tag{4.19}$$

式中

$$\begin{aligned}&(\beta_1-1)Y_{t-1}+\beta_2 Y_{t-2}\\=&(\beta_1-1)Y_{t-1}-(\beta_1-1)Y_{t-2}+(\beta_1-1)Y_{t-2}+\beta_2 Y_{t-2}\\=&(\beta_1-1)\nabla Y_{t-1}+(\beta_2+\beta_1-1)Y_{t-2}\\&(\alpha_1+\alpha_2)X_{t-1}+\alpha_3 X_{t-2}\\=&(\alpha_1+\alpha_2)X_{t-1}-(\alpha_1+\alpha_2)X_{t-2}+(\alpha_1+\alpha_2)X_{t-2}+\alpha_3 X_{t-2}\\=&(\alpha_1+\alpha_2)\nabla X_{t-1}+(\alpha_1+\alpha_2+\alpha_3)X_{t-2}\end{aligned}$$

式（4.19）可以写成式（4.20）的形式

$$\begin{aligned}\nabla Y_t=&\beta_0+(\beta_1-1)\nabla Y_{t-1}+\alpha_1\nabla X_t+(\alpha_1+\alpha_2)\nabla X_{t-1}\\&+(\beta_1+\beta_2-1)\left(Y_{t-2}-\frac{\alpha_1+\alpha_2+\alpha_3}{\beta_1+\beta_2-1}X_{t-2}\right)+\varepsilon_t\end{aligned} \tag{4.20}$$

定义 $ecm_{t-2}=Y_{t-2}-\dfrac{\alpha_1+\alpha_2+\alpha_3}{\beta_1+\beta_2-1}X_{t-2}$ 是误差修正项。式（4.20）就是 ECM 模型。模型利用 $t-2$ 期均衡误差进行修正，反映 X_t，Y_t 之间的变动关系。

附录 4-A　工具变量和两阶段最小二乘

在线性回归中，模型的一个基本假设是解释变量是非随机的，这意味着解释变量与随机干扰项无关，以保证解释变量是严格外生的。导致这一假设被破坏，可能是解释变量存在测量误差，或解释变量本身就是内生变量，这在联立方程系统中常可能出现。如果这一假设被破坏，即存在内生性问题，普通最小二乘和加权最小二乘估计都将不再是无偏和一致的。

当模型存在内生性问题时，标准的做法是使用工具变量（IV）进行模型的回归估计。工具变量的思想是找到一些变量，它们需要同时满足：（1）与方程中的解释变量相关；（2）与随机干扰项不相关。它们被称为工具，用来消除解释变量与随机干扰项之间的相关。当可以找到多个工具变量时，一般选择与解释变量相关程度最高者。

两阶段最小二乘（TSLS）是关于工具变量回归的一个特殊例子。它是分两个阶段完成对具有内生性问题模型的估计。第一个阶段，为具有内生性的解释变量寻找合适的工具，依据工具进行最小二乘估计，得到回归模型。第二个阶段，估计原始回归模型。以第一阶段回归求得的因变量的拟合值，作为原始回归模型的因变量观测值，对原始回归模型实施最小二乘估计，得到的回归的系数为两阶段最小二乘估计。

设 Z 为工具矩阵，Y 和 X 为因变量和解释变量。两阶段最小二乘估计的系数为：

$$b_{TSLS}=(X'Z(Z'Z)^{-1}Z'X)^{-1}X'Z(Z'Z)^{-1}Z'Y \tag{A4.1}$$

系数估计的协方差矩阵为：

$$W_{TSLS}=s^2(X'Z(Z'Z)^{-1}Z'X)^{-1} \tag{A4.2}$$

式中，s^2 是估计的残差方差（回归标准误的平方）。

两阶段最小二乘法是一种单方程估计方法，适用于联立方程系统右边的解释变量 X 中有部分变量是内生变量的情况。系统中的第 j 个方程记为：

$$Y_j\Gamma_j+X_jB_j+\varepsilon_j=0 \tag{A4.3}$$

或者写为：

$$Y_j=Y_j\gamma_j+X_j\beta_j+\varepsilon_j=Z_j\delta_j+\varepsilon_j \tag{A4.4}$$

式中，$\Gamma_j'=(-1,\ \gamma_j',\ 0)$，$B_j'=(\beta_j',\ 0)$，$Z_j'=(Y_j',\ X_j')$，$\delta_j'=(\gamma_j',\ \beta_j')$；$Y$ 为内生变量矩阵；X 为外生变量矩阵。

估计的第一阶段，将方程右边的内生变量 Y_j 作为因变量，对所有的外生变量建立回归模型，得到回归拟合值序列：

$$\hat{Y}_j=X(X'X)^{-1}X'XY_j \tag{A4.5}$$

估计的第二阶段，以 $\hat{Y}_j$ 替代 y_j，估计原方程，得到如下估计结果：

$$\hat{\delta}_{TSLS}=(\hat{Z}_j'\hat{Z}_j)^{-1}\hat{Z}_j'Y \tag{A4.6}$$

式中，$\hat{Z}_j=(\hat{Y}_j,\ X_j)$。

［例 4.6］　例 4.2 的工具变量估计

分析：如果考虑农民收入测量存在误差，导致回归内生性问题，可以运用工具变量估计。

1. 工具变量选择

与收入 x_t 高度相关的变量莫过于前一期的收入 x_{t-1}，其与原回归模型中随机干扰项 ε_t 无关，将其作为工具变量。

2. 建立工具变量的回归模型

以 x_{t-1} 替代 x_t 建立带有虚拟变量的一元线性回归模型，运用最小二乘估计得到表 4A－1。

表 4A－1　　引入工具变量的估计结果

Variable	Coefficient	Std. Error	t-Statistic	Prob.
C	8.948256	10.69585	0.836610	0.4144
X(-1)	0.239718	0.038520	6.223223	0.0000
T	-202.4284	31.32711	-6.461765	0.0000
T*X(-1)	0.532602	0.075832	7.023478	0.0000
R-squared	0.962415	Mean dependent var		95.73810
Adjusted R-squared	0.955783	S.D. dependent var		47.76571
S.E. of regression	10.04415	Akaike info criterion		7.621501
Sum squared resid	1715.045	Schwarz criterion		7.820458
Log likelihood	-76.02576	Hannan-Quinn criter.		7.664680
F-statistic	145.1033	Durbin-Watson stat		1.082667
Prob(F-statistic)	0.000000			

3. 估计原模型

以上面模型因变量储蓄的估计值作为因变量观测值，对原模型进行最小二乘估计，得到估计结果如表 4A－2 所示。可以看出，模型通过了所有检验，可以用于解释两个不同阶段农民收入与储蓄之间的关系。

表 4A－2　　原模型估计结果

Variable	Coefficient	Std. Error	t-Statistic	Prob.
C	-1.211966	7.441644	-0.162863	0.8725
X	0.262842	0.025607	10.26435	0.0000
T	-231.6737	21.06401	-10.99856	0.0000
X*T	0.538496	0.048163	11.18068	0.0000
R-squared	0.986283	Mean dependent var		95.73810
Adjusted R-squared	0.983862	S.D. dependent var		46.85948
S.E. of regression	5.952767	Akaike info criterion		6.575233
Sum squared resid	602.4025	Schwarz criterion		6.774189
Log likelihood	-65.03994	Hannan-Quinn criter.		6.618411
F-statistic	407.4435	Durbin-Watson stat		1.949090
Prob(F-statistic)	0.000000			

第五章

向量自回归模型

第一节　非结构化 VAR 模型

单变量时间序列 Y_t，当仅研究其自身随时间变化的规律时，可以采用AR(p)模型。

$$Y_t=\phi_1 Y_{t-1}+\cdots+\phi_p Y_{t-p}+\varepsilon_t$$

当其带有漂移时（带常数项的平稳序列），可以采用

$$Y_t=\mu+\phi_1 Y_{t-1}+\cdots+\phi_p Y_{t-p}+\varepsilon_t$$

也可以采用 ARMA(p，q）模型。单变量时间序列的分析模式可以推广到多变量时间序列，建立向量自回归模型或向量自回归移动平均模型。向量自回归（vector auto-regression，VAR）模型通常用于描述多变量时间序列之间的变动关系。它实际上是向量自回归移动平均（VARMA）模型的简化，后者因参数过多带来很多问题而少有应用。最经常采用的是 VAR(p）模型，用以研究序列之间的动态变化规律。这是从数据出发建立的模型，即非结构化的向量自回归模型VAR(p)。

一、模型形式

若有 Y_{1t}，Y_{2t}，…，Y_{mt} m 维序列，可以建立 m 维的 p 阶向量自回归模型，如式（5.1）。

$$Y_t=\alpha+\Phi_1 Y_{t-1}+\cdots+\Phi_p Y_{t-p}+\varepsilon_t \tag{5.1}$$

式中，Y_t 是 m 维变量序列；Φ_i（$i=1$，2，…，p）是 $m\times m$ 维系数矩阵；ε_t 是 m 维随机向量，每一维 ε_t 独立同分布，但不要求不同维之间相互独立。模型允许有外生变量，如式（5.2）。

$$y_t=A_1 y_{t-1}+\cdots+A_p y_{t-p}+B_1 x_t+\cdots+B_r x_{t-r}+\varepsilon_t \tag{5.2}$$

式中，y_t 是 m 维内生变量向量；x_t 是 d 维外生变量向量；A_1，A_2，…，A_p 和 B_1，B_2，…，B_r 是待估计的参数矩阵；内生变量和外生变量分别有 p 和 r 阶滞后期；ε_t 是随机扰动项，同期之间可以相关，但不能有自相关，不能与模型右边的解释变量相关。VAR 模型要求序列是平稳的，运用时需要注意。与建立 AR 或 ARMA 模型一样，如果序列不平稳，不能直接建立，通过差分平稳的序列可以运用差分序列建立模型。

二、互相关函数

为了探讨不同时间序列之间的变动关系，需要考察多变量序列之间的相关。类似于单变量序列的自相关函数，可以构建多序列的互相关函数。

1. 协方差矩阵

若序列 $Y_t=[Y_{1t}, Y_{2t}, \cdots, Y_{mt}]$（$t=0, \pm1, \cdots, \pm2, \cdots$）为 m 维联合平稳实向量过程，即对于每一个分量序列，其均值 $E(Y_{it})=\mu_i$ 是常数，序列 Y_{it} 和 Y_{jt}（$i=1, 2, \cdots, m$；$j=1, 2, \cdots, m$）之间的互协方差仅与时间间隔（$k=t-s$）有关，是时间间隔 k 的函数，则协方差矩阵如式（5.3）。

$$\begin{aligned}\Gamma(k)&=\mathrm{Cov}(Y_t, Y_{t+k})=E[(Y_t-\bar{\mu})(Y_{t+k}-\bar{\mu})']\\&=E\begin{bmatrix}Y_{1t}-\mu_1\\Y_{2t}-\mu_2\\\vdots\\Y_{mt}-\mu_m\end{bmatrix}[Y_{1,t+k}-\mu_1, Y_{2,t+k}-\mu_2, \cdots, Y_{m,t+k}-\mu_m]\\&=\begin{bmatrix}\gamma_{11}(k)&\cdots&\gamma_{1m}(k)\\\vdots&&\vdots\\\gamma_{m1}(k)&\cdots&\gamma_{mm}(k)\end{bmatrix}_{m\times m}\\&=\mathrm{Cov}(Y_{t-k}, Y_t)\end{aligned}\tag{5.3}$$

式中，$\gamma_{ij}(k)=E[(Y_{i,t}-\mu_i)(Y_{j,t+k}-\mu_j)']=E[(Y_{i,t-k}-\mu_i)(Y_{j,t}-\mu_j)']$。式（5.3）中的 $\Gamma(k)$ 是 k 的函数，是向量 Y_t 的协方差矩阵。

2. 互相关系数

类似于两个变量的简单相关系数是协方差函数除以各自标准差，利用互协方差函数除以两个序列各自的标准差，可以得到序列的互相关函数 $\rho_{ij}(k)$，如式（5.4）。

$$\rho_{ij}(k)=\frac{\gamma_{ij}(k)}{\sqrt{\gamma_{ii}(0)\gamma_{jj}(0)}}\tag{5.4}$$

式中，k 是两个序列之间的时间间隔，即滞后期。通常利用样本数据，根据式（5.4）计算得到两个序列的互相关系数，记作 $r_{ij}(k)$。

三、模型识别

VAR 模型的识别与 AR 模型的识别类似，也是对模型阶数 p 作出选择。

（一）阶数的初选

阶数 p 的初选通常可以借助序列间的互相关函数进行。但是需要注意，阶数 p 是反映变量之间相互影响的最大滞后阶数。它需要足够大，以完整反映变量之间的动态特征，但同时又要兼顾观测值的数量。如果滞后期过长，即 p 过大，模型待估计参数增多，自由度减少，没有足够的样本数目时，可能导致参数无法得到正确有效的估计。和普通线性回归一样，一般来说，一个待估计参数至少需要 10 个观测期的数据。

[例 5.1]　取暖油价格、产量与库存量序列的互相关分析

分析：表 5-1 是美国 1979 年 1 月至 1988 年 6 月取暖油的价格（Y1）、产量（Y2）和

库存量（$Y3$）数据，图 5－1 是三个序列的时序曲线图。由于对三个序列之间的相互关系没有足够的经济理论作支撑，仅从数据出发构建模型，可以采用 VAR 模型。从图形看，序列基本平稳，可以运用互相关函数初选模型的阶数。表 5－2、表 5－3 和表 5－4 是三个序列两两之间的互相关函数。结合观测期数 106 期和表中所显示的几个互相关函数，可以初选滞后阶数为 6，7 或 8。

表 5－1　取暖油价格、产量和库存量

时间	价格 $Y1$（百美元/吨）	产量 $Y2$（万吨）	库存量 $Y3$（万吨）	时间	价格 $Y1$（百美元/吨）	产量 $Y2$（万吨）	库存量 $Y3$（万吨）
1979 年 1 月	53.08	94.33	175	1982 年 2 月	94.47	61.95	147
1979 年 2 月	62.67	80.86	127	1982 年 3 月	79.66	70.92	126
1979 年 3 月	60.01	93.58	112	1982 年 4 月	91.89	70.74	108
1979 年 4 月	57.82	88.35	115	1982 年 5 月	91.79	81.15	114
1979 年 5 月	99.5	95.04	123	1982 年 6 月	93.39	81.87	124
1979 年 6 月	88.01	94.59	141	1982 年 7 月	88.13	84.75	148
1979 年 7 月	76.76	102.42	171	1982 年 8 月	93.33	77.71	159
1979 年 8 月	74.72	102.96	195	1982 年 9 月	99.57	79.71	161
1979 年 9 月	81.17	100.6	220	1982 年 10 月	99.35	87.97	170
1979 年 10 月	83.52	100.17	231	1982 年 11 月	89.86	85.8	186
1979 年 11 月	88.51	97.17	236	1982 年 12 月	83.38	82.3	179
1979 年 12 月	79.67	99.85	238	1983 年 1 月	77.57	71.95	168
1980 年 1 月	77.36	93.43	212	1983 年 2 月	75.04	59.78	148
1980 年 2 月	71.07	80.21	192	1983 年 3 月	74.83	61.78	118
1980 年 3 月	74.42	79.29	178	1983 年 4 月	86.56	65.13	103
1980 年 4 月	77.3	73.83	177	1983 年 5 月	77.51	75.76	109
1980 年 5 月	75.75	76.69	183	1983 年 6 月	80.03	76.38	114
1980 年 6 月	74.89	79.41	197	1983 年 7 月	81.72	80.72	131
1980 年 7 月	75.74	83.39	214	1983 年 8 月	83.38	81.06	143
1980 年 8 月	73.8	76.32	236	1983 年 9 月	80.11	82.17	154
1980 年 9 月	77.21	80.58	232	1983 年 10 月	78.91	83.11	163
1980 年 10 月	81.16	80.29	236	1983 年 11 月	80.4	80.4	161
1980 年 11 月	90.33	81.09	222	1983 年 12 月	86.82	78.18	140
1980 年 12 月	94.49	89.62	205	1984 年 1 月	99.87	80.32	119
1981 年 1 月	102.61	92.65	179	1984 年 2 月	79.39	83.14	132
1981 年 2 月	99.9	78.65	173	1984 年 3 月	78.22	76.84	110
1981 年 3 月	92.04	77	164	1984 年 4 月	86.13	70.26	98
1981 年 4 月	92.88	72.54	165	1984 年 5 月	80.07	81.34	98
1981 年 5 月	90.21	76.07	172	1984 年 6 月	76.66	86.4	113
1981 年 6 月	90.11	75.03	180	1984 年 7 月	70.38	84.28	124
1981 年 7 月	92.13	74.24	186	1984 年 8 月	77.33	82.49	133
1981 年 8 月	92.77	82.33	200	1984 年 9 月	81.47	81.21	143
1981 年 9 月	94.07	78.3	207	1984 年 10 月	76.58	83.42	152
1981 年 10 月	98.39	77.03	201	1984 年 11 月	79.31	84.78	161
1981 年 11 月	102.54	81.48	200	1984 年 12 月	72.68	86.73	161
1981 年 12 月	98.27	88.53	192	1985 年 1 月	75.95	81.56	142
1982 年 1 月	89.75	80.32	164	1985 年 2 月	80.6	70.11	121

续前表

时间	价格 Y1（百美元/吨）	产量 Y2（万吨）	库存量 Y3（万吨）	时间	价格 Y1（百美元/吨）	产量 Y2（万吨）	库存量 Y3（万吨）
1985 年 3 月	79.39	70.27	99	1986 年 11 月	43.27	87.51	158
1985 年 4 月	78.42	74.7	97	1986 年 12 月	48.4	91.23	155
1985 年 5 月	70.3	83.26	104	1987 年 1 月	55.03	85.99	141
1985 年 6 月	68.3	79.41	110	1987 年 2 月	43.25	72.07	124
1985 年 7 月	68.94	82.02	116	1987 年 3 月	50.02	73.9	110
1985 年 8 月	76.96	80.35	114	1987 年 4 月	49.82	76.59	100
1985 年 9 月	82.53	77.82	117	1987 年 5 月	49.51	79.51	102
1985 年 10 月	87.4	89.96	123	1987 年 6 月	53.43	80.67	104
1985 年 11 月	93.19	93.06	140	1987 年 7 月	53.95	83.7	115
1985 年 12 月	84.4	98.45	144	1987 年 8 月	51.66	84.04	125
1986 年 1 月	61.97	89.86	136	1987 年 9 月	53.52	82.5	127
1986 年 2 月	59.95	71.76	112	1987 年 10 月	57.59	86.11	121
1986 年 3 月	37.04	81.93	99	1987 年 11 月	58.16	91.29	129
1986 年 4 月	48.32	83.64	98	1987 年 12 月	53.4	100.42	134
1986 年 5 月	37.99	88.59	99	1988 年 1 月	49.81	93.24	127
1986 年 6 月	36.85	81.87	108	1988 年 2 月	49.37	77.8	110
1986 年 7 月	31.77	84.01	119	1988 年 3 月	47.58	84.32	89
1986 年 8 月	42.05	90.58	138	1988 年 4 月	54.02	86.07	94
1986 年 9 月	39.88	85.95	152	1988 年 5 月	46.31	90.86	104
1986 年 10 月	39.32	84.32	152	1988 年 6 月	40.52	86.79	111

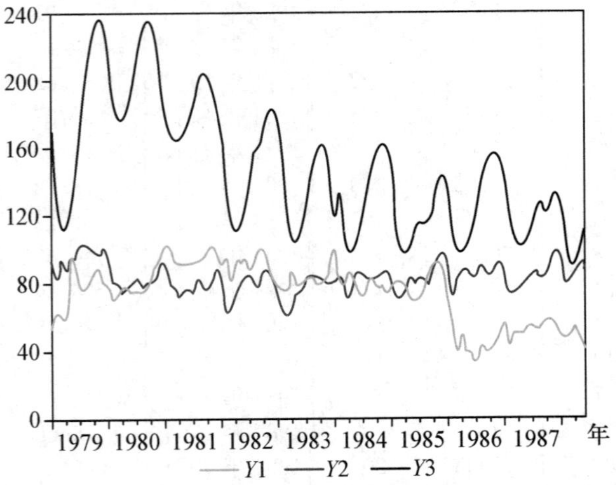

图 5-1　三个序列的曲线图

表 5-2　　取暖油的价格与产量的互相关函数

Y1,Y2(-i)	Y1,Y2(+i)

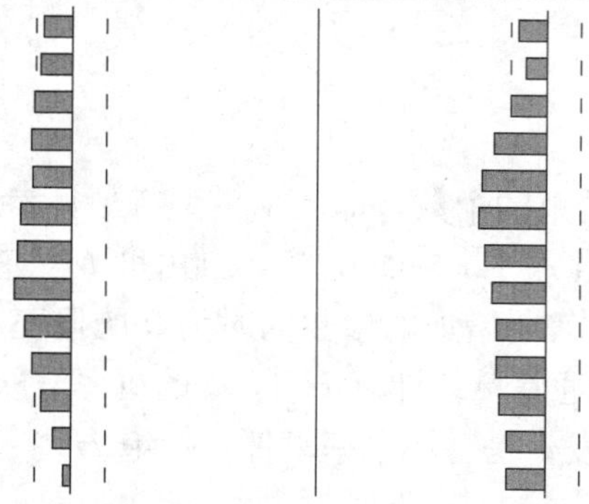

i	lag	lead
0	-0.1442	-0.1442
1	-0.1596	-0.1032
2	-0.1938	-0.1864
3	-0.2102	-0.2756
4	-0.1988	-0.3355
5	-0.2636	-0.3461
6	-0.2834	-0.3179
7	-0.2875	-0.2790
8	-0.2455	-0.2571
9	-0.2045	-0.2578
10	-0.1492	-0.2421
11	-0.0937	-0.2049
12	-0.0373	-0.1988

表 5-3　　取暖油的价格与库存量的互相关函数

Y1,Y3(-i)	Y1,Y3(+i)

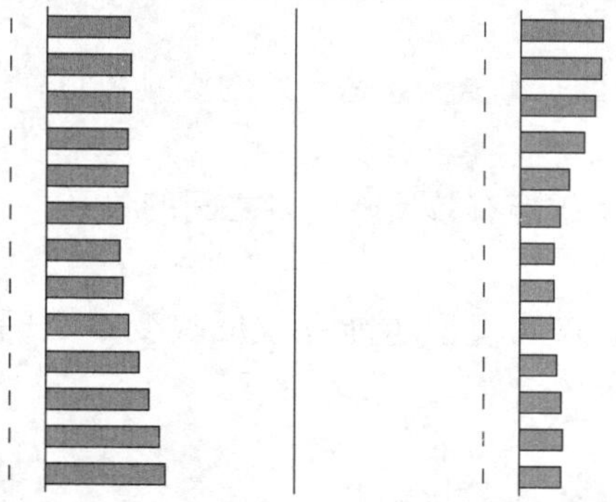

i	lag	lead
0	0.4364	0.4364
1	0.4437	0.4341
2	0.4444	0.3963
3	0.4302	0.3387
4	0.4265	0.2701
5	0.4059	0.2148
6	0.3930	0.1837
7	0.4046	0.1812
8	0.4384	0.1838
9	0.4883	0.2020
10	0.5469	0.2226
11	0.6028	0.2325
12	0.6368	0.2289

表 5-4　　产量与库存量的互相关函数

Y2,Y3(-i)	Y2,Y3(+i)

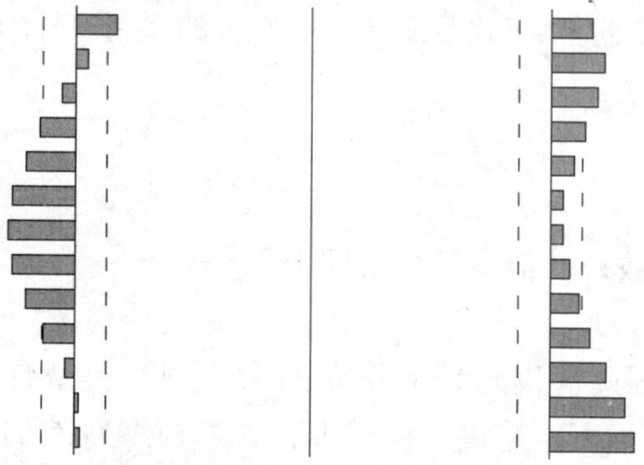

i	lag	lead
0	0.2446	0.2446
1	0.0792	0.3066
2	-0.0799	0.2750
3	-0.1980	0.1974
4	-0.2814	0.1314
5	-0.3533	0.0781
6	-0.3794	0.0767
7	-0.3572	0.1138
8	-0.2844	0.1650
9	-0.1749	0.2348
10	-0.0561	0.3275
11	0.0256	0.4388
12	0.0405	0.4891

（二）利用评价指标确认

利用初选的阶数 p 构建 VAR 模型，参数估计后，可以利用几个评价指标帮助判断合适的阶数。

1. LR 检验（似然比检验）

H_0：附加约束是正确的

这一假设意味着，两个模型相比，增加的参数同时为 0。

如果 L_R 表示附加约束模型的似然函数，L_{UR} 表示未施加约束模型的似然函数，则检验统计量即似然比统计量如式（5.5）。

$$L_R=-2\log\frac{L_{UR}}{L_R} \tag{5.5}$$

该统计量服从自由度为 M 的 χ^2 分布。M 是约束的个数，即两个模型待估计参数个数之差。和通常的统计检验一样，根据给定的显著性水平 α，如 0.05，自由度 M，查 χ^2 分布表，可以得到相应的临界值 χ^2_α。如果 $LR>\chi^2_\alpha$，表明增加的参数同时为 0 的概率小于 α，是一个小概率事件，拒绝 H_0。利用计算机软件，通常可以计算 H_0 成立的概率，即 H_0 为真的概率。如果这一概率小于 0.05，可以认为其发生是一小概率事件，拒绝 H_0。

2. AIC 准则

AIC 准则是最小信息准则，可以帮助更好地确定 p。其计算如式（5.6）。

$$\text{AIC}=\log\ |\hat{\Sigma}_p|+\frac{2m^2p}{n}\quad(p=1,2,\cdots,k) \tag{5.6}$$

式中，$|\hat{\Sigma}_p|$ 指 VAR(p) 模型残差的协方差阵的行列式；n 是有效的观测数目；m 是变量序列的数目；p 是阶数。

和普通线性回归一样，AIC 越小，表明模型越能有效反映变量之间的关系。

3. SC 准则

SC 准则也是一种最小信息准则，值越小，表明模型越能有效反映变量之间的关系。计算如式（5.7）。

$$\text{SC}=\log\ |\hat{\Sigma}_p|+(\log n)\frac{m^2p}{n}\quad(p=1,2,\cdots,k) \tag{5.7}$$

式中，各符号的含义同上。

4. HQ 准则

HQ 准则同样是取值越小，表明模型越能有效反映变量之间的关系。计算如式（5.8）。

$$\text{HQ}=-\frac{2L}{n}+\frac{2k\log n}{n} \tag{5.8}$$

式中，L 是似然函数；k 是待估计参数的个数；其他符号含义同上。

5. 最终预测误差

建立模型的一个重要目的在于预测，因此可以从预测误差的大小判断模型合适的阶数。最终预测误差（final prediction error，FPE）是建立在对滞后 p 期模型残差的方差调整的基础上得到的结果。其计算如式（5.9）。

$$\text{FPE}(p)=\hat{\sigma}^2_p\frac{n+k}{n-k} \tag{5.9}$$

式中，$\hat{\sigma}^2_p$ 是滞后 p 期时模型残差的方差估计；n 是样本量；k 是待估计参数的个数。该指标是在低滞后阶数造成模型偏离实际与高滞后阶数造成模型残差方差加大之间的平衡。

上面的评价指标出发点或者说侧重关注的角度不尽相同，在实际运用时，常常不能得到完全一致的结论。通常，采用多数指标判断认为好的模型所确认的阶数 p 作为最后的选择。

［例 5.2］ 取暖油价格、产量与库存量序列模型的阶数选择

分析：根据例 5.1 初选的阶数建立 VAR 模型，对滞后结构进行检验，结果如表 5－5 和表 5－6 所示。

表 5－5 **滞后 8 阶的检验**

Lag	LogL	LR	FPE	AIC	SC	HQ
0	-1345.171	NA	22377517	25.43720	25.51258	25.46775
1	-1087.317	496.2488	204495.4	20.74182	21.04335	20.86403
2	-1030.800	105.5683	83469.42	19.84529	20.37295*	20.05915
3	-1013.639	31.08476	71636.37	19.69130	20.44510	19.99682*
4	-1009.119	7.931488	78113.59	19.77583	20.75577	20.17300
5	-994.5017	24.82159	70487.17	19.66984	20.87593	20.15868
6	-983.3829	18.25161	68048.79	19.62987	21.06209	20.21036
7	-978.7364	7.364262	74364.50	19.71201	21.37038	20.38415
8	-964.5541	21.67493*	68032.88*	19.61423*	21.49874	20.37803

表 5－6 **滞后 6 阶的检验**

Lag	LogL	LR	FPE	AIC	SC	HQ
0	-1374.631	NA	24108249	25.51169	25.58620	25.54190
1	-1109.001	511.5855	208092.9	20.75927	21.05728	20.88010
2	-1056.415	98.35535	92877.36	19.95212	20.47365*	20.16358
3	-1038.770	32.02166	79221.28	19.79204	20.53707	20.09412*
4	-1032.011	11.89004	82737.77	19.83354	20.80209	20.22625
5	-1017.593	24.56413	75069.38	19.73321	20.92527	20.21655
6	-1005.165	20.48357*	70769.87*	19.66972*	21.08529	20.24369

根据表中提供的各个阶数下 5 个指标的估计值以及检验结果可知，有三个指标：LR，FPE，AIC 提示选择阶数 8 或 6，指标 SC 和 HQ 均惩罚复杂模型，选择的阶数分别为 2 和 3。可以初步选择阶数为 8 或 6，根据模型估计结果确定合适的模型。

四、参数估计与模型检验

1. 参数估计

模型参数可以采用最小二乘估计，也可以采用最大似然估计。但当大量参数估计后，与 0 无显著差异的过多时，可以考虑采用 SUR 估计。SUR 是似无关回归技术。这是因为这种情况下，m 个方程右边的回归变量可能不相同。

2. 模型检验

模型检验既可以对每个方程进行，也可以对整个模型系统进行。

一般来说，VAR 模型是对多变量序列动态变化规律的模拟，是从数据出发建立的模型，并不需要用所选不同滞后期的变量对因变量进行解释，因此，参数的显著性检验并不重要。理论上说，每个残差的白噪声检验应该保证，不同残差间由于没有不相关的限定，因此允许相关。

实际中，建立模型关心的是模型的整体检验结果，主要利用对数似然函数和各个信息准则加以比较。这与模型最大滞后阶数确定可以联系在一起判定。

模型通过检验，可以用于预测。外推预测前，可以先用模型对样本期内各期值进行估计，与实际值比较，计算 MAPE，评价模型估计的精度。如果精度结果满意，模型可用于今后的预测。通常实际建模预测，当已有数据量较大时，可以先选取一部分数据建模，预留后一部分数据用于验证模型的预测效果。

[例 5.3]　取暖油价格、产量与库存量序列模型的估计

分析：VAR(6) 估计结果，每个序列的实际值与估计值时序图如图 5－2、图 5－3 和图 5－4 所示。同样，可以估计 VAR(8) 得到每个序列的实际值与估计值。两个模型的对数似然函数，AIC，SC 以及 MAPE 如表 5－7 所示。

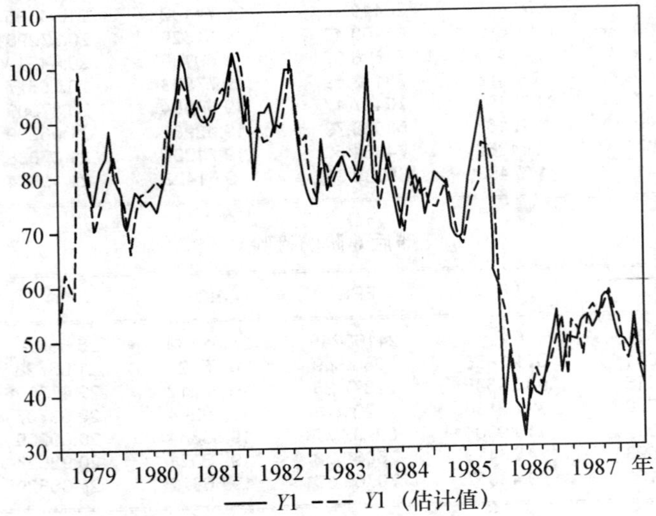

图 5－2　价格序列实际值与估计值

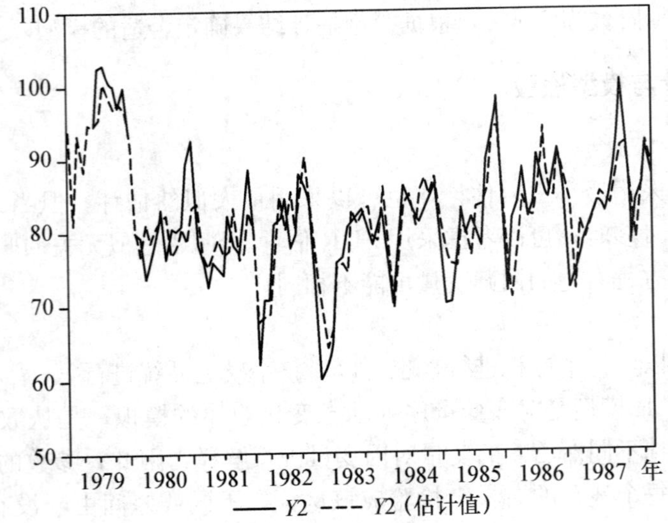

图 5－3　产量序列实际值与估计值

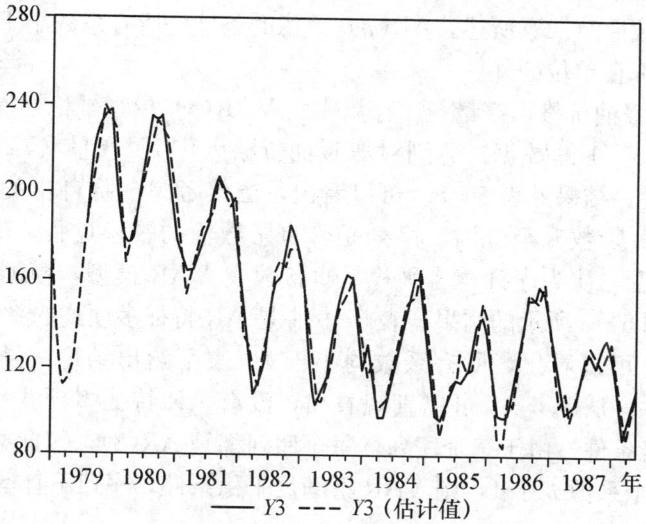

图 5-4　库存量序列实际值与估计值

表 5-7　　**模型估计的对数似然函数，AIC，SC，MAPE**

指标	VAR(6) 模型	VAR(8) 模型
对数似然函数值	－1 005.165	－964.554 1
AIC	19.669 7	19.614 2
SC	21.185 3	21.498 7
MAPE (Y1)	5.90	5.63
(Y2)	3.84	3.69
(Y3)	3.87	3.40

由表 5-7 的结果可以看出，两个模型的估计效果差异不是很大。总体来说，VAR(8) 模型略好于 VAR(6) 模型。一般来说，滞后阶数越大，拟合的精度越高，可以解释的部分就越多，但是当数据量不够多时，不宜取过大的滞后阶。本例中为了充分揭示序列之间的动态变化规律，还是考虑选用VAR(8)模型。

五、VAR 平稳性检验

VAR 模型适用于多变量的平稳序列。对于序列是否平稳，如第三章所述，可以运用单位根检验分别对每一个序列进行检验。如果每一个变量序列是平稳的，则建立 VAR 模型没有问题，因为这种情况下 VAR 系统是平稳的。当序列存在高阶自相关时，单位根检验很难一一检验各个阶数，因而不容易得出结论。当多个序列中个别序列略微有些趋势，对序列进行单位根检验判定序列可能不平稳时，对于多个序列之间是否可以运用 VAR 模型，可以在建立 VAR 模型后，通过对整个系统进行检验作出判定。VAR 平稳性检验是通过对每一变量序列构建的 AR(p) 特征多项式估计系数，即求解特征多项根的倒数，从而对整个 VAR 系统进行的检验。由于模型建立时识别了足够大的滞后阶数，可以保证序列存在高于一阶的自相关时，得到更可靠的检验结果。检验标准是 AR(p) 平稳的条件，即参数的约束条件。按照第二章所述，AR(p) 平稳的条件是所有系数小于 1，即 AR(p) 特征多项式的所有根都在单位圆外。

［例 5.4］　取暖油价格、产量与库存量序列 VAR(8) 模型平稳性检验

分析：根据表 5-1 的数据，分别对取暖油价格（Y1）、产量（Y2）和库存量（Y3）序列进行 ADF 检验，结果见表 5-8。可以看出，当仅考虑一阶自相关时，序列 Y3 是不平稳的，而当自相关阶数升至 3 时，序列是带有常数项的平稳过程。如果按照前面的分析，从序列曲线图看，认为序列基本平稳，直接建立 VAR 模型，模型估计后进行检验，得到如表 5-9 和图 5-5 所示的结果。表 5-9 中是 AR 特征多项式的系数，即特征方程根的倒数。由表 5-9 可以看出，所有系数均小于 1，表下给出结论：没有根在单位圆外，VAR 满足平稳条件。从图 5-5 可以直观看出，没有 AR 特征多项式根的倒数在单位圆外，VAR 满足平稳条件。由于三个序列，每个序列都是 AR(8)，因此共有 24 个根。如果表或图中显示有一个系数大于 1，则 VAR 不满足平稳条件，序列不宜运用 VAR 模型。

表 5-8　三个序列 ADF 检验结果

序列	趋势类型	t_τ	1%	5%	10%
$Y1$	c，t，0	−3.762 9	−4.041 3	−3.450 1	−3.150 3
$Y2$	有 c，无 t，0	−4.464 2	−3.489 1	−2.887 2	−2.580 5
$Y3$	c，t，0	−2.630 7	−4.041 3	−3.450 1	−3.150 3
$Y3$	有 c，无 t，2	−4.181 2	−3.489 7	−2.887 4	−2.580 7

表 5-9　AR 特征多项式系数

Root	Modulus
0.850390 + 0.494003i	0.983464
0.850390 - 0.494003i	0.983464
0.965062 - 0.034033i	0.965662
0.965062 + 0.034033i	0.965662
0.418202 + 0.799177i	0.901985
0.418202 - 0.799177i	0.901985
-0.747277 - 0.399066i	0.847157
-0.747277 + 0.399066i	0.847157
0.093467 + 0.820306i	0.825614
0.093467 - 0.820306i	0.825614
-0.130557 - 0.814845i	0.825238
-0.130557 + 0.814845i	0.825238
0.787784 + 0.209968i	0.815285
0.787784 - 0.209968i	0.815285
-0.480349 - 0.658579i	0.815145
-0.480349 + 0.658579i	0.815145
-0.789182 - 0.075517i	0.792787
-0.789182 + 0.075517i	0.792787
0.599072 - 0.313087i	0.675952
0.599072 + 0.313087i	0.675952
0.248700 - 0.619955i	0.667979
0.248700 + 0.619955i	0.667979
-0.471579 - 0.393287i	0.614053
-0.471579 + 0.393287i	0.614053

No root lies outside the unit circle.
VAR satisfies the stability condition.

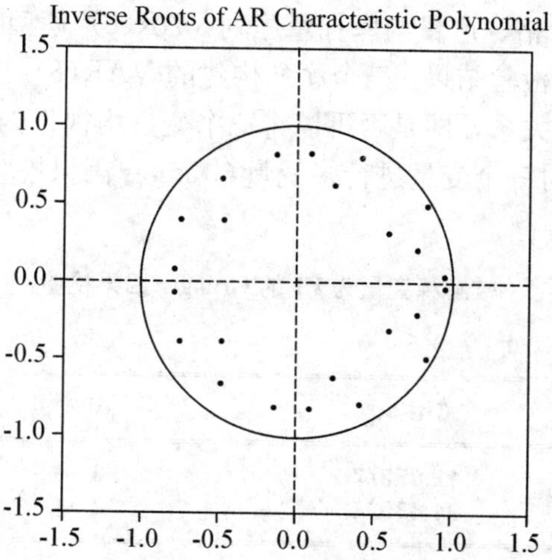

图 5－5　AR 特征多项式根的倒数分布图

六、多变量 Granger 因果检验

在构建 VAR 模型时，假定不同的内生变量之间存在一定阶数的滞后关系，这种关系是否真的存在，在参数估计后需要加以检验。多变量的 Granger 因果检验是将内生变量视作外生变量的检验。检验方法有 LR 检验、Wald 检验。下面仅介绍说明 Wald 检验。

检验的基础模型

$$Y = f(\beta) + \varepsilon$$

式中，$f(\beta)$ 是关于待估计参数矩阵 β 的一个函数，可以是非线性的；β 是 k 维待估计参数矩阵。

如果对系数进行约束，即对 β 施加 q 个约束条件，有

$$H_0: g(\beta) = 0$$

式中，约束可以是对一个变量，也可以是对全部变量。

Wald 检验基于无约束条件的回归计算，用来衡量在 H_0 下无约束条件估计结果与有限制条件估计结果的接近程度。若限制是合适的，则两个估计结果应该很接近，不会有显著差异。

基于这一原则，在 H_0 下可以构造如式（5.10）的检验统计量

$$W = g(\beta)'\left(\frac{\partial g(\beta)}{\partial \beta}\hat{V}(b)\frac{\partial g(\beta)}{\partial \beta'}\right)g(\beta)\big|_{\beta=b} \sim \chi^2(q) \tag{5.10}$$

式中，b 为未加限制的参数估计矩阵；$\hat{V}$ 为 b 的协方差矩阵的估计，$\hat{V}(b) = s^2\left(\frac{\partial f(\beta)}{\partial \beta}, \frac{\partial f(\beta)}{\partial \beta'}\right)^{-1}\big|_{\beta=b}$（其中，$s^2$ 为未加限制的残差方差的估计，$s^2=(u'u)/(N-k)$；u 为未加限制的残差阵；N 为观测数据的个数）。

由于检验统计量 W 服从自由度为 q 的 χ^2 分布，根据拒绝域或 p 值，可以作出判定。若拒绝 H_0，则表明可以将变量视作内生变量，构建 VAR 模型是合适的；否则只能视作外生变量，无法建立该模型。

［例 5.5］　取暖油价格、产量与库存量序列 VAR(8) 模型 Granger 因果检验

分析：根据例 5.4 的检验结果，三个序列构建的 VAR(8) 模型满足系统平稳性条件，但是否存在 Granger 因果关系，即是否可以将三个变量均视作内生变量需要进行检验。在建立 VAR(8) 模型后，对三个变量进行多变量 Granger 因果检验，结果如表 5－10、表5－11、表 5－12 所示。

表 5－10　　被解释变量为 *Y*1 的 Granger 因果检验

Dependent variable: Y1

Excluded	Chi-sq	df	Prob.
Y2	12.87277	8	0.1163
Y3	21.43024	8	0.0061
All	37.94960	16	0.0015

表 5－11　　被解释变量为 *Y*2 的 Granger 因果检验

Dependent variable: Y2

Excluded	Chi-sq	df	Prob.
Y1	29.83211	8	0.0002
Y3	29.51634	8	0.0003
All	64.13875	16	0.0000

表 5－12　　被解释变量为 *Y*3 的 Granger 因果检验

Dependent variable: Y3

Excluded	Chi-sq	df	Prob.
Y1	27.63961	8	0.0005
Y2	40.41948	8	0.0000
All	67.64137	16	0.0000

从表 5－10 可以看出，相对于取暖油价格序列，产量序列应视作外生变量序列，因为原假设成立的概率较大，不能拒绝 H_0，但是从三个变量一起考虑进行的检验，原假设成立的概率过小，拒绝 H_0；表 5－11 和表 5－12 均表明，三个变量序列在滞后 8 期的 VAR 模型中均可视为内生变量，构建 VAR(8) 模型是合适的。

第二节　脉冲响应与方差分解

一、问题的提出

实际运用中的模型，一类是结构化的，一般以相应的经济理论为依据建立，如回归模

型、联立方程组中结构式模型。若没有一定的经济理论或经济关系很复杂，如何确定结构？多变量时间序列的VAR模型从变量序列的数据出发，探讨相互之间的动态变化规律，即滞后结构关系。由于并没有相应的经济理论作为依据，被称为非结构化VAR。通过对数据的模拟分析，关注哪些变量（内生、外生）是相互作用的，寻找反映变量影响的最大滞后阶数。因此，模型的最大滞后阶数 p 需要足够大，以完整反映构造模型的动态特征，但同时还必须兼顾序列所能提供的观测值数目，模型的最大滞后阶数 p 不能过大。过大，待估计参数增多，模型自由参数越少，没有足够数目的自由参数，参数估计将可能有问题。利用VAR模型仅研究变量序列之间的关系，除了用于预测，其他作用并不大。但若考虑一个误差项变动，或受到一个干扰或冲击，系统会有怎样的动态反应，是有一定意义的。这就是讨论脉冲响应的原因。

二、脉冲响应函数的含义

脉冲响应函数是度量模型系统中，每个内生变量对它自己及所有其他内生变量的变化的反应。这个变化是某个内生变量受到一个干扰或冲击，也就是其误差发生变动；而反应是指误差变动对自身的影响和对其他内生变量的影响，即如何在模型系统内传递。

以两个变量序列的一阶向量自回归模型为例：

$$Y_{1t}=\beta_{10t}+\beta_{11}Y_{1t-1}+\beta_{12}Y_{2t-1}+\varepsilon_{1t} \tag{5.11}$$

$$Y_{2t}=\beta_{20t}+\beta_{21}Y_{1t-1}+\beta_{22}Y_{2t-1}+\varepsilon_{2t} \tag{5.12}$$

脉冲响应函数就是要考察 ε_{1t}，ε_{2t} 发生变动，对模型系统产生的影响。ε_{1t} 变化，通过式（5.11），同期 Y_{1t} 会马上发生变化，滞后一期的 Y_{1t} 通过式（5.12），对 Y_{2t} 产生影响，同时通过式（5.11）对 Y_{1t} 又产生影响；Y_{2t} 滞后一期对 Y_{2t} 自身产生的影响，同时又影响 Y_{1t}。残差变动的影响就这样在模型系统中不断传递。随着时间推移，扰动 ε_{1t} 变化的最初影响在模型里扩散，引起模型里所有变量的更大变化。同样可以考察 ε_{2t} 变动的影响。脉冲响应函数就是要描述这些影响的轨迹，确定一个变量的意外变化（扰动）如何影响模型所有其他变量。

三、脉冲响应计算

根据上面的想法，脉冲响应就是要考察随机扰动（冲击）带来的影响，即度量每个内生变量对它自己及所有其他内生变量的变化的反应。

（一）计算思路

考虑AR(1)模型，如式（5.13）。

$$y_t=\Phi_1 y_{t-1}+\varepsilon_t \tag{5.13}$$

在 ε_t 中包含除了 y_{t-1} 以外的其他滞后期对 y_t 的影响，称为新息。假定已知 $t=1$ 时 y_t 的初始值，根据AR和MA之间的对偶关系，有

$$\Phi(B)y_t=\varepsilon_t$$

可以得到

$$y_t=\Phi(B)^{-1}\varepsilon_t$$

这样，y_t 可以用既往的 ε_t 无限加权和表出。依据式（5.13），可以写出

$$\begin{aligned} y_t &= \Phi_1 y_{t-1} + \varepsilon_t = \Phi_1(\Phi_1 y_{t-2} + \varepsilon_{t-1}) + \varepsilon_t \\ &= \Phi_1[\Phi_1(\Phi_1 y_{t-3} + \varepsilon_{t-2}) + \varepsilon_{t-1}] + \varepsilon_t \\ &= \Phi_1^3 y_{t-3} + \Phi_1 y_{t-1} + \Phi_1^2 \varepsilon_{t-2} + \varepsilon_t \\ &= \varepsilon_t + \Phi_1 \varepsilon_{t-1} + \Phi_1^2 \varepsilon_{t-2} + \Phi_1^3 \varepsilon_{t-3} + \Phi_1^4 y_{t-4} \end{aligned}$$

注意 y_t 下标与 Φ_1 的幂次的关系，有 $\Phi_1^{t+1} y_{t-(t+1)}$，即有 $\Phi_1^{t+1} y_{-1}$；若 $t=-1$ 时，y_t 的初始值已知，为 y_{-1}，$t=0$，1，2，…时的 ε_t 值已知，可以将上式写成式（5.14）。

$$y_t = \Phi_1^{t+1} y_{-1} + \Phi_1^t \varepsilon_0 + \Phi_1^{t-1} \varepsilon_1 + \Phi_1^{t-2} \varepsilon_2 + \cdots + \Phi_1 \varepsilon_{t-1} + \varepsilon_t \tag{5.14}$$

注意 ε 系数 Φ_1 的最高幂次为 t，则 y 系数 Φ_1 的幂次为 $t+1$，写成一般式，有

$$y_{t+j} = \Phi^{j+1} y_{t-1} + \Phi^j \varepsilon_t + \Phi^{j-1} \varepsilon_{t+1} + \cdots + \Phi \varepsilon_{t+j-1} + \varepsilon_{t+j} \tag{5.15}$$

根据式（5.14），考虑 ε_t 增加一个单位对 y_{t+j} 的影响，而其他期 ε 不受影响，即仅考虑 ε_t 对 y_{t+j} 的影响。求偏导有

$$\frac{\partial y_{t+j}}{\partial \varepsilon_t} = \Phi^j \tag{5.16}$$

式（5.16）表示 y 对 ε 的一个单位脉冲的反应，称为脉冲响应函数。Φ 就是 VAR 中的参数。

还可以这样考虑

$$y_t = \Phi_1 y_{t-1} + \varepsilon_t$$

假定感兴趣的是对来自第一个变量的随机冲击的影响进行分析，可以计算

$$x_0 = \varepsilon_0^* = (\sigma_1 000 \cdots 0) \tag{5.17}$$

$$\begin{aligned} x_1 &= \Phi_1 \varepsilon_0^* \\ x_2 &= \Phi_1^2 \varepsilon_0^* \\ &\vdots \end{aligned}$$

$$x_h = \Phi_1^h \varepsilon_0^* \tag{5.18}$$

式中，ε_0^* 是一个脉冲。如果 y_t 是 m 维序列，则可以由式（5.17）、式（5.18）得到 m 条反映 ε 变动的轨迹线，即 x_i（$i=0$，1，2，…，h）向量序列的 m 个成分，被称为脉冲响应函数。

因为在 VAR 中，ε_t 相互之间并不要求独立，即 ε_{1t} 与 ε_{2t} 可能会存在一定的关系，通常的做法是将这些误差项的共同组成部分（线性关系）的所有影响全部归因于第一个方程的因变量（被解释变量）。例如式（5.11）和式（5.12）中，出现的 ε_{1t} 和 ε_{2t} 恰好相关，则把误差项共同组成部分的扰动全部归于式（5.11）中的被解释变量 Y_{1t}，而与式（5.12）中 Y_{2t} 的 ε_{2t} 无关。这样处理表现为：ε_t 的协方差矩阵 $\Sigma = PP$ 中 P 是一个下三角矩阵。结果，脉冲响应将取决于模型里方程的先后次序，即 y_t 各成分的排列次序不一样，得到不同的 P 矩阵，这意味着对于 y_t 各成分的不同排列次序，包含在 x_i（$i=0$，1，2，…，h）中的 m 个序列不一样。如式（5.11）中，Y_{2t} 是被解释变量，ε_{1t} 与 ε_{2t} 若存在一定的相关，则这些误差项的共同组成部分（线性关系）的所有影响全都将归因于 Y_{2t}。VAR(p) 模型的长期

脉冲响应矩阵如式（5.19）。

$$\psi_{\infty}=(I_m-\Phi_1-\cdots-\Phi_p)^{-1} \tag{5.19}$$

（二）计算条件

计算脉冲响应，必须保证模型处于稳定状态，保持所有的外生变量不变，并对模型在一个足够长的时间内进行模拟，使所有的内生变量都不再变动。如果模型系统不稳定，处在不断变化中，则计算的脉冲响应将不仅有扰动带来的影响，还会有系统本身变动的影响。这与脉冲响应函数的意义已经不同。

观察一个扰动对系统内生变量的影响轨迹，通常需要一段较长的时间。定义响应函数的追踪期数与 VAR 中的滞后阶数 p 有关。一般来说，p 越大，追踪期应越长，以观察扰动的影响是否会逐渐消失，多长时间开始消失，即所有的内生变量的变化都趋于零。

（三）计算方式

对一个内生变量引入一个一期扰动，如把 ε_{1t} 在 $t=0$ 增加 1 个标准差，这个扰动只保持一个时期可以称为一个“脉冲”。这意味着在相应的内生变量如式（5.11）中 Y_{1t} 所能影响的范围内，这个扰动将影响整个模型，影响其他可能的内生变量。最后，这种扰动可能会对原来的那个内生变量 Y_{1t} 产生比最初的影响更大的影响，因为这时它已经带上了其他变量的反馈作用。

通常，引入一个一期扰动可以有以下几种方式。

（1）设置脉冲为残差的一个单位

这是增加一个单位的扰动，这个单位为序列的计量单位，这时忽略了不同序列的度量单位和残差的相关性。

（2）设置脉冲为残差的一个标准差

这是增加一个标准差的扰动，这时忽略了残差的相关性。

（3）设置的脉冲通过乔列斯基（Cholesky）因子变换

Cholesky 因子解决了变量间相关性问题，将所有影响变量的公共因素，即残差项的共同组成部分归为 VAR 中第一个方程的因变量。这时，脉冲响应函数与方程的顺序有关。

（4）设置脉冲为广义脉冲

这是 Pesaran 和 Shin 于 1998 年构造的一种通过正交化调整的新方法，不依赖 VAR 中方程的顺序。

四、乔列斯基因子分解法

通过 Cholesky 因子建立变量间相关性与相互独立性的关系。设有 n 维随机向量 ε，方差协方差阵 $V(\varepsilon)=E(\varepsilon\varepsilon')=R$，$R$ 是实对称矩阵，有 $R=TT'$，则 T 为 Cholesky 因子。这是一个上三角部分全部为 0 的下三角阵。

Cholesky 因子的作用可以通过下面的说明加以理解。设 n 维随机向量 η，由方差为 1 的相互独立的随机变量组成，即有 $V(\eta)=I$ 为单位阵。令 $\varepsilon=T\eta$，有

$$\begin{aligned}V(\varepsilon)&=E(\varepsilon\varepsilon')=E(T\eta\eta'T')=TE(\eta\eta')T'=TIT'=TT'\\&=R\end{aligned} \tag{5.20}$$

可以看出，经过 Cholesky 因子变换，随机变量 ε 具有原定的相关性，即经过变换，其变量间相关性没有改变。

以 $n=2$ 为例，考察 Cholesky 因子的作用。η 是方差为 1 的相互独立的二维随机变量，将 ε 的相关系数记作 ρ，假设有

$$\varepsilon_1=\eta_1$$
$$\varepsilon_2=\rho\eta_1+(1-\rho^2)^{\frac{1}{2}}\eta_2$$

写成矩阵形式为：

$$\begin{bmatrix}\varepsilon_1\\ \varepsilon_2\end{bmatrix}=\begin{bmatrix}1 & 0\\ \rho & (1-\rho^2)^{\frac{1}{2}}\end{bmatrix}\begin{bmatrix}\eta_1\\ \eta_2\end{bmatrix} \tag{5.21}$$

令 $\varepsilon=T\eta$，进行 Cholesky 分解，记

$$T=\begin{bmatrix}a_{11} & 0\\ a_{12} & a_{22}\end{bmatrix}$$

是一个下三角阵，这实际上就是 Cholesky 因子。由 T 可以得到

$$T'=\begin{bmatrix}a_{11} & a_{12}\\ 0 & a_{22}\end{bmatrix}$$

于是

$$\begin{aligned}R=TT'&=\begin{bmatrix}a_{11} & 0\\ a_{12} & a_{22}\end{bmatrix}\begin{bmatrix}a_{11} & a_{12}\\ 0 & a_{22}\end{bmatrix}\\ &=\begin{bmatrix}a_{11}^2 & a_{11}a_{12}\\ a_{11}a_{12} & a_{12}^2+a_{22}^2\end{bmatrix}=\begin{bmatrix}1 & \rho\\ \rho & 1\end{bmatrix}\end{aligned} \tag{5.22}$$

根据式（5.20），R 是 ε 的方差协方差阵，即 $R=V(\varepsilon)=E(\varepsilon\varepsilon')$，可以得到式（5.22）。又 ρ 已知，所以可以求出式（5.22）中 TT' 的各个元素。即有

$$a_{11}^2=1$$
$$a_{11}^2a_{12}^2=\rho$$
$$a_{12}^2+a_{22}^2=1$$

于是可以得到式（5.22）的另一表达式

$$R=TT'=\begin{bmatrix}1 & 0\\ \rho & (1-\rho^2)^{\frac{1}{2}}\end{bmatrix}\begin{bmatrix}1 & \rho\\ 0 & (1-\rho^2)^{\frac{1}{2}}\end{bmatrix}=\begin{bmatrix}1 & \rho\\ \rho & 1\end{bmatrix}$$

即 Cholesky 因子 T 为：

$$T=\begin{bmatrix}1 & 0\\ \rho & (1-\rho^2)^{\frac{1}{2}}\end{bmatrix}$$

由于 $\varepsilon=T\eta$，所以有

$$\begin{bmatrix}\varepsilon_1\\ \varepsilon_2\end{bmatrix}=\begin{bmatrix}1 & 0\\ \rho & (1-\rho^2)^{\frac{1}{2}}\end{bmatrix}\begin{bmatrix}\eta_1\\ \eta_2\end{bmatrix} \tag{5.23}$$

可以看出，式（5.23）与式（5.21）完全相同。这表明，经过 Cholesky 因子变换，可以将一组独立同分布的随机变量 η 转化为一组多元相关的随机变量 ε。也就是，从一组相互独立的随机变量 η 出发，利用 Cholesky 因子，可以表示随机变量 ε 之间的相关性。换句话说，利用 Cholesky 因子，可以将相关的 n 维随机变量正交化，成为 n 维相互独立的随机变量。

在 VAR 模型中，由于不限定不同维残差 ε_t 之间相互独立，故对其中一个残差如 ε_{1t} 施加一个冲击时，其他与其相关的残差也会变化，导致脉冲响应函数非正交。利用 Cholesky 因子可以构造一个正交的脉冲响应函数。Cholesky 因子变换过程中，与 VAR 模型中变量的次序有关，因此只有给定变量次序的模型，Cholesky 因子是唯一的。

［**例 5.6**］ 取暖油价格、产量与库存量序列模型的脉冲响应

分析：利用例 5.3 建立的模型，选择最大滞后 24 阶，考察价格施加一个扰动，对价格、产量和库存量的影响。脉冲响应图如图 5-6、图 5-7 和图 5-8 所示。图中，实线为脉冲响应曲线，虚线为正负 2 倍标准差的置信线。

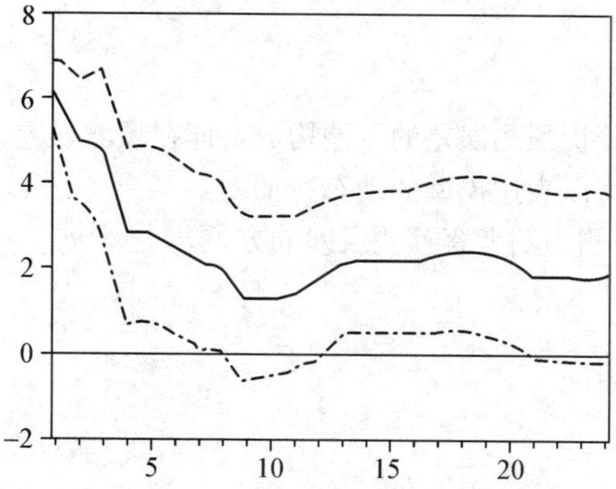

图 5-6 价格扰动对价格的影响

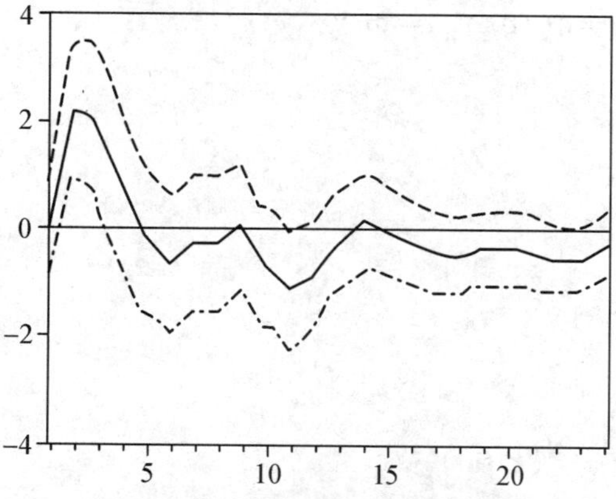

图 5-7 价格扰动对产量的影响

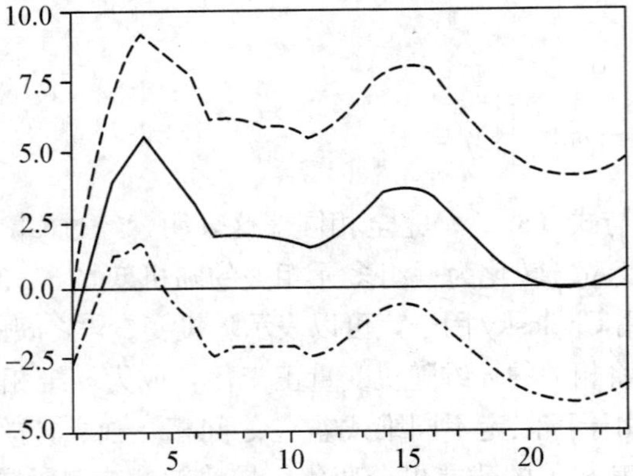

图 5－8　价格扰动对库存量的影响

由图可以看出，价格的一个扰动对自身的当期影响很大，随着时间的推移，影响逐步减弱，但到 24 期这个影响并没有完全消失；价格的一个扰动对当期的产量并没有影响，但滞后一期影响开始出现，滞后三期影响最大，随后逐渐减弱，并振荡着趋于零，即影响随着时间的推移逐渐消失；价格的一个扰动对当期的库存量产生一个反向的影响，即价格上升，库存量下降，但是随着时间推移，这一影响由负变正，影响加大，然后又逐渐减弱，趋向于零。脉冲响应函数也可以采用列表方式展示不同滞后期的函数值。

五、方差分解

方差分解是考察与分析预测误差的方差构成，即在预测误差的方差中，哪一部分是由哪一个变量所导致的，用以表达模型的动态特征。

以 VAR(1) 模型预测为例考察预测误差的方差。

$$Y_t=\Phi_1 Y_{t-1}+\varepsilon_t$$

给定时刻 n 的一步预测有

$$\hat{Y}_{n+1}=\Phi_1 Y_n$$

二步预测为：

$$\hat{Y}_{n+2}=\Phi_1\hat{Y}_{n+1}=\Phi_1(\Phi_1 Y_n)=\Phi_1^2 Y_n$$

在 $n+2$ 时的真实值为：

$$Y_{n+2}=\Phi_1 Y_{n+1}+\varepsilon_{n+2}$$

根据模型的递推形式有

$$Y_{n+1}=\Phi_1 Y_n+\varepsilon_{n+1}$$

因而

$$Y_{n+2}=\Phi_1^2 Y_n+\varepsilon_{n+2}+\Phi_1\varepsilon_{n+1}$$

预测误差为：

$$Y_{n+2}-\hat{Y}_{n+2}=\Phi_1^2Y_n+\varepsilon_{n+2}+\Phi_1\varepsilon_{n+1}-\Phi_1^2Y_n$$
$$=\varepsilon_{n+2}+\Phi_1\varepsilon_{n+1} \tag{5.24}$$

如果模型由二元序列构成，即只有两个变量序列，则由式（5.24）可得前两步预测误差为：

$$\begin{bmatrix}\varepsilon_{1t+2}\\ \varepsilon_{2t+2}\end{bmatrix}+\begin{bmatrix}\phi_{11} & \phi_{12}\\ \phi_{21} & \phi_{22}\end{bmatrix}\begin{bmatrix}\varepsilon_{1t+1}\\ \varepsilon_{2t+1}\end{bmatrix}$$

可以看出预测误差的方差与 ε_{1t} 和 ε_{2t} 均有关。分析预测误差的方差来源，就是将方差分解，分析误差中哪些是由本身的误差引起的，哪些是由第二个变量引起的。通常可以用某一变量引起的误差方差在总方差中的比重，即利用百分比，评估每一个变量的误差方差对于预测的相对重要性。计算公式如式（5.25）。

$$\text{RVC}=\frac{\sum_{q=0}^{\infty}\phi_{ij}^{(q)2}\sigma_{ij}}{\sum_{j=1}^{k}\sum_{q=0}^{\infty}\phi_{ij}^{(q)2}\sigma_{ij}}\quad (i,j=1,2,\cdots,k) \tag{5.25}$$

可以取 $q=0$ 开始到前 S 步预测。式(5.25) 反映第 j 个变量对第 i 个变量的影响。

［**例 5.7**］　取暖油价格、产量与库存量序列模型预测误差的方差分解

分析：在例 5.3 模型的基础上，预测期若为 10 期，误差方差的分解如表 5－13 所示。

表 5－13　　价格序列预测误差的方差

Period	S.E.	Y1	Y2	Y3
1	6.074940	100.0000	0.000000	0.000000
2	7.879915	98.81312	0.007102	1.179782
3	9.401810	95.70749	2.567704	1.724807
4	9.898362	93.81771	4.167945	2.014344
5	10.31992	93.44381	4.267543	2.288648
6	10.80133	90.27207	5.952594	3.775332
7	11.13541	88.51649	6.498011	4.985499
8	11.54049	85.20309	9.381019	5.415894
9	11.81904	82.35470	11.68388	5.961420
10	12.01115	80.80839	12.95347	6.238144

由表 5－13 可以看出，在对价格的预测中，第一期预测值的误差全部来源于其自身。随着预测期的延长，误差中来源于产量和库存量的影响比重增加。预测 10 期时，预测误差的方差中只有 80％多一点来源于自身，近 13％来源于价格，不到 7％来源于库存量。

这表明，在用 VAR 模型预测时，需要注意其他内生变量对预测变量的影响。对这种联动的相互关系无法像一般多元线性回归模型那样加以解释，因为多元线性回归模型的解释变量通常是严格外生的。

第三节　结构 VAR 模型

传统的 VAR 模型是非结构化的，即不考虑变量间的同期关系，解释变量中没有因变量的同期变量，只有滞后。而实际中常常不可避免存在这样的关系，需要刻画变量间同期影响关系。考虑变量序列之间同期影响关系建立的 VAR 模型为结构 VAR 模型（structural VAR，SVAR）。

一、SVAR(p) 模型的形式

(一) SVAR(1) 的形式

以两个变量的情况为例。

$$\begin{aligned} Y_{1t} &= \beta_{10} + \gamma_{12} Y_{2t} + \beta_{11} Y_{1t-1} + \beta_{12} Y_{2t-1} + u_{1t} \\ Y_{2t} &= \beta_{20} + \gamma_{21} Y_{1t} + \beta_{21} Y_{1t-1} + \beta_{22} Y_{2t-1} + u_{2t} \end{aligned} \tag{5.26}$$

假设 $Y_{1t} \sim I(0)$，$Y_{2t} \sim I(0)$；u_{1t}，u_{2t}为白噪声序列；$\sigma_{u_{1t}}^2 = \sigma_{u_{2t}}^2 = 1$，即 $\sigma_{11}^2 = \sigma_{22}^2 = 1$；$u_{1t}$与 u_{2t}之间不相关，即 $\mathrm{Cov}(u_{1t}, u_{2t}) = 0$。

注意在式（5.26）中，虽然 u_{1t}与 u_{2t}不相关，但由于 $\gamma_{12} \neq 0$ 或 $\gamma_{21} \neq 0$，作用在 u_{1t}或 u_{2t}上的冲击仍会产生作用，作用在 Y_{1t}或 Y_{2t}上的冲击 u_{1t}或 u_{2t}会传到 Y_{1t}或 Y_{2t}上。如在式（5.26）中，u_{1t}变动直接影响 Y_{1t}变动，而 Y_{1t}变动会影响到 Y_{2t}变动。因此，u_{1t}变动对 Y_{2t}的影响是间接即时影响。

观察式（5.11）、式（5.12）的 VAR(1) 和式（5.26）的 SVAR(1) 可以看出，VAR(1) 中不含有 Y_{1t}，Y_{2t}作解释变量的部分，可以认为将其隐含在 ε_{1t}，ε_{2t}中。若 ε_{1t}，ε_{2t}确实为白噪声序列，且相互独立，则 VAR(1) 是适合的；若 ε_{1t}，ε_{2t}之间存在相关性，则忽略 Y_{1t}，Y_{2t}之间的同期关系是不合适的，需要运用 SVAR(1) 模型。二者区别在于：VAR(1) 没有假定 ε_{1t}，ε_{2t}之间独立；SVAR(1) 假定 $\mathrm{Cov}(u_{1t}, u_{2t}) = 0$。

(二) VAR(1) 与 SVAR(1) 的关系

1. 模型形式

式（5.26）可以写成矩阵形式

$$\begin{bmatrix} 1 & -\gamma_{12} \\ -\gamma_{21} & 1 \end{bmatrix} \begin{bmatrix} Y_{1t} \\ Y_{2t} \end{bmatrix} = \begin{bmatrix} \beta_{10} \\ \beta_{20} \end{bmatrix} + \begin{bmatrix} \beta_{11} & \beta_{12} \\ \beta_{21} & \beta_{22} \end{bmatrix} \begin{bmatrix} Y_{1t-1} \\ Y_{2t-1} \end{bmatrix} + \begin{bmatrix} u_{1t} \\ u_{2t} \end{bmatrix} \tag{5.27}$$

记

$$\Gamma = \begin{bmatrix} 1 & -\gamma_{12} \\ -\gamma_{21} & 1 \end{bmatrix} \quad Y_t = \begin{bmatrix} Y_{1t} \\ Y_{2t} \end{bmatrix} \quad B_0 = \begin{bmatrix} \beta_{10} \\ \beta_{20} \end{bmatrix} \quad B_1 = \begin{bmatrix} \beta_{11} & \beta_{12} \\ \beta_{21} & \beta_{22} \end{bmatrix} \quad U_t = \begin{bmatrix} u_{1t} \\ u_{2t} \end{bmatrix}$$

则式（5.27）可以写成

$$\Gamma Y_t = B_0 + B_1 Y_{t-1} + U_t \tag{5.28}$$

式（5.28）是 SVAR(1) 的矩阵形式。

若 Γ 可逆，两边同时左乘 Γ^{-1}，有

$$Y_t = \Gamma^{-1} B_0 + \Gamma^{-1} B_1 Y_{t-1} + \Gamma^{-1} U_t \tag{5.29}$$

记

$$\Lambda_0 = \Gamma^{-1} B_0 = \begin{bmatrix} \lambda_{10} \\ \lambda_{20} \end{bmatrix} \quad \Lambda_1 = \Gamma^{-1} B_1 = \begin{bmatrix} \lambda_{11} & \lambda_{12} \\ \lambda_{21} & \lambda_{22} \end{bmatrix} \quad \varepsilon_t = \Gamma^{-1} U_t = \begin{bmatrix} \varepsilon_{1t} \\ \varepsilon_{2t} \end{bmatrix}$$

则式（5.29）可以写成

$$Y_t = \Lambda_0 + \Lambda_1 Y_{t-1} + \varepsilon_t \tag{5.30}$$

可以看出，式（5.30）就是非结构化的 VAR(1)。对比式（5.29）和式（5.30）可知，VAR(1) 的扰动项是 SVAR(1) 扰动项的线性组合，代表一种复合冲击。

若 u_{1t}，u_{2t} 为白噪声序列，则 ε_{1t}，ε_{2t} 也是白噪声序列，有 $E(\varepsilon_{1t})=0$，$\mathrm{Cov}(\varepsilon_{1t}, \varepsilon_{1s})=0$ $(t\neq s)$；$E(\varepsilon_{2t})=0$，$\mathrm{Cov}(\varepsilon_{2t}, \varepsilon_{2s})=0$ $(t\neq s)$；$\mathrm{Var}(\varepsilon_t)=\mathrm{Var}(\Gamma^{-1}U_t)$。

2. 模型残差

Γ^{-1} 为矩阵 Γ 的逆。矩阵 A 的逆为 $A^{-1}=\dfrac{A^*}{|A|}$，分子是 A 的伴随矩阵，即由 A 的代数余子式构成的矩阵；分母是矩阵 A 的行列式。矩阵 Γ 行列式的值等于对角线元素乘积之差，即 $1-(-\gamma_{12})(-\gamma_{21})$。于是有

$$\Gamma^{-1} = \begin{bmatrix} \dfrac{1}{1-\gamma_{12}\gamma_{21}} & \dfrac{\gamma_{21}}{1-\gamma_{12}\gamma_{21}} \\ \dfrac{\gamma_{12}}{1-\gamma_{12}\gamma_{21}} & \dfrac{1}{1-\gamma_{12}\gamma_{21}} \end{bmatrix} \tag{5.31}$$

则有

$$\varepsilon_t = \Gamma^{-1} U_t = \begin{bmatrix} \dfrac{1}{1-\gamma_{12}\gamma_{21}} & \dfrac{\gamma_{21}}{1-\gamma_{12}\gamma_{21}} \\ \dfrac{\gamma_{12}}{1-\gamma_{12}\gamma_{21}} & \dfrac{1}{1-\gamma_{12}\gamma_{21}} \end{bmatrix} \begin{bmatrix} u_{1t} \\ u_{2t} \end{bmatrix} \tag{5.32}$$

因而

$$\begin{aligned} \mathrm{Var}(\varepsilon_{1t}) &= \mathrm{Var}\left(\frac{1}{1-\gamma_{12}\gamma_{21}} u_{1t} + \frac{\gamma_{21}}{1-\gamma_{12}\gamma_{21}} u_{2t}\right) \\ &= \frac{\sigma_{11}^2 + \gamma_{21}^2 \sigma_{22}^2}{(1-\gamma_{12}\gamma_{21})^2} = \frac{1+\gamma_{21}^2}{(1-\gamma_{12}\gamma_{21})^2} \end{aligned}$$

因为 $\sigma_{11}^2 = \sigma_{22}^2 = 1$

$$\begin{aligned}\mathrm{Var}(\varepsilon_{2t})&=\mathrm{Var}\left(\frac{\gamma_{12}}{1-\gamma_{12}\gamma_{21}}u_{1t}+\frac{1}{1-\gamma_{12}\gamma_{21}}u_{2t}\right)\\&=\frac{\sigma_{22}^2+\gamma_{12}^2\sigma_{11}^2}{(1-\gamma_{12}\gamma_{21})^2}=\frac{1+\gamma_{12}^2}{(1-\gamma_{12}\gamma_{21})^2}\end{aligned}$$

$$\begin{aligned}\mathrm{Cov}(\varepsilon_{1t},\varepsilon_{2t})&=\mathrm{Cov}\left(\frac{u_{1t}}{1-\gamma_{12}\gamma_{21}}+\frac{\gamma_{21}u_{2t}}{1-\gamma_{12}\gamma_{21}},\frac{\gamma_{12}u_{1t}}{1-\gamma_{12}\gamma_{21}}+\frac{u_{2t}}{1-\gamma_{12}\gamma_{21}}\right)\\&=\frac{\gamma_{21}\sigma_{11}^2+\gamma_{12}\sigma_{22}^2}{(1-\gamma_{12}\gamma_{21})^2}=\frac{\gamma_{21}+\gamma_{12}}{(1-\gamma_{12}\gamma_{21})^2}\end{aligned}\tag{5.33}$$

从式（5.33）可以看出，若 $\gamma_{12}\neq0$，$\gamma_{21}\neq0$，则 $\mathrm{Cov}(\varepsilon_{1t},\ \varepsilon_{2t})\neq0$，即 SVAR(1) 中扰动项 u_{1t}，u_{2t}互不相关，但 VAR(1) 中扰动项 ε_{1t}，ε_{2t}却相关；只有当限定 $\gamma_{12}=\gamma_{21}=0$ 即 Y_{1t}，Y_{2t}不存在当期影响，也就是式（5.28）中 Γ 有限定或称施加约束时，VAR(1) 中的扰动项 ε_{1t}和 ε_{2t}才不相关，即 $\mathrm{Cov}(\varepsilon_{1t},\ \varepsilon_{2t})=0$。也就是说，限定 VAR(1) 中的协方差为 0，相当于对 SVAR(1) 中的 Γ 矩阵施加约束。通常，VAR 中不限定不同扰动项之间不相关，只限定扰动项自身不存在相关，因而允许 $\mathrm{Cov}(\varepsilon_{1t},\ \varepsilon_{2t})\neq0$。

（三）SVAR(p) 模型

多变量序列之间、k 个变量的 p 阶 SVAR 模型如式（5.34）。

$$\Gamma Y_t=B_0+B_1Y_{t-1}+B_2Y_{t-2}+\cdots+B_pY_{t-p}+U_t\tag{5.34}$$

式中 $\Gamma=\begin{bmatrix}1&-\gamma_{12}&\cdots&-\gamma_{1k}\\-\gamma_{21}&1&\cdots&-\gamma_{2k}\\\vdots&\vdots&&\vdots\\-\gamma_{k1}&-\gamma_{k2}&\cdots&1\end{bmatrix}$

可以看出，Γ 是主对角线元素为 1 的矩阵，若 Γ 是主对角线元素为 1 的下三角阵，模型为递归的，恰好识别。其他符号含义同前，只是进行了拓展。常数项 B_0 可以为 0。

二、SVAR 模型的约束

1. 模型识别

SVAR 模型增加了结构关系，即内生变量间的同期关系，使模型待估计参数也就是自由参数的个数增加，可能会带来模型参数是否能得到有效估计的问题，也就是模型识别问题。模型识别与通常计量模型识别一样，常采用 t 规则，即

$$t\leqslant\frac{1}{2}k(k-1)$$

式中，k 是变量的数目；t 是自由参数个数。

按照 t 规则，需要对模型施加$\dfrac{k(k-1)}{2}$个约束条件，才能保证参数的有效估计。约束条件可以是短期（同期）的，也可以是长期的，还可以同时施加短期和长期约束。

2. 约束依据

约束表示经济变量和结构冲击之间有意义的长期和短期关系。不含外生变量的非结构

化 VAR(p) 模型如式（5.35）。

$$A(L)Y_t=\varepsilon_t \tag{5.35}$$

式中，$A(L)$ 为滞后算子，若可逆，式（5.35）可以表示为无穷阶向量移动平均（VMA(∞)）形式，即有

$$Y_t=C(L)\varepsilon_t \tag{5.36}$$

式中，$C(L)=A(L)^{-1}$，滞后算子 L 是 $k\times k$ 参数矩阵。

$$C(L)=C_0+C_1L+C_2L^2+\cdots \quad (C_0=I_k)$$

式中，k 是序列 Y_t 的个数。仿照 VAR(p) 的写法，式（5.34）的 SVAR(p) 模型也可以写成

$$B(L)Y_t=u_t \tag{5.37}$$

式中，$E(u_t,\ u_t')=I_k$，$B(L)=\Gamma-B_1L-B_2L^2-\cdots-B_pL^p$，$\Gamma$ 是主对角线为 1 的矩阵，若为下三角阵，则模型递归，可识别。若 $B(L)$ 可逆，式（5.37）可以写成无穷阶向量移动平均（VMA(∞)）形式，即有

$$Y_t=D(L)u_t \tag{5.38}$$

式中，$D(L)=B(L)^{-1}$，$D(L)=D_0+D_1L+D_2L^2+\cdots(D_0=\Gamma^{-1})$。$u_t$ 不可直接观测，通过估计 VAR(p) 即式（5.35），转变 ε_t 得到结构冲击 u_t。由式（5.36）和式（5.38），可以得到

$$C(L)\varepsilon_t=D(L)u_t \tag{5.39}$$

由于 $C_0=I_k$，而式（5.36）和式（5.38）的第一项相等，因此式（5.39）左右两边第一项相等，有

$$D_0u_t=\varepsilon_t \tag{5.40}$$

式（5.39）和式（5.40）表明，VAR(p) 与 SVAR(p) 的区别就在于对残差的约束，主要体现在 $D(L)$ 上。

3. 短期约束

短期约束通常直接施加在矩阵 D_0 上，即 Γ^{-1}，表示经济变量对结构冲击的周期响应。常见的可识别约束是简单的 0 约束排除法，即凡约束的条件将矩阵 D_0 相应位置元素赋值为 0，意味着没有同期影响，也就是不存在同期的相关。

4. 长期约束

长期约束识别模型某个变量冲击对其他变量的长期影响，通常施加在结构 VMA(∞) 模型，如式（5.39）的系数矩阵 $D(L)$ 上。最常见的长期约束是对 D 的第 i 行第 j 列元素施加约束，通常也采用 0 约束，表示第 i 个变量对第 j 个变量的累积乘数影响为 0。但由于施加在整个系数阵 D 上比较困难，所以通常施加在 D_1 上。由式（5.39）、式

(5.40)，有

$$C(L)\varepsilon_t = D(L)u_t$$
$$\varepsilon_t = D_0 u_t$$

因而

$$C(L)D_0 u_t = D(L)u_t$$

即有

$$C_i D_0 = D_i \quad (i=0,1,2,\cdots)$$
$$C_1 D_0 = D_1 \tag{5.41}$$

式中，C_1，D_1 表示结构冲击的长期效应。C_1 通过估计 VAR 可以得到，施加于 D_1 上的约束可以用来识别 D_0，即 Γ^{-1}。

实际建模时，通常先根据经济理论或对经济现象之间关系的认识施加约束，模型建立后再借助检验确认关系是否成立。

三、SVAR 模型的基本类型

依据 VAR 与 SVAR 的关系，可以定义 SVAR 模型的类型。

如果 VAR(p) 模型是不含外生变量的非结构化 VAR，模型如

$$A(L)Y_t = \varepsilon_t$$

式中，$A(L)$ 为滞后算子，k 个变量均为内生。

1. K 型

若 K 是一个 $k\times k$ 可逆矩阵，对于 VAR(p) 有

$$KA(L)Y_t = K\varepsilon_t \tag{5.42}$$

式中，$K\varepsilon_t = u_t$，$E(u_t)=0$，$E(u_t u_t')=I$。

式 (5.42) 为 K 型 SVAR 模型。从式 (5.42) 可以看出，K 型 SVAR 模型中，扰动项的协方差阵为一单位阵，即不同 u_t 之间不相关。VAR 模型中 ε_t 可能存在各变量之间的同期相关，但 u_t 中不存在，相互独立。

如果多变量序列 Y_t 间包括的同期关系是稳定的，相互独立的扰动项 u_t 被看做导致内生变量向量 Y_t 变动的最终向量。这一类型的 SVAR 是对矩阵 K 施加了$\frac{k(k-1)}{2}$个短期约束条件。

2. C 型

若 C 是一个 $k\times c$ 可逆矩阵，对于 VAR(p)

$$A(L)Y_t = \varepsilon_t$$

满足 $\varepsilon_t = Cu_t$，$E(u_t)=0$，$E(u_t,\ u_t')=I$，则称模型

$$A(L)Y_t = Cu_t \tag{5.43}$$

为C型SVAR模型。

C型SVAR与K型SVAR的扰动项一样，是相互独立的白噪声序列，但内生变量之间没有同期关系。每个变量对相互独立扰动项的响应，通过矩阵C模拟。

3. AB型

AB型SVAR模型是常用类型。若A，B为$k\times k$可逆矩阵，有

$$A\wedge(L)Y_t=A\varepsilon_t \tag{5.44}$$

满足$A\varepsilon_t=Bu_t$，$E(u_t)=0$，$E(u_t, u_t')=I$，则式（5.44）为AB型SVAR模型。其中，ε_t是VAR的残差；u_t是SVAR的残差。VAR与SVAR的差异通过扰动项的关系反映，即通过$A\varepsilon_t=Bu_t$反映。AB型SVAR模型既反映内生变量间同期关系，也反映模型系统对相互独立扰动项u_t冲击的响应。

对比式（5.42）、式（5.43）、式（5.44）可以看出，K型、C型均为AB型的特例：若B为单位阵，则AB型转为K型；若A为单位阵，AB型转为C型。矩阵A，B的形式与对经济变量施加的约束条件有关。

从式（5.44）可以看出，A是主对角线为1的矩阵，其余元素的取值与否由约束条件限定。如三个变量间的关系，A是左乘在ε_t一边，主对角线是ε_t自身，其余元素是不同的ε_t之间关系，如果限定它们之间关系对称，即ε_{1t}与ε_{2t}和ε_{2t}与ε_{1t}一样，则A为下三角阵，有如下的矩阵A。矩阵中的Na表示该元素需要估计。若根据经济变量之间关系，可以确认

$$A=\begin{bmatrix}1 & 0 & 0\\ \text{Na} & 1 & 0\\ \text{Na} & \text{Na} & 1\end{bmatrix}$$

ε_{1t}与ε_{2t}无关，则$a_{21}=0$，在矩阵A中，第二行第一列的元素为0。B是主对角线上有待估计元素，其余元素均为0的矩阵，因为u_t是SVAR残差，不同u_t之间相互独立。主对角线上元素反映u_t与ε_t之间关系。仍以三个变量为例，有如下的矩阵B。

$$B=\begin{bmatrix}\text{Na} & 0 & 0\\ 0 & \text{Na} & 0\\ 0 & 0 & \text{Na}\end{bmatrix}$$

体现在$A\varepsilon_t=Bu_t$中的约束，通常是指短期约束。约束由实际的经济关系、经济理论决定。用矩阵形式表示的约束，最简单的就是排除0约束，即将一些关系限定为0，如前面对矩阵A，B限定形式。可以证明，A是主对角线为1的下三角阵，模型恰好识别。至于A的下三角部分元素是否需要估计，可以根据经济理论、实际经济关系确定。这实际上是施加的短期约束。

四、SVAR的估计与检验

SVAR模型的参数估计与VAR模型类似，只是因为需要考虑A，B矩阵，因此在VAR估计的基础上，同时估计这两个矩阵中相应的元素。

由于 A，B 矩阵反映的是多变量序列之间的同期变动关系，而这种结构关系是否真实存在需要检验，因此参数估计后，需要对这两个矩阵中估计的参数进行合理性和显著性检验。合理性检验是考察多变量序列之间的当期影响关系的正确性，包括符号和数值大小的合理。显著性检验是检验估计的参数与 0 是否有显著差异。如果有，表明相应的两个变量序列之间存在同期变动关系，模型假定合理；若参数的显著性检验没有通过，即参数为 0 的概率较大，表明假定相应的两个变量序列存在同期变动关系是不合适的。

参数进行显著性检验时，通常选用显著性水平为 0.05，即认为 0.05 是概率发生大小的一个界值，如果发生概率小于 0.05，则可以认为是小概率事件，几乎不会发生。这个原则在一般情况下都是可行的，变量序列间是否需要施加约束，可以在参数估计后通过显著性检验加以确认。但在实际问题研究中，往往会由于各种原因，如数据采集不够，数据分布不完全正态等，造成从理论上说应该有同期关系的变量之间参数显著性不够，可以考虑将显著性水平由 0.05 改为 0.10。这时需要将定量分析与定性分析结合，以做出正确的解释说明。

[例 5.8]　取暖油价格、产量与库存量序列模型的修正

分析： 表 5－2、表 5－3 和表 5－4 显示，序列价格和产量之间当期相关不明显，而价格与库存量、产量与库存量之间当期相关程度较高，这时似乎应该考虑建立 SVAR 模型。从互相关函数出发，选择 SVAR 模型为 AB 型。关于矩阵 A，B 的设定，可以考虑两种情况。第一种，在 A 中除对角线外的下三角所有元素都为待估计参数。

$$A=\begin{bmatrix}1 & 0 & 0\\ \mathrm{Na} & 1 & 0\\ \mathrm{Na} & \mathrm{Na} & 1\end{bmatrix}\qquad B=\begin{bmatrix}\mathrm{Na} & 0 & 0\\ 0 & \mathrm{Na} & 0\\ 0 & 0 & \mathrm{Na}\end{bmatrix}$$

第二种，根据互相关函数分别设定为：

$$A=\begin{bmatrix}1 & 0 & 0\\ 0 & 1 & 0\\ \mathrm{Na} & \mathrm{Na} & 1\end{bmatrix}\qquad B=\begin{bmatrix}\mathrm{Na} & 0 & 0\\ 0 & \mathrm{Na} & 0\\ 0 & 0 & \mathrm{Na}\end{bmatrix}$$

因为价格与产量当期相关不高，约束矩阵相应位置元素为 0；其他不加限制。

表 5－14 和表 5－15 分别是两种情况下 A，B 矩阵的估计结果。表 5－14 显示，系数 $C(1)$ 没有通过显著性检验，表明价格和产量之间不存在同期的影响关系。若去除该项，得到表 5－15 的第二种情况的估计结果。从表 5－15 可以看出，系数 $C(2)$ 在 5%的显著性水平下没有通过显著性检验，但在 10%的显著性水平下通过显著性检验，表明产量和库存量之间存在一定程度的同期影响关系。这种情况下是否需要去除该项宜慎重，可以结合脉冲响应函数以及定性分析一并考虑。如果剔除这一项，估计结果如表 5－16 所示。表中结果显示，系数 $C(1)$ 在 5%的显著性水平下没有通过显著性检验，如果也将其剔除，则表明价格、产量和库存量之间同期关系不显著，运用非结构化 VAR 模型是合适的。

表 5-14　　第一种情况估计结果

Model: Ae = Bu where E[uu']=I
Restriction Type: short-run pattern matrix
A =

1	0	0
C(1)	1	0
C(2)	C(3)	1

B =

C(4)	0	0
0	C(5)	0
0	0	C(6)

	Coefficient	Std. Error	z-Statistic	Prob.
C(1)	-0.004743	0.073031	-0.064948	0.9482
C(2)	0.218525	0.109391	1.997660	0.0458
C(3)	-0.270235	0.145482	-1.857507	0.0632
C(4)	6.074940	0.417229	14.56022	0.0000
C(5)	4.567756	0.313715	14.56022	0.0000
C(6)	6.841737	0.469892	14.56022	0.0000

表 5-15　　第二种情况估计结果

Model: Ae = Bu where E[uu']=I
Restriction Type: short-run pattern matrix
A =

1	0	0
0	1	0
C(1)	C(2)	1

B =

C(3)	0	0
0	C(4)	0
0	0	C(5)

	Coefficient	Std. Error	z-Statistic	Prob.
C(1)	0.218525	0.109388	1.997700	0.0457
C(2)	-0.270235	0.145480	-1.857544	0.0632
C(3)	6.074940	0.417229	14.56022	0.0000
C(4)	4.567847	0.313721	14.56022	0.0000
C(5)	6.841737	0.469892	14.56022	0.0000

表 5-16　　表 5-15 剔除 $C(2)$ 项的估计结果

Model: Ae = Bu where E[uu']=I
Restriction Type: short-run pattern matrix
A =

1	0	0
0	1	0
C(1)	0	1

B =

C(2)	0	0
0	C(3)	0
0	0	C(4)

	Coefficient	Std. Error	z-Statistic	Prob.
C(1)	0.217244	0.111155	1.954428	0.0507
C(2)	6.074940	0.417229	14.56022	0.0000
C(3)	4.567847	0.313721	14.56022	0.0000
C(4)	6.952196	0.477479	14.56022	0.0000

五、SVAR 的脉冲响应函数和方差分解

SVAR 模型建立后，如果能够确认该模型系统较为稳定，可以计算脉冲响应和进行方差分解，也就是利用 Cholesky 因子构造一个正交的脉冲响应函数。其基本意义同 VAR 中的脉冲响应和方差分解。

模型施加短期约束，意味着脉冲响应函数随着时间的变化将会消失；长期约束则意味着对响应变量未来值有一个长期的影响。

第四节　向量误差修正模型

VAR 和 SVAR 模型都适用于平稳序列，而实际的现象随时间变化过程中往往会带有趋势。多变量时间序列若存在趋势，可以考虑多变量之间是否有共同的趋势，类似于两变量序列的协整关系，可以考虑多变量时间序列的协整关系。多变量时间序列存在共同趋势，就是含单位根的向量自回归过程。这一过程通常可以建立向量误差修正模型（vector error correction model，VECM）。

一、向量协整的含义

$\{Y_t, t=1, 2, \cdots\}$ 为 m 维的向量单位根过程，即其每一分量序列 $Y_{i,t}$（$i=1, 2, \cdots, m$）为单变量单位根过程，即 $Y_{i,t}\sim I(1)$。若存在一非零的 m 维向量 α，使得 Y_t 的线性组合 $\alpha' Y_t$ 成为一稳定过程，即 $\alpha' Y_t\sim I(0)$，则称向量 Y_t 是协整的，α 为其协整向量。

以两变量序列为例讨论向量之间协整关系。

若

$$Y_{1t}+\delta Y_{2t}=V_t \tag{5.45}$$

$$Y_{1t}+\eta Y_{2t}=W_t \tag{5.46}$$

$$V_t=\mu_1^*+\rho_1 V_{t-1}+\varepsilon_{1t}^* \quad (0\leqslant\rho_1\leqslant 1) \tag{5.47}$$

$$W_t=\mu_2^*+\rho_2 W_{t-1}+\varepsilon_{2t}^* \quad (0\leqslant\rho_2\leqslant 1) \tag{5.48}$$

式（5.46）等价于

$$Y_{2t}+\eta^* Y_{1t}=w_{1t}^*$$

由式（5.45）和式（5.47）可得

$$\begin{aligned}Y_{1t}+\delta Y_{2t}&=\mu_1^*+\rho_1 V_{t-1}+\varepsilon_{1t}^*\\&=\mu_1^*+\rho_1 Y_{1t-1}+\rho_1\delta Y_{2t-1}+\varepsilon_{1t}^*\end{aligned}$$

由式（5.46）和式（5.48）可得

$$Y_{1t}+\eta Y_{2t}=\mu_2^*+\rho_2 Y_{1t-1}+\rho_2\eta Y_{2t-1}+\varepsilon_{2t}^*$$

写成矩阵形式为：

$$\begin{bmatrix}1 & \delta\\ 1 & \eta\end{bmatrix}\begin{bmatrix}Y_{1t}\\ Y_{2t}\end{bmatrix}=\begin{bmatrix}\mu_1^*\\ \mu_2^*\end{bmatrix}+\begin{bmatrix}\rho_1 & \rho_1\delta\\ \rho_2 & \rho_2\eta\end{bmatrix}\begin{bmatrix}Y_{1t-1}\\ Y_{2t-1}\end{bmatrix}+\begin{bmatrix}\mu_{1t}^*\\ \mu_{2t}^*\end{bmatrix}$$

两边同时左乘$\begin{bmatrix}1 & \delta\\1 & \eta\end{bmatrix}^{-1}$，再减去一阶滞后变量 Y_{t-1}，得到

$$\nabla Y_t=\mu+\Pi Y_{t-1}+e_t \tag{5.49}$$

式中　$Y_t=\begin{bmatrix}Y_{1t}\\Y_{2t}\end{bmatrix}$　$\nabla Y_t=\begin{bmatrix}Y_{1t}-Y_{1t-1}\\Y_{2t}-Y_{2t-1}\end{bmatrix}$

$$\mu=\begin{bmatrix}(\eta\mu_1^*-\delta\mu_2^*)/(\eta-\delta)\\(\mu_2^*-\mu_1^*)/(\eta-\delta)\end{bmatrix}$$

$$\Pi=\begin{bmatrix}(\eta\rho_1-\delta\rho_2-\eta+\delta)/(\eta-\delta) & \eta\delta(\rho_1-\rho_2)/(\eta-\delta)\\(\rho_2-\rho_1)/(\eta-\delta) & (\eta\rho_2-\delta\rho_1-\eta+\delta)/(\eta-\delta)\end{bmatrix}$$

对于矩阵 Π 的几种情况进行讨论。

（1）$0\leqslant\rho_j<1$（$j=1$，2）

这种情况下，Π 满秩，秩等于 2。由式（5.45）、式（5.47）和式（5.46）、式（5.48）知，Y_{1t}与 Y_{2t}的线性组合是平稳的。

（2）$\rho_1=\rho_2=1$

这种情况下，Π 的所有元素为 0，秩等于 0。由式（5.49）知，$\nabla Y_t=\mu+e_t$，即通过一阶差分，序列平稳，若 μ_1^*，μ_2^* 不等于 0，可能有一个漂移。由式（5.45）、式（5.47）和式（5.46）、式（5.48）知，Y_{1t}与 Y_{2t}的线性组合为随机游走，没有共同趋势。

（3）$\rho_1=1$，$0\leqslant\rho_2<1$

这种情况下，由式（5.48）知，W_t 是 AR(1)，即 $Y_{1t}+\eta Y_{2t}=W_t$ 是平稳的，也就是说，Y_{1t}，Y_{2t}存在一个线性组合是平稳的；而式（5.45）的线性组合为单位根过程。

这时，可以将矩阵 Π 进行分解，有

$$\Pi=\alpha\beta'$$

式中　$\alpha=\begin{bmatrix}\delta(1-\rho_2)/(\eta-\delta)\\-(1-\rho_2)/(\eta-\delta)\end{bmatrix}_{2\times1}$　$\beta=\begin{bmatrix}1\\\eta\end{bmatrix}_{2\times1}$

α 是调整系数阵，反映朝均衡调整的程度；β 是协整向量。

按式（5.49），可以写出 Y_{1t}，Y_{2t}的具体表达形式，即为误差修正模型形式。

$$\nabla Y_{1t}=\mu_1+\alpha_1(Y_{1t-1}-\eta Y_{2t-1})+\varepsilon_{1t}$$
$$\nabla Y_{2t}=\mu_2+\alpha_2(Y_{1t-1}-\eta Y_{2t-1})+\varepsilon_{2t}$$

式中，α_1，α_2 是调整系数，反映朝均衡调整的力度；$ECM_{t-1}=Y_{1t-1}-\eta Y_{2t-1}$反映 Y_{1t}，Y_{2t}的协整关系，称为协整方程。因为只有两个变量序列，所以反映协整关系的方程只有一个。对于 m 维的变量序列，协整关系至多有 $m-1$ 个，每个调整系数会不同。

上面的每个方程都称做一个误差修正模型，若有 m 个序列，可以写出 m 个误差修正模型，合在一起就构成整个系统的向量误差修正模型。

二、向量误差修正模型

向量误差修正模型（VECM）反映具有协整关系的多变量序列之间的动态变化特征。按

式（5.2）的 VAR(p) 形式，若 Y_t 为向量单位根过程且为协整的，则可以写成式（5.50）：

$$\nabla Y_t=\alpha_0+\Gamma_1\nabla Y_{t-1}+\cdots+\Gamma_{p-1}\nabla Y_{t-p+1}+\Pi Y_{t-1}+Bx_t+\varepsilon_t \tag{5.50}$$

式中，$0<\mathrm{R}(\Pi)=r<m$，m 表示满秩；Π 中含有两个 $m\times r$ 阶矩阵 α 和 β，$\Pi=\alpha\beta'$，$\Pi Y_{t-1}\sim I(0)$；α 为调整参数矩阵，反映朝均衡调整的力度；β 是协整向量，包含协整参数，即反映 m 维序列之间均衡关系的参数；x_t 是确定的外生变量，可以是确定性趋势、常数项等。

对于 m 维变量序列，可能存在不止一个协整关系，也就是说，协整关系可以有多种形式，例如三个变量序列可能存在两个协整关系，一个反映三个变量序列的整体协整关系，用一个协整方程表示；另一个可以由两个协整方程表示，分别为三个变量序列其中两个的协整关系和另外两个的协整关系。实际上，两个协整方程表示的协整关系等价于三个变量用一个协整方程表示的协整关系。

三、协整检验

多变量序列之间的多重协整关系检验通常采用 JJ 检验，可以用迹统计量和最大特征值统计量检验。检验的前提条件是，多变量序列的每个分量序列都是单位根过程。

（一）JJ 检验基本思想

JJ（Johansen-Juselius）检验是基于最大似然估计的协整检验，是VAR(p) 模型系数矩阵的协整似然比检验即 LR 检验。

按照协整关系的定义，JJ 检验就是要对原序列找到一个特殊的线性组合，如前例二维变量序列中 $Y_{1t-1}+\eta Y_{2t-1}$，使得它与平稳序列，如∇Y_{1t}，∇Y_{2t}的任意线性组合有最大的偏相关值。

由式（5.49）知，Π 的秩有三种情况：秩为 0、满秩和不满秩。对于 m 维变量序列，式（5.50）中∇Y_{t-1}等是平稳序列，如果 $\Pi Y_{t-1}\sim I(0)$，是平稳序列，则∇Y_t 是平稳过程。$\Pi Y_{t-1}\sim I(0)$，表明 y_{1t-1}，y_{2t-1}，…，y_{mt-1}存在协整关系。因此，变量序列之间是否存在协整关系，存在几个协整关系，依赖于矩阵 Π 的秩 r。矩阵 Π 的秩 r 也有三种情况。

（1）$r=m$

当 $r=m$ 时，意味着每一个变量序列都是平稳的。这与向量 Y_t 一阶差分平稳矛盾。因此，满秩时不可能存在协整关系。

（2）$r=0$

秩 $r=0$ 表明矩阵 Π 的每一个元素都是 0，即 $\Pi=0$。这种情况下，式（5.50）是一个差分平稳过程，序列之间不存在协整关系，因而不需要讨论 y_{1t-1}，y_{2t-1}，…，y_{mt-1}之间是否存在协整关系的问题。

（3）$0<r<m$

这种情况下，Π 可以分解为两个 $m\times r$ 阶矩阵 α 和 β，即 $\Pi=\alpha\beta'$，两个矩阵的秩都是 r。式（5.50）可以写成

$$\nabla Y_t=\alpha_0+\Gamma_1\nabla Y_{t-1}+\cdots+\Gamma_{p-1}\nabla Y_{t-p+1}+\alpha(\beta' Y_{t-1})+Bx_t+\varepsilon_t$$

可以看出，上式中矩阵 β 决定了 y_{1t-1}，y_{2t-1}，…，y_{mt-1}之间协整关系的形式和个数。β 的秩也是协整关系的个数。

将对 m 维变量序列的协整检验转换为对式（5.50）中矩阵 Π 的分析，这就是 JJ 检验的基本思想。矩阵 Π 的特征根可以记为：$\lambda_1>\lambda_2>\cdots>\lambda_r>\lambda_{r+1}>\cdots>\lambda_m$，其秩就是非零特征根的个数。JJ 检验是基于最大似然估计的协整检验。

（二）迹检验统计量和检验标准

迹（trace）是矩阵主对角线元素个数之和。利用迹检验统计量进行检验，构造的假设为：

H_0：至多有 r 个协整关系

H_1：至少有 $r+1$ 个协整关系

这个原假设如果成立，表明矩阵 Π 的特征根至多有 r 个不为 0，其余$m-r$个特征根均为 0。因此，可以用矩阵 Π 的特征根 λ_i 对协整关系进行检验。

迹检验统计量如式（5.51）。

$$LR_{tr}(r|m)=Q_r=-T\sum_{i=r+1}^{m}\log(1-\lambda_i) \tag{5.51}$$

式中，λ_i 为式（5.50）矩阵 Π 的大小排第 i 位的特征根，$r=0$，1，…，$m-1$；T 为观察期总数；m 为变量序列数目。

迹检验统计量服从 χ^2 分布，自由度因协整关系的形式不同而有所不同，协整关系的几种情况在下面讨论。

检验标准：根据给定的显著性水平 α，以一定自由度，查 χ^2 分布表，可以得到临界值 χ^2_α，若 $Q_r>\chi^2_\alpha$，拒绝 H_0；也可以计算得到 H_0 成立的概率 p，如果这一概率小于 0.05，可以认为其发生是小概率事件，从而拒绝 H_0。

这个检验是一个成对的检验。检验从 $r=0$ 开始，直到 $r=m-1$，共进行 m 次。如果不能拒绝 $r=0$，意味着没有协整关系，如果拒绝 H_0，表明至少存在一个协整关系；进行下一个检验，即 $r=1$ 的检验，如果不能拒绝 H_0，表明至多存在一个协整关系，拒绝则表明至少存在两个协整关系，需要继续检验；依次进行，直到不能拒绝 H_0 为止。最后检验的 r 就是协整关系的个数。

（三）最大特征值检验统计量和检验标准

最大特征值（max-eigen）检验统计量是利用矩阵 Π 的最大特征根构造的统计量，检验过程与迹检验类似，检验假设为：

H_0：存在 r 个协整关系

H_1：至少有 $r+1$ 个协整关系

这个原假设意味着，$\lambda_r>0$ 而 $\lambda_{r+1}=0$，备择假设则是 $\lambda_{r+1}>0$。

检验统计量为：

$$\begin{aligned}LR_{max}(r|r+1)&=\xi_r=-T\log(1-\lambda_{r+1})\\&=LR_{tr}(r|m)-LR_{tr}(r+1|m)\end{aligned} \tag{5.52}$$

式中，λ_{r+1}是矩阵 Π 的最大特征值，tr 表示矩阵的迹，其他符号的含义同式（5.51）。最大特征值检验统计量服从 χ^2 分布。这一检验也是一个成对检验，$r=0$，1，…，$m-1$，检验过程与迹统计量检验类似。根据给定的显著性水平 α，以一定自由度，查 χ^2 分布表，可以得到临界值 χ_α^2，若 $\xi_r > \chi_\alpha^2$，拒绝 H_0；也可以计算得到 H_0 成立的概率 p，如果这一概率小于 0.05，可以认为其发生是小概率事件，从而拒绝 H_0。ξ_r 也可以简记为 λ-max 统计量。

在实际中，两个检验的结论可能不一样，甚至产生冲突。这时需要结合变量序列之间的实际意义加以考虑。一般来说，主要考虑的是有没有协整关系，至于有几个相对来说并不重要。

(四) 协整关系的几种情况

类似第四章讨论的单变量序列单位根检验的几种情况，在多变量序列中，序列可能是非零均值和有确定趋势或随机趋势。多变量序列有共同随机趋势，可以通过协整关系进行反映，这可以称为协整方程的“内部”关系；序列非零均值或有确定趋势，通常称为协整方程的“外部”关系。内部关系和外部关系都可能有类似于单变量序列单位根检验的几种情况。如果不考虑这些情况进行协整检验，LR 检验统计量的渐近分布将不是 χ^2 分布。按式（5.50），根据 Johansen（1995）提出的协整检验，多重协整检验需要考虑以下五种情况。

（1）序列 Y_t 没有确定性趋势，协整方程无截距

$$\Pi Y_{t-1} + Bx_t = \alpha\beta' Y_{t-1}$$

（2）序列 Y_t 没有确定性趋势，协整方程有截距

$$\Pi Y_{t-1} + Bx_t = \alpha(\beta' Y_{t-1} + \rho_0)$$

（3）序列 Y_t 有线性趋势，协整方程有截距

$$\Pi Y_{t-1} + Bx_t = \alpha(\beta' Y_{t-1} + \rho_0) + \alpha_\perp \gamma_0$$

（4）序列 Y_t 和协整方程都有线性趋势

$$\Pi Y_{t-1} + Bx_t = \alpha(\beta' Y_{t-1} + \rho_0 + \rho_1 t) + \alpha_\perp \gamma_0$$

（5）序列 Y_t 有二次趋势，协整方程有线性趋势

$$\Pi Y_{t-1} + Bx_t = \alpha(\beta' Y_{t-1} + \rho_0 + \rho_1 t) + \alpha_\perp(\gamma_0 + \gamma_1 t)$$

当确定性趋势出现在协整关系的内部和外部时，Π 的分解不是唯一的，即 α 和 β 并不是唯一的。Johansen（1995）提出，将外生的关系垂直投影到属于内部误差修正关系的 α 空间上，即用 $\alpha_\perp$ 把协整关系与确定的“外部”关系联系在一起，$\alpha_\perp$ 是 α 的零空间，即有 $\alpha'\alpha_\perp = 0$。这样，误差修正关系具有零样本均值，可以保证协整关系的唯一性。

考虑以上五种情况的检验仍然可以用迹检验和最大特征值检验，只是一定显著性水平下的临界值不一样。

[例 5.9]　我国出口额、进口额与外汇储备之间关系

分析： 表 5-17 是 2000 年 1 月至 2009 年 9 月我国出口额（$y1$）、进口额（$y2$）和外汇储备（$y3$）数据。绘制序列的时序图，如图 5-9 所示。从图 5-9 可以看出，似乎序列并不平稳，对序列进行单位根检验，结果如表 5-18 所示。结果显示，序列 $y1$ 在 5%显著

性水平下，是带常数项和趋势项的平稳序列；$y2$ 在 1%显著性水平下，是带常数项和趋势项的平稳序列；$y3$ 是非平稳序列，d$y3$ 是其一阶差分后序列，在 5%显著性水平下平稳。显然不适宜直接建立 VAR 模型。

表 5－17　　2000 年 1 月至 2009 年 9 月我国进出口额和外汇储备　　单位：百万美元

时间	$y1$	$y2$	$y3$	时间	$y1$	$y2$	$y3$
2000.01	32 055.67	15 258.39	156 100	2003.03	64 640.4	32 549.12	316 009
2000.02	28 203.99	13 428.61	156 559	2003.04	70 218.28	34 601.21	326 991
2000.03	37 960.06	17 813.58	156 820	2003.05	65 446.38	31 604.15	340 061
2000.04	38 861.19	18 360.8	156 846	2003.06	66 812.03	32 336.18	346 476
2000.05	37 071.6	16 966.43	158 019	2003.07	74 623.27	36 513.67	356 486
2000.06	42 494.37	20 301.4	158 568	2003.08	72 036.4	34 621.37	364 734
2000.07	40 970.14	19 491.63	158 596	2003.09	83 593.03	41 652.34	383 863
2000.08	44 116.93	20 787.74	159 217	2003.10	76 118.41	35 192.5	400 992
2000.09	43 688.32	20 715.03	160 092	2003.11	78 655.26	36 893.29	420 361
2000.10	41 716.38	18 916.4	161 344	2003.12	90 397.71	42 336.18	403 251
2000.11	43 795.76	21 640.88	163 911	2004.01	71 448.8	35 736.6	415 720
2000.12	43 400.4	21 414.25	165 574	2004.02	76 187.48	42 029.74	426 640
2001.01	32 471.48	15 545.01	168 623	2004.03	92 235.76	46 387.84	439 820
2001.02	37 424.24	18 225.62	174 773	2004.04	96 498.3	49 374.19	449 017
2001.03	43 911.53	20 772.53	175 847	2004.05	87 632.92	42 765.03	458 560
2001.04	44 651.46	21 859.28	177 178	2004.06	99 149.01	48 652.66	470 639
2001.05	39 622.27	18 808.77	179 000	2004.07	99 976.21	48 972.3	482 982
2001.06	43 332.57	21 251.54	180 838	2004.08	98 310.79	46 910.6	496 169
2001.07	43 843.19	20 955.5	184 492	2004.09	106 614	50 810.92	514 538
2001.08	45 701.66	22 161.54	190 053	2004.10	97 957.45	45 433.57	542 443
2001.09	45 839.97	21 850.6	195 764	2004.11	111 955.2	51 029.7	573 882
2001.10	41 692.34	18 901.81	203 029	2004.12	116 492.5	52 708.03	609 932
2001.11	44 844.78	20 844.77	208 315	2005.01	95 016.34	44 261.16	623 646
2001.12	46 892.68	22 390.11	212 165	2005.02	84 189.39	39 916.22	642 610
2002.01	40 673.71	18 970.42	217 400	2005.03	116 005.2	55 136.11	659 144
2002.02	35 055.62	15 918.45	223 531	2005.04	119 711.4	57 560.17	670 774
2002.03	46 301.91	22 484.15	227 605	2005.05	107 865.5	49 438.54	691 012
2002.04	52 475.4	25 751.71	233 824	2005.06	122 241.6	56 281.98	710 973
2002.05	47 077.3	22 433.11	238 473	2005.07	120 622.8	55 038.52	732 733
2002.06	49 106.9	23 094.14	242 760	2005.08	126 206.3	57 806.69	753 209
2002.07	56 197.64	26 987.66	246 534	2005.09	132 808.6	62 623.12	769 004
2002.08	56 642.34	27 204.91	253 096	2005.10	124 168	56 076.02	784 902
2002.09	61 704.89	29 794.14	258 623	2005.11	133 905	61 687.22	794 223
2002.10	55 143.41	25 197.04	265 539	2005.12	139 808.4	64 396.02	818 872
2002.11	59 943.79	28 734.6	274 625	2006.01	120 485.6	55 496.83	845 180
2002.12	60 622.07	28 732.58	286 407	2006.02	105 792	51 683.72	853 672
2003.01	60 791.76	31 015.97	304 457	2006.03	144 903	66 857.13	875 070
2003.02	48 235.24	23 779.66	308 252	2006.04	143 439.5	66 491.36	895 040

续前表

时间	$y1$	$y2$	$y3$	时间	$y1$	$y2$	$y3$
2006.05	133 223.6	60 109.73	925 020	2008.02	166 180.9	78 813.13	1 647 134
2006.06	148 119.5	66 808.3	941 115	2008.03	204 519	95 556.14	1 682 177
2006.07	146 050.7	65 713.51	954 550	2008.04	220 873.8	102 102.7	1 756 655
2006.08	162 735.9	71 969.9	972 039	2008.05	220 782.6	100 286.1	1 796 961
2006.09	167 972	76 342.47	987 928	2008.06	221 359.5	100 179.9	1 808 800
2006.10	152 424.9	64 297.52	1 009 630	2008.07	248 072.2	111 397.1	1 845 164
2006.11	168 781	72 926.49	1 038 750	2008.08	241 051.2	106 178.5	1 884 153
2006.12	167 190.8	73 096.75	1 066 340	2008.09	243 497.4	107 065.3	1 905 585
2007.01	157 358.9	70 739.2	1 104 690	2008.10	221 414.7	93 087.69	1 879 688
2007.02	140 435	58 339.36	1 157 370	2008.11	189 884.8	74 897.47	1 884 717
2007.03	159 976.9	76 552.72	1 202 030	2008.12	183 334.4	72 177.19	1 946 030
2007.04	178 054.2	80 604.21	1 246 566	2009.01	90 485	51 373	1 913 456
2007.05	165 655.9	71 590.82	1 292 671	2009.02	64 866	60 058	1 912 066
2007.06	179 626.5	76 358.22	1 332 625	2009.03	90 218	71 878	1 953 741
2007.07	191 131.3	83 387.19	1 385 200	2009.04	91 923	78 986	2 008 880
2007.08	197 735.5	86 380.7	1 408 640	2009.05	88 699	75 665	2 089 491
2007.09	200 940.3	88 567.21	1 433 610	2009.06	95 458	87 514	2 131 606
2007.10	188 397.3	80 673.33	1 454 898	2009.07	105 392	95 133	2 174 618
2007.11	208 960.4	91 339.56	1 496 906	2009.08	103 667	88 238	2 210 827
2007.12	206 145	91 728.98	1 528 249	2009.09	115 866	103 201	2 272 595
2008.01	199 814.5	90 174.45	1 589 810				

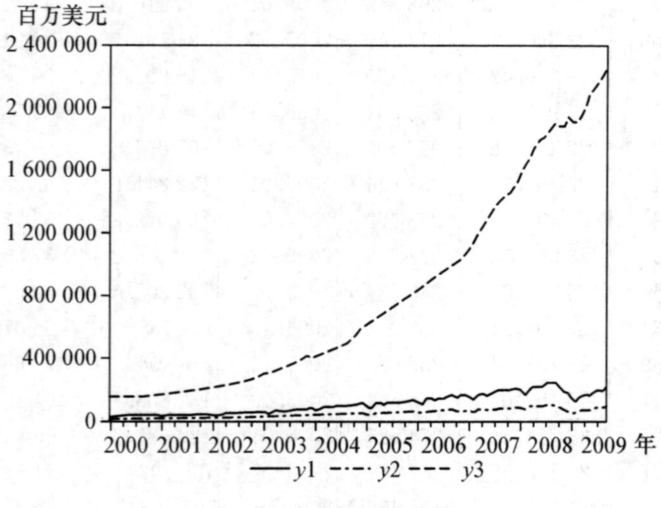

图 5-9　三序列时序图

表 5-18　　单位根检验结果

序列	趋势类型	t_τ	1%	5%	10%
$y1$	c，t，0	−3.440 5	−4.048 7	−3.453 6	−3.152 4
$y2$	c，t，0	−4.350 2	−4.048 7	−3.453 6	−3.152 4
$y3$	c，t，0	2.289 1	−4.048 7	−3.453 6	−3.152 4
d$y3$	无 c 和 t，0	−2.410 6	−2.587 6	−1.944 0	−1.614 7

由表 5-18 可以看出，序列都有趋势，但趋势类型不完全相同。对三个序列进行一阶差分，差分后序列图如图 5-10 所示。由图 5-10 可以看出，三个序列基本没有趋势，单位根检验结果如表 5-19 所示。差分后序列尝试建立 VAR 模型，通过选择合适的 p，为后面建立误差修正模型做准备。表 5-20 是选择滞后阶数为 4 的检验结果。按照前面阶数确定的 5 个指标，有 4 个指标选择 $p=3$。估计 VAR(3) 并进行平稳性检验，AR 特征多项式系数如表 5-21 所示，AR 特征多项式根的倒数分布图如图 5-11 所示。可以看出，差分后序列建立 VAR 模型是可行的。如果要对原序列直接建立 VAR(3) 模型，AR 特征多项式系数如表 5-22 所示，AR 特征多项式根的倒数分布图如图 5-12 所示。可以看出，原序列直接建立 VAR 模型是不可行的，VAR 系统不满足平稳性条件。

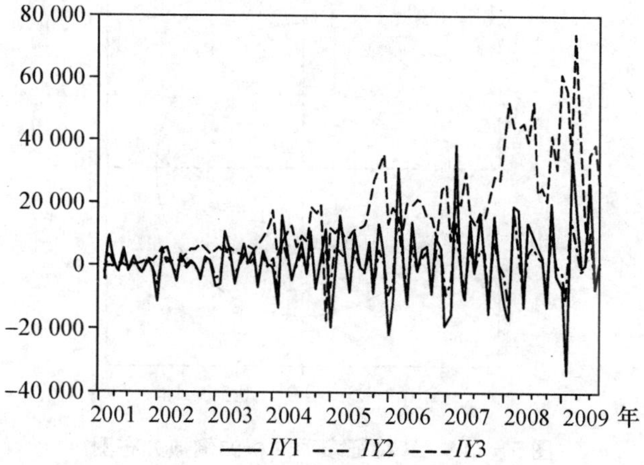

图 5-10　差分后序列时序图

表 5-19　　差分后序列单位根检验结果

序列	趋势类型	t_τ	1%	5%	10%
d$y1$	无 c，t，0	−12.584 4	−2.587 6	−1.944 0	−1.614 7
d$y2$	无 c，t，0	−13.920 1	−2.587 6	−1.944 0	−1.614 7
d$y3$	无 c，t，0	−2.410 7	−2.587 6	−1.944 0	−1.614 7

表 5-20　　差分后序列滞后 4 阶检验结果

Lag	LogL	LR	FPE	AIC	SC	HQ
0	-3079.986	NA	1.21e+23	61.65971	61.73787	61.69134
1	-3024.964	105.6412	4.80e+22	60.73928	61.05190	60.86581
2	-2991.199	62.80292	2.93e+22	60.24398	60.79107*	60.46540
3	-2974.032	30.90066*	2.49e+22*	60.08064*	60.86219	60.39695*
4	-2966.623	12.89108	2.58e+22	60.11247	61.12848	60.52367

表 5-21　　AR 特征多项式系数

Root	Modulus
0.920218	0.920218
-0.148794 - 0.813659i	0.827152
-0.148794 + 0.813659i	0.827152
-0.621790 - 0.054665i	0.624189
-0.621790 + 0.054665i	0.624189
-0.272607 - 0.502373i	0.571571
-0.272607 + 0.502373i	0.571571
0.252147 - 0.450409i	0.516185
0.252147 + 0.450409i	0.516185

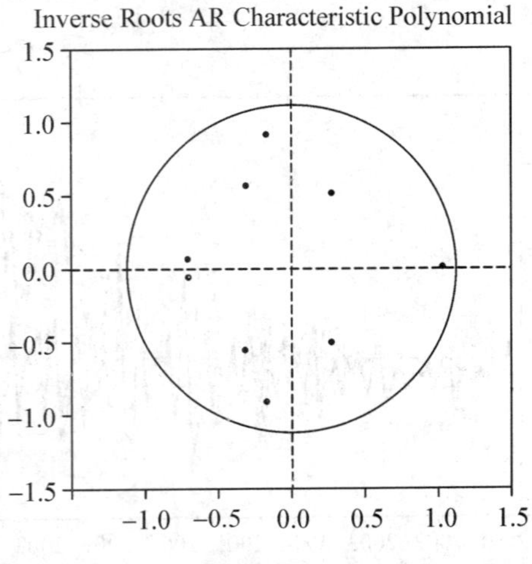

图 5-11　AR 特征多项式根的倒数分布图

表 5-22　　原序列 VAR(3) AR 特征多项式系数

Root	Modulus
1.019275	1.019275
0.805262 - 0.161144i	0.821227
0.805262 + 0.161144i	0.821227
-0.167148 - 0.639231i	0.660723
-0.167148 + 0.639231i	0.660723
-0.627766	0.627766
0.579542	0.579542
0.037930 - 0.429963i	0.431633
0.037930 + 0.429963i	0.431633

Warning: At least one root outside the unit circle.
VAR does not satisfy the stability condition.

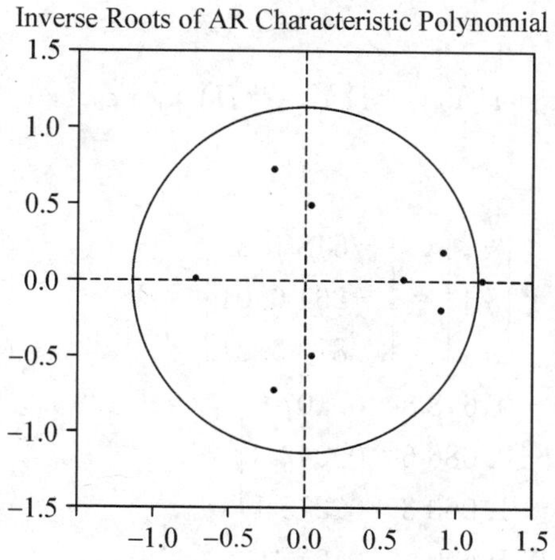

图 5－12　AR 特征多项式根的倒数分布图

由表和图可知，有一个系数大于 1，VAR 不满足平稳性条件。可以考虑变量之间是否存在协整关系，如果存在，可以建立向量误差修正模型。

对三个变量序列进行协整检验时，考虑表 5－18 的结果，选择序列有线性趋势，协整方程有截距的情况，并取 $p=3$。迹检验结果如表 5－23 所示，最大特征值检验结果如表 5－24 所示。由表可知，拒绝没有协整关系、有一个协整关系的假设，表明序列间至少存在一个协整关系，可以建立向量误差修正模型。估计结果协整方程为：

$$ecm_{t-1}=y_{1t-1}-1.7813y_{2t-1}-0.0078y_{3t-1}-14730.82$$

表 5－23　　迹检验结果

Unrestricted Cointegration Rank Test (Trace)

Hypothesized No. of CE(s)	Eigenvalue	Trace Statistic	0.05 Critical Value	Prob.**
None *	0.250200	52.31091	29.79707	0.0000
At most 1 *	0.152303	19.77276	15.49471	0.0106
At most 2	0.009701	1.101546	3.841466	0.2939

Trace test indicates 2 cointegrating eqn(s) at the 0.05 level
* denotes rejection of the hypothesis at the 0.05 level
**MacKinnon-Haug-Michelis (1999) p-values

表 5－24　　最大特征值检验结果

Unrestricted Cointegration Rank Test (Maximum Eigenvalue)

Hypothesized No. of CE(s)	Eigenvalue	Max-Eigen Statistic	0.05 Critical Value	Prob.**
None *	0.250200	32.53815	21.13162	0.0008
At most 1 *	0.152303	18.67121	14.26460	0.0094
At most 2	0.009701	1.101546	3.841466	0.2939

Max-eigenvalue test indicates 2 cointegrating eqn(s) at the 0.05 level
* denotes rejection of the hypothesis at the 0.05 level
**MacKinnon-Haug-Michelis (1999) p-values

建立的 VEC 模型为：

$$\Delta Y_t = A_0 + \Gamma_1 \Delta Y_{t-1} + \Gamma_2 Y_{t-2} + \Gamma_3 Y_{t-3} + \Pi Y_{t-1} + \varepsilon_t$$

其中

$$\Delta Y_t = \begin{bmatrix} \Delta y_{1t} \\ \Delta y_{2t} \\ \Delta y_{3t} \end{bmatrix} \quad A_0 = \begin{bmatrix} \alpha_{01} \\ \alpha_{02} \\ \alpha_{03} \end{bmatrix} = \begin{bmatrix} -548\,1.21 \\ -264\,6.01 \\ 873\,3.81 \end{bmatrix}$$

$$\Gamma_1 = \begin{bmatrix} 0.060\,2 & -0.618\,8 & 0.107\,6 \\ 0.146\,0 & -0.686\,6 & 0.043\,8 \\ -0.526\,9 & 1.063\,3 & 0.275\,1 \end{bmatrix}$$

$$\Gamma_2 = \begin{bmatrix} -0.625\,3 & 0.566\,4 & 0.077\,6 \\ -0.331\,5 & 0.252\,6 & 0.091\,3 \\ -1.258\,2 & 2.708\,0 & -0.026\,9 \end{bmatrix}$$

$$\Gamma_3 = \begin{bmatrix} -0.283\,9 & 0.757\,5 & 0.256\,0 \\ -0.148\,2 & 0.291\,0 & 0.087\,6 \\ -1.331\,2 & 2.775\,1 & 0.314\,5 \end{bmatrix} \quad \Pi = \alpha \times \beta' \quad \alpha = \begin{bmatrix} 1.000\,0 \\ -0.633\,2 \\ -0.310\,8 \\ 0.497\,7 \end{bmatrix}$$

$$\beta = \begin{bmatrix} -14\,730.82 \\ 1.000\,0 \\ -1.781\,3 \\ -0.007\,8 \end{bmatrix} \quad Y_{t-1} = \begin{bmatrix} 1 \\ y_{1t-1} \\ y_{2t-1} \\ y_{3t-1} \end{bmatrix}$$

从调整系数 α 看，在序列随时间变化过程中，y_1 和 y_2 都是负向调整，y_3 是正向调整；系数的绝对值大小反映调整的力度，相比之下对 y_1 调整的力度最大，而对 y_2 最小。β 是协整向量，$\beta' Y_{t-1}$ 是协整方程 ecm_{t-1}。

附录 5 - A　似无关回归

当系统中各个方程等号右边的解释变量 X 都被设定为外生变量，并且误差项同时存在异方差和同期相关性时，使用似无关回归（SUR）估计模型比较合适。此时，残差的方差矩阵可以由式 $V = \Sigma \otimes I_T$ 计算，而待估计参数 β 的 Zellner 估计量形式为：

$$b_{SUR} = (X'(\hat{\Sigma} \otimes I_T)^{-1} X)^{-1} X'(\hat{\Sigma} \otimes I_T)^{-1} y \tag{A5.1}$$

式中，$\hat{\Sigma}$ 是同期相关阵 Σ 的一致估计，第 i 行第 j 列的元素为 s_{ij}。

如果在方程 j 中含有自回归 AR 项，可以按照如下模型形式进行估计：

$$y_{jt} = X_{jt}\beta_j + \left[\sum_{r=1}^{p_j} \rho_{jr}(y_{j(t-r)} - X_{j(t-r)})\right] + \varepsilon_{jt} \tag{A5.2}$$

式中，假定序列 ε_j 本身具有独立性，但是不同方程之间的残差序列可能存在同期相关性。在进行第一次迭代时，使用非线性最小二乘估计方程并使用得到的估计结果计算残差 $\hat{\varepsilon}$，然后再使用 $s_{ij}=(\hat{\varepsilon}'_i\hat{\varepsilon}_j)/\max(T_i, T_j)$ 估计相关阵 Σ 并使用广义最小二乘完成估计过程的第一次迭代，直到待估计参数的估计值和权重收敛停止迭代。

第六章

Panel Data 模型

第一节　模型的基本问题

一、数据特点

普通线性回归分析中，主要运用截面数据，研究探讨不同截面个体之间的规律，由于不同个体可能存在本质的差异，建立回归模型后，常会出现异方差问题；时间序列分析中，研究同一个体不同时间变化规律，通常需要较长时间的数据，才能够充分反映序列的变化规律。而实际现象很难保证在一段很长的时间内仅按一个规律变化，受政策、制度等影响，规律常常会发生改变。为了能够充分揭示不同截面单位随时间的变化，可以将截面数据与时序数据结合，运用 Panel Data 模型进行分析。Panel 数据是截面数据与时序数据的结合，即不同个体在不同时间上观测的数据，或者说，随时间变化观测同一总体中不同个体的数据。这类数据在实际中很常见，如对不同居民户进行的每个月的家计调查数据、不同上市公司几年的财务季报数据、不同地区几年的有关经济数据等。

二、模型的基本类型

1. 基本形式

Panel 数据既反映截面的不同个体，又反映这些个体不同时间的状况，因此描述这些数据需要有两个下标，一个表示截面个体，通常记为 i；一个表示时间，通常记为 t。模型的一般形式如式（6.1）。

$$Y_{it}=\alpha_{it}+X_{it}\beta_{it}+u_{it}\qquad(i=1,2,\cdots,N;\ t=1,2,\cdots,T)\tag{6.1}$$

式中，$X_{it}=(X_{1it},\ X_{2it},\ \cdots,\ X_{kit})$，$k$ 是解释变量个数；α_{it} 是模型的截距；β_{it} 是参数向量，反映解释变量 X 与被解释变量 Y 之间的关系；u_{it} 是随机干扰项，相互独立，零均值，等方差，即有 $u_{it}\sim \text{i. i. d.}(0,\ \sigma_u^2)$。

Panel Data 模型可以分为两大类：固定效应模型和随机效应模型。在每类模型中，又可以仅从截面单位的不同出发建立模型，或仅从时间出发建立模型。

2. 固定效应模型

固定效应模型的基本形式如式（6.1）。如果仅从截面单位出发建立模型，截距项可以写成 $\alpha_{it}=\mu+\alpha_i$，μ 表示所有截面单位在所有时间上的均值，即总平均值；α_i 表示不同截面单位截距与总平均的差异，亦可称为截面效应。模型如式（6.2）。

$$Y_{it}=\mu+\alpha_i+X_{it}\beta_{it}+u_{it}\quad(i=1,2,\cdots,N;\ t=1,2,\cdots,T)\tag{6.2}$$

如果仅从时间出发建立模型，截距可以写成 $\alpha_{it}=\mu+\lambda_t$，$\mu$ 表示所有截面单位在所有时间上的均值；λ_t 是不同时间截距与总平均的差异，亦可称为时间效应。模型如式（6.3）。

$$Y_{it}=\mu+\lambda_t+X_{it}\beta_{it}+u_{it}\quad(i=1,2,\cdots,N;\ t=1,2,\cdots,T)\tag{6.3}$$

固定效应模型中，无论是参数向量 β_{it}，还是截面效应 α_i 或时间效应 λ_t，一旦估计出来都是固定的常数。当截面单位是总体的所有单位时，通常采用固定效应模型。

3. 随机效应模型

随机效应模型的基本形式如式（6.4）。

$$Y_{it}=\alpha+X_{it}\beta+C_i+u_{it}\quad(i=1,2,\cdots,N;\ t=1,2,\cdots,T)\tag{6.4}$$

式中，$E(u_{it})=E(C_i)=0$；$E(u_{it}^2)=\sigma_u^2$；$E(C_i^2)=\sigma_c^2$；$E(u_{it},\ C_j)=0$，$i\neq j$；$E(u_{it},\ u_{js})=0$，$t\neq s$，$i\neq j$；$E(C_i,\ C_j)=0$，$i\neq j$。

可以看出，模型中 C_i 是随机的，称为随机效应。它反映除了能够用共同的变量 X 解释的 Y 的变化外，不同个体之间仍存在的差异。如果这些差异不提取出来，随机干扰项将不是独立同分布的。这些差异虽然无法直接观测但客观存在，只能用随机效应表示，相当于在模型中引入一个不可直接观测的潜变量。当截面单位随机取自一个大的总体时，需要考虑利用随机效应模型。一般来说，研究利用的是宏观经济数据，如全国不同省区的数据、某市不同地区的数据，这些数据通常都经过汇总平均处理，不同截面个体之间的差异运用共同的解释变量可以较充分地说明，采用固定效应模型即可；若研究利用的是微观个体数据，如居民户数据、消费者数据、企业数据等，建立模型时，不同个体之间差异很难完全用共同的变量加以解释，剩余的由个体本身的因素带来的差异不宜放入模型的随机干扰项中，只能用随机效应反映，这种情况下需要运用随机效应模型。

第二节　固定效应模型

当截面单位是总体所有单位，即不需要以样本推断总体时，可以运用固定效应模型。所谓固定效应，即在模型中，除随机干扰项外，其余待估计参数均为常数。下面不考虑时间变化，仅考虑截面单位变化，讨论固定效应模型。时间变化、截面单位不变的情况类似。

若不考虑时间效应（非动态），固定效应模型可表述为式（6.5）的基本形式。

$$Y_{it}=\mu+X_{it}\beta+\alpha_i+V_{it}\quad (i=1,2,\cdots,N;\ t=1,2,\cdots,T) \tag{6.5}$$

式中，β 是 $k\times 1$ 维参数向量；μ 为常数项，是所有截面单位的均值；α_i 是不同的常数，截面影响通过常数 α_i 的差异说明；$V_{it}\sim$ i. i. d. $N(0,\ \sigma_V^2)$。

从式（6.5）可以看出，实际上可以设定：$u_i=\mu+\alpha_i$，将总体均值作为常数项 μ，个体的截距不同表现为个体与总体均值的偏差，即截面单位对总平均的偏离 α_i。

一、固定效应模型的类型

根据模型截距、斜率是否相同，固定效应模型可以分为下面四类。模型各符号的含义同上。

1. 模型 A：不同截面单位的截距、斜率均相同

这类模型反映不同截面单位有相同的截距和斜率，实际上是对所有截面和时序的混合数据建立的普通线性回归模型。模型如式（6.6）。

$$Y_{it}=\alpha+X_{it}\beta+V_{it}\quad (i=1,2,\cdots,N;\ t=1,2,\cdots,T) \tag{6.6}$$

2. 模型 B：不同截面单位的截距不同、斜率相同

这类模型是考虑不同截面单位有不同截距，但有相同的变化率。模型如式（6.7）。

$$Y_{it}=\alpha_i+X_{it}\beta+V_{it}\quad (i=1,2,\cdots,N;\ t=1,2,\cdots,T) \tag{6.7}$$

3. 模型 C：不同截面单位的截距相同、斜率不同

这类模型是考虑不同截面单位有相同截距，但有不同的变化率。该类模型在实际中的意义不大。模型如式（6.8）。

$$Y_{it}=\alpha+X_{it}\beta_i+V_{it}\quad (i=1,2,\cdots,N;\ t=1,2,\cdots,T) \tag{6.8}$$

4. 模型 D：不同截面单位的截距、斜率均不同

这类模型是考虑不同截面单位有不同的截距和不同的变化率。模型如式（6.9）。

$$Y_{it}=\alpha_i+X_{it}\beta_i+V_{it}\quad (i=1,2,\cdots,N;\ t=1,2,\cdots,T) \tag{6.9}$$

式（6.7）、式（6.9）中 α_i 也可以表述为 $\mu+\alpha_i$ 的形式。

二、模型形式的检验

对于实际数据适合采用上述哪类模型，可以通过模型形式的检验进行判定。

（一）检验的基础

模型形式的检验实际上是为数据选择合适的模型形式，是一个不断递进的检验，先从最简单的模型 A 开始，依次检验，一直到不能拒绝该类模型为止。一般来说，模型越合适，意味着模型的残差越小，可以考虑建立在最小二乘估计基础上的残差，利用协方差分析构造检验统计量。模型形式检验的基础是各模型的残差平方和。

1. 模型 A 的残差平方和

模型 A 的残差平方和记为 S_1，其计算如式（6.10）。

$$S_1=T_{YY}-T'_{XY}T_{XX}^{-1}T_{XY} \tag{6.10}$$

式中，$T_{XX}=\sum_{i=1}^{N}\sum_{t=1}^{T}(X_{it}-\overline{X})'(X_{it}-\overline{X})$；$T_{XY}=\sum_{i=1}^{N}\sum_{t=1}^{T}(X_{it}-\overline{X})'(Y_{it}-\overline{Y})$；$T_{YY}=\sum_{i=1}^{N}\sum_{t=1}^{T}(Y_{it}-\overline{Y})^2$。

2. 模型B的残差平方和

模型B的残差平方和记为 S_2，其计算如式（6.11）。

$$S_2=W_{YY}-W'_{XY}W_{XX}^{-1}W_{XY} \tag{6.11}$$

式中，$W_{YY}=\sum_{i=1}^{N}W_{YY,i}$，这实际上是对截面单位求和，$W_{YY,i}=\sum_{t=1}^{T}(Y_{it}-\overline{Y}_i)^2$，是每一截面单位在时间上的求和；$W_{XX}=\sum_{i=1}^{N}W_{XX,i}$，$W_{XX,i}=\sum_{t=1}^{T}(X_{it}-\overline{X}_i)'(X_{it}-\overline{X}_i)=\sum_{t=1}^{T}(X_{it}-\overline{X}_i)^2$；$W_{XY}=\sum_{i=1}^{N}W_{XY,i}$，$W_{XY,i}=\sum_{t=1}^{T}(X_{it}-\overline{X}_i)(Y_{it}-\overline{Y}_i)$；

3. 模型C的残差平方和

模型C的残差平方和记为 S_3，其计算如式（6.12）。

$$S_3=\sum_{i=1}^{N}\sum_{t=1}^{T}(Y_{it}-\hat{\alpha}-x_{it}\hat{\beta}_i) \tag{6.12}$$

4. 模型D的残差平方和

模型D的残差平方和记为 S_4，其计算如式（6.13）。

$$S_4=\sum_{i=1}^{N}(W_{YY,i}-W'_{XY,i}W_{XX,i}^{-1}W_{XY,i}) \tag{6.13}$$

（二）检验统计量和检验标准

利用原假设模型与模型D的残差平方和构造 F 统计量，对所选模型形式进行检验。

1. 模型A的检验

对于式（6.6）的模型A是否可以适用，相当于建立下面的假设

$$H_{01}:\alpha_i=\alpha_j,\ \beta_i=\beta_j\quad(i\neq j;\ i,j=1,2,\cdots,N)$$
$$H_{11}:\alpha_i\neq\alpha_j\ 或\ \beta_i\neq\beta_j$$

若不能拒绝 H_{01}，表明可以选择模型A，即不同截面单位截距、斜率均相同；若拒绝 H_{01}，表明不能运用该模型。至于究竟选择什么模型，需进行下一步的检验。

由前面给出的各模型残差平方和，可以证明有

$$S_4/\sigma_v^2\sim\chi^2[N(T-k-1)]$$

在 H_{01} 下有

$$S_1/\sigma_v^2\sim\chi^2[NT-(k+1)]$$

$$(S_1-S_4)/\sigma_v^2 \sim \chi^2[(N-1)(k+1)]$$

由于

$$\frac{(S_1-S_4)}{\sigma_v^2} \text{与} \frac{S_4}{\sigma_v^2} \text{独立}$$

有检验统计量

$$F_1=\frac{(S_1-S_4)/[(N-1)(k+1)]}{S_4/[NT-N(k+1)]} \sim F[(N-1)(k+1), N(T-k-1)]$$

关于自由度的说明：由式（6.13）知，S_4 的自由度 df 为 $W_{YY,i}$ 的自由度减去 $W'_{XY,i}W_{XX,i}^{-1}W_{XY,i}$ 的自由度。得到 $W_{YY,i}$ 需要 N 个截面单位和 T 个时间，自由度为 NT，得到 $W'_{XY,i}W_{XX,i}^{-1}W_{XY,i}$ 估计 X_i 系数时有 $k+1$ 个方程和 N 个截面单位，所以自由度 $df=N(k+1)$，这样 S_4 的自由度 $df=NT-N(k+1)$。由式（6.10）知，S_1 的自由度是 T_{YY} 的自由度减去 $T'_{XY}T_{XX}^{-1}T_{XY}$ 的自由度。T_{YY} 的自由度仅与被解释变量 Y 有关，由 N 个截面单位和 T 个时间决定，自由度是 NT；得到 $T'_{XY}T_{XX}^{-1}T_{XY}$ 需要估计 X 的系数，由 $k+1$ 个方程决定，自由度为 $k+1$，这样 S_1 的自由度 $df=NT-(k+1)$。S_1-S_4 的自由度 $df=[NT-(k+1)]-[NT-N(k+1)]=N(k+1)-(k+1)=(N-1)(k+1)$。下面各模型检验统计量的自由度与此类似，不再详细说明。

和其他统计检验一样，根据给定的显著性水平 α，第一自由度 $df_1=(N-1)(k+1)$，第二自由度 $df_2=N(T-k-1)$，查 F 分布表，得到相应的临界值 F_α，若 $F_1>F_\alpha$，则拒绝 H_{01}，表明数据不宜采用截距、斜率均相等的模型。F_1 过大，表明截距、斜率都相等的模型残差与截距、斜率都不等的模型残差相比，模型拟合的效果太差，模型 A 不能很好地解释数据的规律，不宜采用。应进一步检验，以选择合适的模型。

2. 模型 B 的检验

对于式（6.7）的模型 B 是否可以适用，相当于建立下面的假设

$$H_{02}: \alpha_i \neq \alpha_j,\ \beta_i=\beta_j \quad (i\neq j;\ i,j=1,2,\cdots,N)$$
$$H_{12}: \alpha_i \neq \alpha_j \text{ 且 } \beta_i \neq \beta_j \text{ 或 } \alpha_i=\alpha_j,\ \beta_i\neq\beta_j$$

若不能拒绝 H_{02}，表明可以采用模型 B，即不同截面单位的截距不同，但斜率相同。若拒绝 H_{02}，则表明模型 B 不适用，究竟选择什么模型，需进行下一步的检验。

检验统计量：同样有

$$S_4/\sigma_v^2 \sim \chi^2[N(T-k-1)]$$

在 H_{02} 下有

$$S_2/\sigma_v^2 \sim \chi^2[N(T-1)-k]$$

$$\frac{(S_2-S_4)}{\sigma_v^2} \sim \chi^2[(N-1)k]$$

$$\frac{(S_2-S_4)}{\sigma_v^2} \text{与} \frac{S_4}{\sigma_v^2} \text{独立}$$

则 $$F_2=\frac{(S_2-S_4)/[(N-1)k]}{S_4/[NT-N(k+1)]}\sim F[(N-1)k,NT-N(k+1)]$$

根据给定的显著性水平 α，第一自由度 $df_1=(N-1)k$，第二自由度 $df_2=N(T-k-1)=NT-N(k+1)$，查 F 分布表，得到相应的临界值 F_α。若 $F_2>F_\alpha$，则拒绝 H_{02}，表明数据不宜采用截距不等、斜率相同的模型 B，应进一步检验，以选择合适的模型。

3. 模型 C 的检验

对于式（6.8）的模型 C 是否可以适用，相当于建立下面的假设

$$H_{03}:\alpha_i=\alpha_j,\ \beta_i\neq\beta_j\quad(i\neq j;\ i,\ j=1,2,\cdots,N)$$
$$H_{13}:\alpha_i\neq\alpha_j\ 且\ \beta_i\neq\beta_j$$

在 H_{03} 下有

$$\frac{S_3}{\sigma_v^2}\sim\chi^2(NT-Nk-1)$$
$$\frac{(S_3-S_4)}{\sigma_v^2}\sim\chi^2[N-1]$$
$$\frac{(S_3-S_4)}{\sigma_v^2}与\frac{S_4}{\sigma_v^2}独立$$

则检验统计量

$$F_3=\frac{(S_3-S_4)/(N-1)}{S_4/[N(T-k-1)]}\sim F[(N-1),N(T-k-1)]$$

根据给定的显著性水平 α，第一自由度 $df_1=(N-1)$，第二自由度 $df_2=N(T-k-1)$，查 F 分布表，得到相应的临界值 F_α。若 $F_3>F_\alpha$，则拒绝 H_{03}，表明不宜采用截距相等、斜率不等的模型 C，宜采用如式（6.9）的模型 D。

只有以上三个检验均被拒绝，才宜采用模型 D，即采用截距、斜率都不同的模型。

三、参数估计

（一）最小二乘估计

上述假设检验统计量建立在参数进行最小二乘估计的基础上。实际上，模型参数的估计可以采用最小二乘法。采用最小二乘估计，截面单位可以作为虚拟变量进入模型，所以实际上是最小二乘虚拟变量（LSDV）估计。它要求随机干扰项满足等方差和相互独立。如式（6.14）的固定效应变截距模型，Y_i，X_i 是第 i 个截面的 T 个观测值向量和矩阵，V_i 是随机干扰项。讨论时期不同的时间效应与其类似。

$$Y_i=e\alpha_i+X_i\beta+V_i\quad(i=1,2,\cdots,N)\tag{6.14}$$

式中 $Y_i=\begin{bmatrix}Y_{i1}\\Y_{i2}\\\vdots\\Y_{iT}\end{bmatrix}_{T\times1}$ $e=\begin{bmatrix}1\\1\\\vdots\\1\end{bmatrix}_{T\times1}$ $\beta=\begin{bmatrix}\beta_1\\\beta_2\\\vdots\\\beta_k\end{bmatrix}_{k\times1}$ $V_i=\begin{bmatrix}V_{i1}\\V_{i2}\\\vdots\\V_{iT}\end{bmatrix}_{T\times1}$

$$X_i=\begin{bmatrix}x_{1i1} & x_{2i1} & \cdots & x_{ki1}\\x_{1i2} & x_{2i2} & \cdots & x_{ki2}\\\vdots & \vdots & & \vdots\\x_{1iT} & x_{1iT} & \cdots & x_{kiT}\end{bmatrix}_{T\times k}$$

式（6.14）可以写成式（6.15）。

$$Y=[d_1,d_2,\cdots,d_N,X]\begin{bmatrix}\alpha\\\beta\end{bmatrix}+V \tag{6.15}$$

式中 $Y=\begin{bmatrix}Y_1\\Y_2\\\vdots\\Y_N\end{bmatrix}_{NT\times1}$ $[d_1,\ d_2,\ \cdots,\ d_N]=\begin{bmatrix}e & 0 & \cdots & 0\\0 & e & \cdots & 0\\\vdots & \vdots & & \vdots\\0 & 0 & \cdots & e\end{bmatrix}_{NT\times N}$

$X=\begin{bmatrix}X_1\\X_2\\\vdots\\X_N\end{bmatrix}_{NT\times k}$ $\alpha=\begin{bmatrix}\alpha_1\\\alpha_2\\\vdots\\\alpha_N\end{bmatrix}_{N\times1}$ $V=\begin{bmatrix}V_1\\V_2\\\vdots\\V_N\end{bmatrix}_{NT\times1}$ $\beta=\begin{bmatrix}\beta_1\\\beta_2\\\vdots\\\beta_k\end{bmatrix}_{k\times1}$

其中，d_i 代表第 i 个截面单位的虚拟变量。令 $D=[d_1,\ d_2,\ \cdots,\ d_N]$，则式（6.15）可以写成式（6.16）。

$$Y=D\alpha+X\beta+V \tag{6.16}$$

如果 N 充分小，模型可以当作具有 $N+k$ 个参数的多元回归模型，参数可以运用 OLS 估计；若 N 很大，可以运用矩阵分块方法计算。对非平衡数据的固定效应变截距模型也可以采用这一方法。

（二）广义最小二乘法

若随机干扰项不满足同方差或相互独立条件，需要运用广义最小二乘（GLS）估计。对固定效应的变截距模型运用 GLS 估计，主要解决模型随机干扰项方差结构的四种情况：截面单位异方差、时期异方差、同期截面单位相关协方差、时期间相关协方差。固定效应的变系数模型用于解决不同截面单位之间相关的情况。GLS 适用于非平衡数据的固定效应模型。有关广义最小二乘可参看本章附录 6 - A。

（三）两阶段最小二乘法

固定效应变截距模型中，不同截面单位之间不存在同期相关，随机干扰项不存在异方差，但解释变量与随机干扰项有相关时，可以引入工具变量，运用 TSLS，进行参数估计，因为这种情况下，OLS 估计、GLS 估计均为有偏非一致估计。

（四）广义矩估计

当解释变量含有滞后变量，即考虑变量之间的动态关系时，参数估计需要运用广义矩估计。有关广义矩估计可参看本章附录 6 - B。

四、模型检验

Panel Data 模型是一般线性回归模型的拓展，参数估计后，同样需要进行检验。

1. 参数的检验

由于 Panel Data 模型的参数包括截距和回归系数，都具有实际含义，参数估计后需要进行合理性和显著性检验。合理性是结合参数实际意义进行的检验。这一检验可以从系数的符号和系数的大小两个方面进行考察。如反映居民收入与消费支出的关系，截面单位是不同地区，每一个回归系数反映某一地区收入每增加一个单位所引起的消费支出的平均变化量。按照一般消费规律，居民收入增加，消费支出也会增加，因此回归系数为正。如果估计的系数符号为负，则不合理。显著性检验与线性回归中的参数显著性检验一样，考察所估计的回归系数是否与 0 有显著差异。只有通过显著性检验，即回归系数与 0 有显著差异，表明所选解释变量是合理的，模型才可能被接受。

2. 残差的检验

与线性回归模型一样，根据模型的基本假定，模型的残差应该具有正态性、独立性和同方差性。

3. 固定效应的 LR 检验

固定效应的 LR 检验是对选用的固定效应模型是否适合进行的检验。这是一个关于多余变量的检验，主要检验是否需要引入固定效应，即是否需要变截距或变斜率。检验的原假设 H_0：固定效应是多余的，如截面单位效应不存在，即所有截面单位均相同，不需要引入该效应，模型需要带限制条件；备择假设 H_1：固定效应不是多余的，如截面单位效应存在，需要引入该效应，模型无限制条件。检验的思想是建立两个模型：不引入某固定效应的限制模型和引入该固定效应的未加限制模型，对两个模型的似然函数值进行比较，构造检验统计量，即似然比统计量 LR

$$\mathrm{LR}=-2\log\frac{L(\hat{\beta}_R,\hat{\sigma}_R^2)}{L(\hat{\beta}_{UR},\hat{\sigma}_{UR}^2)}\quad\sim\chi^2(m)$$

式中，m 是约束的个数，服从 χ^2 分布。根据给定的显著性水平、自由度，得到临界值，可以对是否拒绝 H_0 作出判定。如果不能拒绝 H_0，表明引入该固定效应是多余的，可以采用较简单的限制模型；如果拒绝 H_0，表明引入该固定效应不多余，采用未加限制的模型是合适的。检验也可以采用计算 H_0 成立的概率 p，如果其很小，如 $p<\alpha$，则拒绝 H_0，固定效应不是多余的。

［例 6.1］　某地区城镇居民不同收入组收入和食品支出关系分析

分析： 将收入按高低顺序分为：高收入组、中上收入组、中等收入组、中下收入组和低收入组，某地区 1994—2003 年不同收入组收入（X）和食品支出（$Y1$）数据如表 6 - 1 所示。1 代表最低收入组，5 代表最高收入组。

表 6－1　不同收入组收入与食品支出　单位：元

组别和时间	收入（X）	食品支出（$Y1$）	组别和时间	收入（X）	食品支出（$Y1$）
1—1994	2 764.1	1 695.87	3—1999	8 577.56	2 871.94
1—1995	3 356.4	2 028.95	3—2000	9 624.04	3 206.29
1—1996	4 012.6	2 298.18	3—2001	10 631.3	3 272.2
1—1997	4 662.71	2 138.48	3—2002	11 315.8	3 445.4
1—1998	4 972.46	2 297.57	3—2003	12 896.3	3 728.3
1—1999	5 310.5	2 302.76	4—1994	5 319.51	1 987.4
1—2000	5 774.64	2 385.29	4—1995	6 736.24	2 566.47
1—2001	6 270.7	2 528.3	4—1996	7 835.68	2 893.54
1—2002	6 057.5	2 623.6	4—1997	9 034.38	3 350.44
1—2003	7 314.1	2 713.07	4—1998	9 651.4	3 173.5
2—1994	3 659.85	1 853.63	4—1999	10 515.96	3 338.31
2—1995	4 580.44	2 256.97	4—2000	11 861.15	3 379.24
2—1996	5 464.22	2 491.21	4—2001	13 235.6	3 473.3
2—1997	6 281.18	2 547.4	4—2002	14 210.7	3 810.9
2—1998	6 622.8	2 559.3	4—2003	16 010.6	3 885.6
2—1999	7 167.53	2 676.6	5—1994	7 849.89	2 240.57
2—2000	7 916.37	2 842.4	5—1995	9 596.45	2 868.66
2—2001	8 579.2	3 013.1	5—1996	10 979.13	3 035.65
2—2002	8 941.2	3 193.6	5—1997	12 573.5	3 514.23
2—2003	10 343.8	3 221.3	5—1998	14 409.1	3 580.6
3—1994	4 312.05	1 848.67	5—1999	15 200.8	3 720
3—1995	5 552.8	2 512.59	5—2000	17 831.19	3 747.34
3—1996	6 596.29	2 593.55	5—2001	20 652.5	4 017.7
3—1997	7 467.62	2 914.97	5—2002	23 349.3	4 449.3
3—1998	7 958.7	2 898.7	5—2003	24 767.15	4 251.95

1. 普通线性回归模型

如果运用全部数据建立一个普通线性回归模型，绘制散点图（见图 6－1），估计结果如表 6－2 所示。由表 6－2 可以看出，用收入解释食品支出是合适的，参数通过了显著性检验，但残差序列存在自相关，若显著性水平$\alpha=0.01$，自变量个数为 1，观测数据个数为 50，查 D. W. 表，得到$d_l=1.32$，$d_u=1.40$，计算出 D. W. $=1.23$，小于d_l，模型没有通过检验。用模型得到食品支出估计值与实际值计算模型的残差，绘制其时序图，如图 6－2 所示，可以看出残差并不完全随机；残差平方的时序图如图 6－3 所示，可以看出不同收入组随时间变化表现出不同方差。模型残差既不满足独立性，也不满足同方差性。模型不能被接受用于说明收入与食品支出关系和以收入预测食品支出。

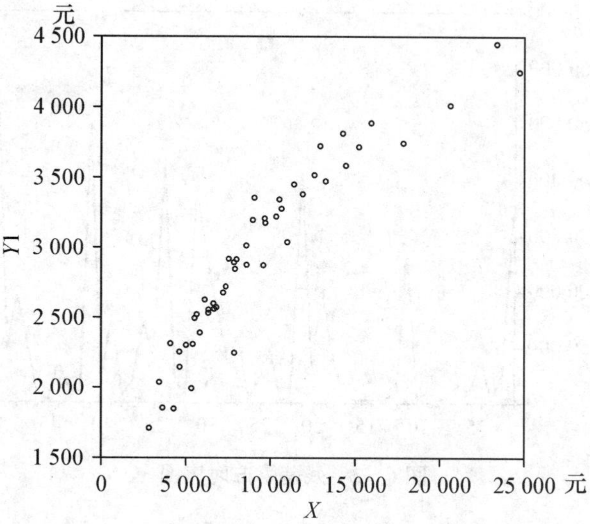

图 6-1　收入与食品支出散点图

表 6-2　普通线性回归估计结果

Variable	Coefficient	Std. Error	t-Statistic	Prob.
C	1768.952	72.27059	24.47679	0.0000
X	0.123868	0.006860	18.05586	0.0000

R-squared	0.871663	Mean dependent var	2924.898
Adjusted R-squared	0.868989	S.D. dependent var	655.0780
S.E. of regression	237.1085	Akaike info criterion	13.81409
Sum squared resid	2698580.	Schwarz criterion	13.89057
Log likelihood	-343.3523	Hannan-Quinn criter.	13.84321
F-statistic	326.0142	Durbin-Watson stat	1.230874
Prob(F-statistic)	0.000000		

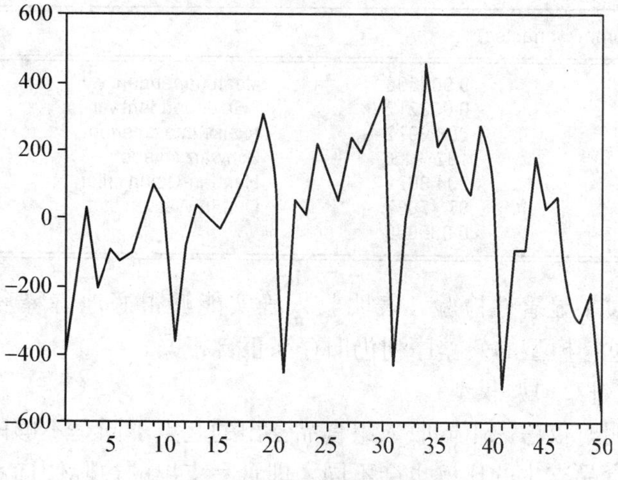

图 6-2　模型残差时序图

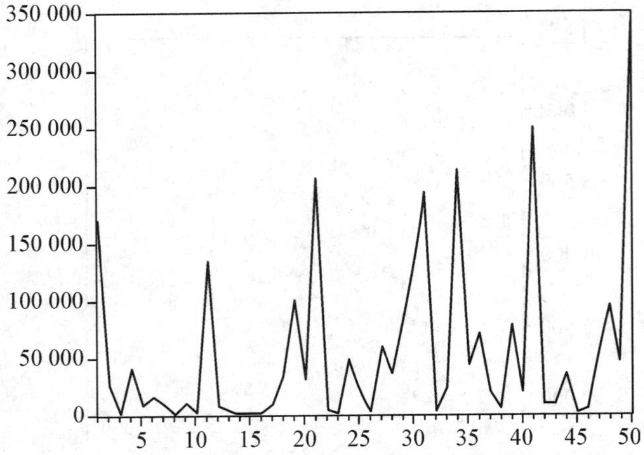

图 6-3　残差平方时序图

2. 变截距回归模型

如果考虑造成异方差的原因是不同收入组食品支出的起点不同，即模型的截距不同，可以采用变截距模型，估计结果如表 6-3 所示。结果中 C 的数值表示所有收入组食品支出的起始平均值，下面的截面固定效应是不同收入组起始食品支出额与总平均额的差。

表 6-3　　　变截距模型估计结果

Variable	Coefficient	Std. Error	t-Statistic	Prob.
C	1636.681	89.93938	18.19760	0.0000
X?	0.138041	0.009102	15.16547	0.0000
Fixed Effects (Cross)				
_1--C	-32.52416			
_2--C	68.70062			
_3--C	120.1598			
_4--C	107.8811			
_5--C	-264.2174			
Effects Specification				
Cross-section fixed (dummy variables)				
R-squared	0.908599	Mean dependent var		2924.898
Adjusted R-squared	0.898212	S.D. dependent var		655.0780
S.E. of regression	208.9972	Akaike info criterion		13.63469
Sum squared resid	1921913.	Schwarz criterion		13.86413
Log likelihood	-334.8671	Hannan-Quinn criter.		13.72206
F-statistic	87.47887	Durbin-Watson stat		0.951559
Prob(F-statistic)	0.000000			

收入的系数通过了显著性检验，表明收入确实能够很好地解释食品支出的变化，但 D. W. 检验没有通过，模型的残差序列仍旧存在正自相关。

3. 变截距、变斜率回归模型

上面的结果表明，仅考虑不同收入组食品支出的起点不同是不够的，不同收入组收入每增加一元，用于食品支出的比例也会不同，即食品支出的边际倾向不同，因此还需要考虑模型斜率的不同。建立变截距和变斜率模型，估计结果如表 6-4 所示。

表 6-4 变截距和变斜率模型估计结果

Variable	Coefficient	Std. Error	t-Statistic	Prob.
C	1448.047	86.57152	16.72660	0.0000
_1--X_1	0.199836	0.041501	4.815162	0.0000
_2--X_2	0.200664	0.028086	7.144624	0.0000
_3--X_3	0.193353	0.021686	8.916047	0.0000
_4--X_4	0.156265	0.017015	9.183859	0.0000
_5--X_5	0.108495	0.009994	10.85614	0.0000
Fixed Effects (Cross)				
_1--C	-155.9244			
_2--C	-178.2482			
_3--C	-160.9832			
_4--C	106.2462			
_5--C	388.9096			
	Effects Specification			
Cross-section fixed (dummy variables)				
R-squared	0.942498	Mean dependent var		2924.898
Adjusted R-squared	0.929560	S.D. dependent var		655.0780
S.E. of regression	173.8609	Akaike info criterion		13.33124
Sum squared resid	1209105.	Schwarz criterion		13.71365
Log likelihood	-323.2811	Hannan-Quinn criter.		13.47687
F-statistic	72.84777	Durbin-Watson stat		1.419074
Prob(F-statistic)	0.000000			

(1) 参数的合理性检验

表中回归常数即截距的估计值表明，所有收入组的平均食品支出起点为 1 448 元，最低收入组比其约少 156 元，最高收入组比其约多 389 元。一般来说，收入越高，食品支出的起点越高。斜率的估计值表明，收入每增加一元，最低收入组用于食品支出平均增加近 0.20 元，最高收入组则增加不到 0.11 元。总的来说，收入越高，食品的边际消费倾向越低。参数的估计结果能够得到合理解释。

(2) 参数的显著性检验

表中结果显示，所有参数均通过显著性检验，表明不同收入组食品的边际消费倾向确实不同，上面的结果解释成立。

(3) 残差的自相关检验

从表中提供的 D. W. 统计量可知，残差序列不存在自相关，满足独立性条件。

4. 固定效应的 LR 检验

固定效应的 LR 检验是对选用的变截距和变斜率模型是否适合进行的检验。本例中主要检验是否需要引入不同截距这一变量。比较的两个模型是限制模型——仅变斜率、截距不变的模型和未加限制模型——变截距和变斜率模型。似然比检验结果见表 6-5。由表 6-5 可以看出，H_0 成立的概率为 0.069 5，按 5%的显著性水平，不能拒绝 H_0，即引入变截距是多余的。但如果建立仅变斜率的限制模型，估计结果如表 6-6 所示。从结果可以看出，残差没有通过独立性检验，模型不合适。这时考虑按 10%的显著性水平检验，则拒绝 H_0，说明引入变截距即不同截面单位的固定效应不是多余的，应该运用变截距和变斜率的模型。

表 6-5　似然比检验结果

Effects Test	Statistic	d.f.	Prob.
Cross-section F	1.896746	(4,40)	0.1299
Cross-section Chi-square	8.683992	4	0.0695

表 6-6　仅变斜率的限制模型估计结果

Variable	Coefficient	Std. Error	t-Statistic	Prob.
C	1485.108	88.63826	16.75471	0.0000
_1--X_1	0.164079	0.019740	8.311869	0.0000
_2--X_2	0.171981	0.014214	12.09928	0.0000
_3--X_3	0.171943	0.011551	14.88497	0.0000
_4--X_4	0.162312	0.009348	17.36291	0.0000
_5--X_5	0.128435	0.006084	21.10981	0.0000
R-squared	0.931592	Mean dependent var		2924.898
Adjusted R-squared	0.923818	S.D. dependent var		655.0780
S.E. of regression	180.8089	Akaike info criterion		13.34492
Sum squared resid	1438441.	Schwarz criterion		13.57437
Log likelihood	-327.6231	Hannan-Quinn criter.		13.43230
F-statistic	119.8390	Durbin-Watson stat		1.203657
Prob(F-statistic)	0.000000			

第三节　随机效应模型

如果截面单位是随机地取自一个大的总体，研究需要以样本推断总体，则应采用随机效应模型。这种情况下，总体中除用一些共同的解释变量说明被解释变量的变化外，认为个体的差异服从随机分布更合适。当数据来自微观个体，如居民户的调查数据、企业的调查数据等，这些数据往往无法用共同变量完全加以解释，个体差异的影响使得模型随机干扰项很难满足同方差性的假定。这种情况下，除了用共同变量加以解释的规律外，模型中还需要加入随机效应，刻画不同个体差异对被解释变量的影响，以保证最后模型随机干扰项满足假定。

一、模型的基本形式

$$Y_{it}=\alpha+X_{it}\beta+C_i+u_{it}\quad (i=1,2,\cdots,N;\ t=1,2,\cdots,T) \tag{6.17}$$

式中，C_i 是随机效应，反映不同个体的差异，其他符号含义同前；$E(u_{it})=E(C_i)=0$；$E(u_{it}^2)=\sigma_u^2$；$E(C_i^2)=\sigma_c^2$；$E(u_{it},C_j)=0\ (i\neq j)$；$E(u_{it},u_{js})=0\ (t\neq s,\ i\neq j)$；$E(C_i, C_j)=0\ (i\neq j)$。

令　$V_{it}=C_i+u_{it}$

则　$E(V_{it}^2)=\sigma_c^2+\sigma_u^2$　　$E(V_{it},V_{is})=\sigma_v^2\quad (t\neq s)$

记　$V=E(V_iV_i')=\sigma_c^2 I_T+\sigma_u^2 ee'\quad (i=1,2,\cdots)$

有　$\Omega=E(V_iV_j')_{NT\times NT}=I\otimes V\quad (i=1,2,\cdots;\ j=1,2,\cdots;\ e'=(1,\cdots,1))$

二、模型的假设

对于随机效应模型实际上可能有以下几种假设。

1. 假设 RE. 1

- $E(u_{it}|X_i, c_i)=0$ $(t=1, 2, \cdots, T)$。
- $E(c_i|X_i)=E(c_i)=0$。

式中，$X_i \equiv (X_{i1}, X_{i2}, \cdots, X_{iT})$ 是变量随时间变化的观测值；$v_{it}=c_i+u_{it}$ 是 GLS 估计特殊误差结构。

这一假设意味着 X_i 与 c_i 之间是正交的，即不存在相关，从而保证 GLS 估计方法的运用。

2. 假设 RE. 2

秩 $E(X_i'\Omega^{-1}X_i)=k$，其中，Ω^{-1} 是无约束方差估计量，Ω 只依赖于两个参数 σ_c^2，σ_u^2。

- $E(u_{it}^2)=\sigma_{it}^2$ $(t=1, 2, \cdots, T)$，这表明特殊误差 u_{it} 具有一个随时间 t 变化的无条件方差。
- $E(V_{it}, V_{js})=0$ $(t \neq s)$。

3. 假设 RE. 3

- $E(u_i u_i'|x_i, C_i)=\sigma_u^2 I_T$ $(t=1, 2, \cdots, T)$。
- $E(C_i^2|x_i)=\sigma_c^2$，这是随机效应即不可观测效应 C_i 的同方差假设。

在假设 RE. 1 至 RE. 3 下有

$$\hat{\sigma}_V^2=\hat{\sigma}_C^2+\hat{\sigma}_u^2$$

在上式中，可以假设 H_0：$\sigma_c^2=0$，如果不能拒绝 H_0，则表明随机效应不存在。

三、参数估计

1. 广义最小二乘法

当成分方差已知时，可以直接用广义最小二乘估计参数；若成分方差未知，可以运用估计（或可行）广义最小二乘（estimated or feasible generalized least squares，EGLS）估计参数。可以证明，EGLS 估计量是 GLS 估计量的一致估计。对于非平衡数据模型亦可采用。

2. 广义两阶段最小二乘（GTSLS）

当解释变量与随机干扰项相关时，可以引入工具变量，运用广义两阶段最小二乘进行参数估计。随机效应变截距模型亦可以采用。

四、随机效应检验

随机效应检验目前常用的是 Hausman 检验。Hausman 检验是对数据运用固定效应模型还是随机效应模型所做的检验。如果存在随机效应，则随机效应与解释变量无关，即 C_i 与 X_i 无关，换句话说，解释变量无法解释的部分可能仅由于个体差异造成，无法找到共同的因素作为解释变量，只能通过随机效应反映。

检验基于固定效应估计量与随机效应估计量之间的差异。记固定效应估计量为 FE，随机效应估计量为 RE，如果随机效应确实存在，则 RE 与 FE 相比应该具有更小的方差；若两个估计量之间没有显著差异，则只需采用固定效应模型即可。

记简单的固定效应模型为：$Y_i=X_i\beta+\varepsilon_i$，随机效应模型为：$Y_i=X_i\beta+C_i+V_i$。若 C_i

与X_i无关，FE估计是一致的，而RE估计有偏且非一致，两个模型参数估计的结果显著不同，拒绝H_0，需要运用随机效应模型；如果两个模型的参数估计结果$\hat{\beta}_{FE}=\hat{\beta}_{RE}$，即没有显著差异，不能拒绝$H_0$，则采用固定效应即可。

在前面的假设RE.1至RE.3下，检验的原假设可以表述为H_0：C_i与X_i相关，即$\sigma_c^2=0$，表明随机效应不存在，原假设条件下，可以构造检验统计量，有

$$H=(\hat{\beta}_{FE}-\hat{\beta}_{RE})'[\text{Var}(\hat{\beta}_{FE})-\text{Var}(\hat{\beta}_{RE})]^{-1}(\hat{\beta}_{FE}-\hat{\beta}_{RE})\sim\chi^2(M) \tag{6.18}$$

式中，自由度M是约束的个数。根据给定的显著性水平、自由度，可以在χ^2分布表中查得相应的临界值，以计算出的H统计量和临界值比较，如小于临界值，表明两个模型估计结果没有显著差异，不能拒绝H_0，不必运用随机效应模型；若大于临界值，则会得到相反的结论。这一检验也可以采用计算得到H_0成立的概率p，以其大小作出判定。若p很小，如小于0.05，表明原假设成立的概率是一个小概率事件，几乎不可能发生，故拒绝H_0，反之则不能拒绝H_0。

这一检验类似于第五章的向量协整检验，有迹检验和最大特征值检验，对序列的变化和协整关系也有五种情况需要考虑。

［**例6.2**］　对例6.1的模型进行检验

表6-7是随机效应模型的估计结果，表6-8是Hausman检验结果。由表6-8可以看出，H_0成立的概率为0.190 8，不能拒绝H_0，说明随机效应估计与固定效应估计结果没有显著差异，采用固定效应模型即可。

表6-7　　随机效应模型估计结果

Variable	Coefficient	Std. Error	t-Statistic	Prob.
C	1688.840	97.67205	17.29092	0.0000
X?	0.132452	0.008037	16.47946	0.0000
Random Effects (Cross)				
_1--C	-43.85802			
_2--C	43.04880			
_3--C	89.69792			
_4--C	88.61687			
_5--C	-177.5056			
Effects Specification				
			S.D.	Rho
Cross-section random			123.2951	0.2582
Idiosyncratic random			208.9972	0.7418
Weighted Statistics				
R-squared	0.847912	Mean dependent var		1381.846
Adjusted R-squared	0.844743	S.D. dependent var		534.3309
S.E. of regression	210.5404	Sum squared resid		2127709.
F-statistic	267.6062	Durbin-Watson stat		0.865191
Prob(F-statistic)	0.000000			
Unweighted Statistics				
R-squared	0.867476	Mean dependent var		2924.898
Sum squared resid	2786614.	Durbin-Watson stat		0.660614

表 6-8 **Hausman 检验结果**

Test Summary	Chi-Sq. Statistic	Chi-Sq. d.f.	Prob.
Cross-section random	1.711462	1	0.1908

第四节 单位根检验与协整检验

在建立 Panel Data 模型时，如果截面单位数据的时间过长，很难保证序列随时间变化是平稳的。如果序列存在很强的趋势，将破坏回归模型运用的条件，导致模型不合适。这时需要对截面序列进行单位根检验。其检验基本思想与单变量时序的单位根检验类似，但由于是多个截面单位序列，需要考虑不同截面单位序列的根是否相同，因此 Panel Data 的单位根检验分为两种基本类型：相同根和不同根。对数据建立 AR(1) 过程如式（6.19）。

$$y_{it}=\rho_i y_{it-1}+x_{it}\delta_i+\varepsilon_{it}\quad (i=1,2,\cdots,N;\ t=1,2,\cdots,T_i) \tag{6.19}$$

式中，N 表示截面单位数；T_i 表示第 i 个截面的时期总数。x_{it} 是模型的外生变量向量，包含截面中固定效应或时间趋势，不同截面之间随机干扰项 ε_{it} 相互独立。ρ_i 表示第 i 个截面的自回归系数，如果 $|\rho_i|<1$，说明序列 y_i 是平稳的；如果 $|\rho_i|=1$，说明序列 y_i 包含单位根。为了检验，考虑关于 ρ_i 的两种情况。第一，截面单位之间存在相同的变化过程，对于所有的 i 有 $\rho_i=\rho$。Levin，Lin，and Chu（LLC），Breitung 和 Hadri 检验都采用这个假设。第二，允许 ρ_i 在截面单位之间自由变化，即不同截面单位随时间变化有不同的过程。Im，Pesaran，Shin（IPS），Fisher-ADF 以及 Fisher-PP 检验采用这种假设。

一、相同根的检验

相同根是指不同截面单位序列具有相同的单位根过程，对其进行的检验亦称为同质单位根检验。相同根检验假定不同截面单位序列变化过程相同，检验式（6.19）中 $|\rho_i|<1$ 还是 $\rho_i=1$。

（一）LLC 检验

LLC（Levin，Lin and Chu（2002））检验类似单变量序列的 ADF 检验。假设不同截面单位序列的自相关系数 ρ_i 在截面单位之间相同。考虑下列基本的 ADF 设定

$$\nabla y_{it}=\alpha y_{it-1}+\sum_{j=1}^{p_i}\xi_{ij}\nabla y_{it-j}+x'_{it}\beta+\varepsilon_{it} \tag{6.20}$$

其中，假设有相同的单位根，即有 $\alpha=\rho-1$，但是允许差分项的滞后阶数 p_i 在截面单位之间变化，即不同截面单位序列的滞后阶数可以不同。这个检验使用的原假设和备择假设可以写成：

$$H_0: \alpha = 0 \tag{6.21}$$

$$H_1: \alpha < 0 \tag{6.22}$$

在原假设下，存在一个单位根；在备择假设下，没有单位根。

LLC 方法产生来自∇y_{it-j}和y_{it}的替换的α的估计，∇y_{it-j}和y_{it}是标准化的，没有自相关和确定趋势成分。对于一个给定的滞后阶数，通过估计方程的两个附加部分，建立∇y_{it}和y_{it-1}在滞后项$\nabla y_{it-j}(j=1, 2, \cdots, p_i)$和外生变量$x_{it}$上的回归。来自这两个回归的估计系数将分别被标记为（ξ，β）和（$\hat{\xi}$，$\hat{\beta}$）。采用∇y_{it}定义$\nabla \bar{y}_{it}$，如式（6.23）。

$$\nabla \bar{y}_{it} = \nabla y_{it} - \sum_{j=1}^{p_i} \hat{\xi}_{ij} \nabla y_{it-j} + X'_{it} \hat{\beta} \tag{6.23}$$

类似地，可以定义$\bar{y}_{it-1}$，如式（6.24）。

$$\bar{y}_{it} = y_{it-1} - \sum_{j=1}^{p_i} \hat{\xi}_{ij} \nabla y_{it-j} + X'_{it} \hat{\beta} \tag{6.24}$$

通过除以回归标准误标准化$\nabla \bar{y}_{it}$和$\bar{y}_{it-1}$，得到

$$\begin{aligned} \nabla \tilde{y}_{it} &= \nabla \bar{y}_{it} / s_i \\ \tilde{y}_{it-1} &= \bar{y}_{it-1} / s_i \end{aligned} \tag{6.25}$$

式中，s_i是估计方程式（6.20）的每个 ADF 得到的估计标准误。

系数α的估计可以从变换后的方程式（6.26）得到。

$$\nabla \tilde{y}_{it} = \alpha \tilde{y}_{it-1} + \eta_{it} \tag{6.26}$$

在 LLC 的原假设下，检验α的一个修正的t统计量渐近服从正态分布，如式（6.27）。

$$t_\alpha^* = \frac{t_\alpha - (N\tilde{T}) S_N \sigma^{-2} se(\alpha) \mu_{m\tilde{T}}^*}{\sigma_{m\tilde{T}}^*} \rightarrow N(0, 1) \tag{6.27}$$

式中，t_α是$\alpha=0$的标准t统计量；σ^2是式（6.26）误差项η的估计方差；$se(\alpha)$是α估计的标准误，而

$$\tilde{T} = T - (\sum_i p_i / N) - 1 \tag{6.28}$$

式（6.27）中，S_N是平均标准差率，为每个个体的长期标准差与更新标准差比率的均值，通过基于核的技术得到。$\mu_{m\tilde{T}}^*$和$\sigma_{m\tilde{T}}^*$是均值和标准差的调整项。p_i是每个截面单位最大滞后阶数。

LLC 方法需要设定每一个截面单位 ADF 回归中滞后阶数、p_i以及S_N计算中的核估计方法（有关核估计的内容请参看 Hayashi（2000））；如果需要引入外生回归项，也必须设定。与单变量序列的 ADF 检验一样，检验可以引入截面单位的常数项，或常数和确定性趋势。LLC 方法允许截面单位有不同截距和时间趋势、异方差和高阶序列相

关，一般适用于中等维度即时间序列长度在 25～250 之间、截面个数在 10～250 之间的面板单位根检验。若原假设成立的概率过小，则拒绝原假设，表明在相同根前提下，截面单位不存在单位根。LLC 方法通常假定截面单位间彼此独立，但 Wagner（2008）等已证明如果截面单位间存在相关性，这一检验结果将产生较大偏差，在实际运用时需要谨慎。

（二）Breitung 检验

这一检验类似 LLC 检验，检验思路、原假设和备择假设相同，但在两个方面与 LLC 不同。第一，构造的标准替换如式（6.29）。

$$\nabla \tilde{y}_{it} = \nabla \bar{y}_{it}/s_i = \left(\nabla y_{it} - \sum_{j=1}^{p_i} \hat{\xi}_{ij} \nabla y_{it-j}\right)\Big/ s_i$$

$$\tilde{y}_{it-1} = \bar{y}_{it-1}/s_i = \left(y_{it-1} - \sum_{j=1}^{p_i} \hat{\xi}_{ij} \nabla y_{it-j}\right)\Big/ s_i \tag{6.29}$$

自回归部分被剔除，且没有外生部分。其中，ξ，$\hat{\xi}$ 和 s_i 与 LLC 的设定相同。

第二，替代是转换的和去势的，如式（6.30）。

$$\nabla y_{it}^* = \sqrt{\frac{T-t}{T-t+1}}\left(\nabla \tilde{y}_{it} - \frac{\nabla \tilde{y}_{it+1} + \cdots + \nabla \tilde{y}_{iT}}{T-t}\right)$$

$$y_{it}^* = \tilde{y}_{it} - \tilde{y}_{i1} - \frac{t-1}{T-1}(\tilde{y}_{iT} - \tilde{y}_{i1}) \tag{6.30}$$

参数 α 从方程式（6.31）估计得到。

$$\nabla y_{it}^* = \alpha y_{it-1}^* + v_{it} \tag{6.31}$$

Breitung 检验在原假设下，α 估计结果的渐近分布是标准正态分布。

Breitung 方法需要设定每一截面单位 ADF 回归中的滞后阶数 p_i 和外生回归项。与 LLC 检验相比，核计算不是必需的。若原假设成立的概率过小，则拒绝原假设，表明在相同根前提下，截面单位不存在单位根。

（三）Hadri 检验

Hadri 截面单位根检验类似于 KPSS 单位根检验，原假设为 H_0：各截面序列都不含单位根。其基于个体 y_{it} 带有一个常数，或一个常数和一个趋势的最小二乘回归的残差，如式（6.32）。

$$y_{it} = \delta_i + \eta_i t + \varepsilon_{it} \tag{6.32}$$

来自个体回归的残差 $\hat{\varepsilon}$ 具有相同方差时，构造 LM 统计量，如式（6.33）。

$$\mathrm{LM}_1 = \frac{1}{N}\left\{\sum_{i=1}^{N}\left[\sum_t S_i(t)^2/T^2\right]\Big/ \bar{f}_0\right\} \tag{6.33}$$

式中，$S_i(t)$ 是残差的累积和，如式（6.34）。

$$S_i(t)=\sum_{s=1}^{t}\hat{\varepsilon}_{is} \tag{6.34}$$

$\bar{f}_0$ 是截面单位频率 0 处残差谱密度估计值的均值，计算如式（6.35）；f_{i0} 是第 i 个截面单位对应的频率为 0 时的残差谱密度估计，其估计方法有很多，具体可参见有关文献。

$$\bar{f}_0=\sum_{i=1}^{N}f_{i0}/N \tag{6.35}$$

LM 统计量的另一种形式允许不同个体 i 之间异方差，计算如式（6.36）。LM_1 与 LM_2 虽然形式不同，但计算结果不会有太大差异。

$$LM_2=\frac{1}{N}\left\{\sum_{i=1}^{N}\left[\sum_{t}S_i(t)^2/T^2\right]/f_{i0}\right\} \tag{6.36}$$

在 Hadri 的假设下，有如式（6.37）的检验统计量 Z。

$$Z=\frac{\sqrt{N}(LM-\xi)}{\zeta}\rightarrow N(0,1) \tag{6.37}$$

如果模型只引入常数（式（6.32）中所有 i 的 η_i 被假设为 0），通常取 $\xi=1/6$，$\zeta=1/45$，反之，$\xi=1/15$，$\zeta=11/6\,300$。

值得注意的是，Hadri 检验可能过度拒绝平稳的原假设，并可能造成与其他检验统计量得到相反的结论。(详细内容参见 Hlouskova and Wagner（2006）的讨论。)

相同根的单位根检验可以归纳为表 6-9。

表 6-9　相同根的单位根检验

检验方法	检验统计量	检验方程外生回归量的形式	自相关修正方法
零假设：各截面序列均有一个单位根 备择假设：各截面序列平稳			
LLC	t 统计量	N，F，FT	滞后、核
Breitung	t 统计量	FT	滞后
零假设：各截面序列不含单位根 备择假设：各截面序列含单位根			
Hadri	Z 统计量	F，FT	核

说明：N 表明没有个体固定效应（截距、常数项）和趋势（即无外生变量），F 表示固定效应，FT 表示既包含固定效应又包含趋势。

［例 6.3］　对例 6.1 的数据进行单位根检验

分析： 绘制不同收入组的收入序列和食品支出序列时序图，如图 6-4 和图 6-5 所示。从图看似乎有一定趋势，可以进行单位根检验，并且趋势相像。假定存在相同根，依次进行上述三个检验，收入序列的检验都是原序列带有常数和时间线性趋势项，Breitung 检验是存在一阶滞后，其余两个都不存在高阶自相关；食品支出序列都是原序列不存在高阶自相关情况，LLC 检验是仅带有常数项，其余两个都带有常数和时间线性趋势项。

收入序列检验结果如表 6－10、表 6－11 和表 6－12 所示；食品支出序列检验结果如表 6－13、表 6－14 和表 6－15 所示。由表可知，收入序列的前两个检验原假设：各截面序列存在一个单位根成立的概率均较大，不能拒绝原假设，表明序列存在相同单位根；第三个检验原假设：各截面序列不存在单位根的概率过小，拒绝原假设，表明各截面序列存在单位根。食品支出序列各个检验的结果不完全一致。表 6－13 中的 LLC 检验结果表明，序列是仅带有常数项的平稳过程；表 6－14 和表 6－15 都表明，序列存在单位根。

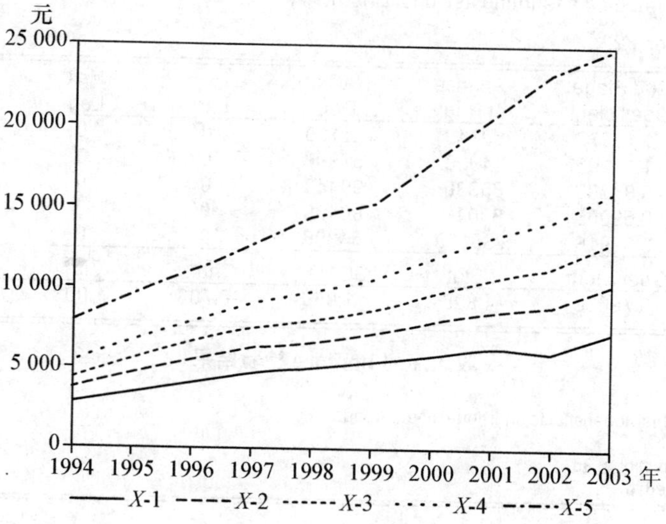

图 6－4 不同收入组收入时序图

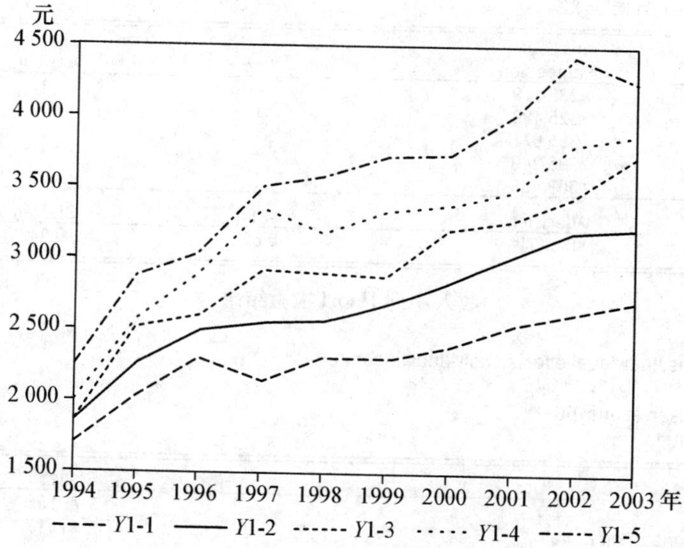

图 6－5 不同收入组食品支出时序图

表 6－10　　收入序列 LLC 检验结果

Sample: 1994 2003
Exogenous variables: Individual effects, individual linear trends
User-specified lags: 0
and Bartlett kernel
Total (balanced) observations: 45
Cross-sections included: 5

Method	Statistic	Prob.**
Levin, Lin & Chu t*	-0.83141	0.2029

** Probabilities are computed assuming asympotic normality

Intermediate results on X?

Series	2nd Stage Coefficient	Variance of Reg	HAC of Dep.	Lag	Max Lag	Band-width	Obs
X_1	-1.19372	52749.	22159.	0	0	7.0	9
X_2	-1.15196	44928.	61380.	0	0	3.0	9
X_3	-0.87203	66336.	98443.	0	0	1.0	9
X_4	-0.59005	83046.	80465.	0	0	2.0	9
X_5	-0.39918	285188	54886.	0	0	8.0	9
	Coefficient	t-Stat	SE Reg	mu*	sig*		Obs
Pooled	-0.78630	-4.896	1.056	-0.703	1.003		45

表 6－11　　收入序列 Breitung 检验结果

Sample: 1994 2003
Exogenous variables: Individual effects, individual linear trends
User-specified lags: 1
Total (balanced) observations: 35
Cross-sections included: 5

Method	Statistic	Prob.**
Breitung t-stat	-0.60908	0.2712

** Probabilities are computed assuming asympotic normality

Intermediate regression results on X?

Series	S.E. of Regression	Lag	Max Lag	Obs
X_1	235.318	1	1	8
X_2	325.489	1	1	8
X_3	305.871	1	1	8
X_4	306.249	1	1	8
X_5	663.493	1	1	8
	Coefficient	t-Stat	SE Reg	Obs
Pooled	-0.02541	-0.609	0.042	35

表 6－12　　收入序列 Hadri 检验结果

Sample: 1994 2003
Exogenous variables: Individual effects, individual linear trends
and Bartlett kernel
Total (balanced) observations: 50
Cross-sections included: 5

Method	Statistic	Prob.**
Hadri Z-stat	3.76153	0.0001
Heteroscedastic Consistent Z-stat	3.41417	0.0003

* Note: High autocorrelation leads to severe size distortion in Hadri test,
leading to over-rejection of the null.
** Probabilities are computed assuming asympotic normality

Intermediate results on X?

Series	LM	Variance HAC	Bandwidth	Obs
X_1	0.1271	45836.69	2.0	10
X_2	0.1372	33295.67	3.0	10
X_3	0.1007	76361.99	1.0	10
X_4	0.1473	82418.09	0.0	10
X_5	0.1401	751629.6	1.0	10

表 6-13　　食品支出序列 LLC 检验结果

Sample: 1994 2003
Exogenous variables: Individual effects
User-specified lags: 0
and Bartlett kernel
Total (balanced) observations: 45
Cross-sections included: 5

Method	Statistic	Prob.**
Levin, Lin & ChιChu t*	-4.69685	0.0000

** Probabilities are computed assuming asympotic normality

Intermediate results on Y1?

Series	2nd Stage Coefficient	Variance of Reg	HAC of Dep.	Lag	Max Lag	Band-width	Obs
Y1_1	-0.31297	11536.	9190.4	0	0	4.0	9
Y1_2	-0.19790	7408.5	14371.	0	0	2.0	9
Y1_3	-0.26330	28569.	42805.	0	0	0.0	9
Y1_4	-0.30909	23200.	47633.	0	0	1.0	9
Y1_5	-0.26617	30965.	58312.	0	0	0.0	9
	Coefficient	t-Stat	SE Reg	mu*	sig*		Obs
Pooled	-0.25624	-5.699	1.012	-0.554	0.919		45

表 6-14　　食品支出序列 Breitung 检验结果

Sample: 1994 2003
Exogenous variables: Individual effects, individual linear trends
User-specified lags: 0
Total (balanced) observations: 40
Cross-sections included: 5

Method	Statistic	Prob.**
Breitung t-stat	-0.22007	0.4129

** Probabilities are computed assuming asympotic normality

Intermediate regression results on Y1?

Series	S.E. of Regression	Lag	Max Lag	Obs
Y1_1	136.040	0	0	9
Y1_2	105.716	0	0	9
Y1_3	209.826	0	0	9
Y1_4	204.819	0	0	9
Y1_5	217.499	0	0	9
	Coefficient	t-Stat	SE Reg	Obs
Pooled	-0.02513	-0.220	0.114	40

表 6-15　　食品支出序列 **Hadri** 检验结果

Sample: 1994 2003
Exogenous variables: Individual effects
and Bartlett kernel
Total (balanced) observations: 50
Cross-sections included: 5

Method	Statistic	Prob.**
Hadri Z-stat	4.42143	0.0000
Heteroscedastic Consistent Z-stat	4.47666	0.0000

* Note: High autocorrelation leads to severe size distortion in Hadri test, leading to over-rejection of the null.
** Probabilities are computed assuming asympotic normality

Intermediate results on Y1?

Series	LM	Variance HAC	Bandwidth	Obs
Y1_1	0.4761	143289.8	2.0	10
Y1_2	0.4666	324123.0	2.0	10
Y1_3	0.4744	475763.7	2.0	10
Y1_4	0.4546	548114.0	2.0	10
Y1_5	0.4538	814181.3	2.0	10

二、不同根的检验

不同根是指不同截面单位序列具有不同的单位根过程，对其进行的检验亦称为异质单位根检验。这种类型的检验允许参数 ρ_i 跨截面变化，即有的截面单位序列 $|\rho_i|<1$，序列平稳；有的截面单位序列 $|\rho_i|=1$，序列非平稳。其基本思想是，分别对每个截面序列进行单位根检验，在综合各个截面检验结果基础上，构造检验统计量，作出判断。

（一）IPS 检验

IPS（Im-Pesaran-Shin，2003）检验分别为每一截面单位设定一个 ADF 回归，如式（6.38）。

$$\nabla y_{it} = \alpha y_{it-1} + \sum_{j=1}^{p_i} \beta_{ij} \nabla y_{it-j} + x'_{it}\delta + \varepsilon_{it} \tag{6.38}$$

原假设为：

H_0：$\alpha_i=0$，对所有的 i

备择假设为：

$$H_1:\begin{cases}\alpha_i=0, & i=1,2,\cdots,N_1\\ \alpha_i<0, & i=N_1+1,N_1+2,\cdots,N\end{cases} \tag{6.39}$$

式中，i 在必要时可以被重新安排，表示平稳的个体过程非零部分。

估计每一个 ADF 回归后，将 α_i 的 t 统计量 $t_{iT}(p_i)$ 平均得到检验统计量，如式（6.40）。

$$\bar{t}_{NT} = \left[\sum_{i=1}^{N} t_{iT}(p_i)\right]/N \tag{6.40}$$

N 是截面单位数，T 是序列时期数。在滞后阶数为 0 的情况下，对于所有的 i，$p_i=0$，对于包含截距或截距和线性趋势，Im，Pesaran，and Shin 模拟了 $\bar{t}_{NT}$ 的临界值。在更一般的情况中，一些截面单位方程（6.38）的滞后阶数可能非零，IPS 构造一个对 $\bar{t}_{NT}$ 进行标准化处理后的检验统计量，如式（6.41），其具有渐近正态分布。

$$W_{\bar{t}_{NT}}=\frac{\sqrt{N}\left\{\bar{t}_{NT}-N^{-1}\sum_{i=1}^{N}E[\bar{t}_{iT}(p_i)]\right\}}{\sqrt{N^{-1}\sum_{i=1}^{N}\mathrm{Var}(\bar{t}_{iT}(p_i))}}\rightarrow N(0,1) \tag{6.41}$$

$E[\bar{t}_{iT}\ (p_i)]$ 是 ADF 回归 t 统计量的期望，$\mathrm{Var}[\bar{t}_{iT}(p_i)]$ 是方差。IPS 检验需要设定滞后数和每一 ADF 方程的确定成分，可以引入个体的限制，或引入个体常数和趋势项。IPS 法对限定性趋势的设定极为敏感。

（二）Fisher-ADF 检验和 Fisher-PP 检验

面板单位根检验的方法可以借用 Fisher（1932）的结论产生，合并来自每个截面单位单位根检验的 p 值。这一思想由 Maddala and Wu 及 Choi 提出。检验的原假设和备择假设与 IPS 相同。

设定 π_i 为截面单位 i 的单位根检验 p 值，在原假设所有 N 个截面单位都有单位根下，有渐近结论

$$-2\sum_{i=1}^{N}\log(\pi_i)\rightarrow\chi^2(2N) \tag{6.42}$$

截面单位单位根检验统计量渐近服从 χ^2 分布。Choi 证明有

$$Z=\frac{1}{\sqrt{N}}\sum_{i=1}^{N}\Phi^{-1}(\pi_i)\rightarrow N(0,1) \tag{6.43}$$

式中，Φ^{-1} 是标准正态累积分布函数的逆。检验统计量渐近服从标准正态分布。

基于 Fisher 的检验，必须设定检验方程的外生变量，可以选择引入外生回归项，引入个体常数（效应），或引入个体常数和趋势项。Fisher 检验基于 ADF 的检验，必须指定每一截面单位 ADF 回归中的滞后数目；基于 PP 的检验，必须有一个估计 f_0 的方法，可以采用基于以核为基础的协方差和的 f_0 估计。

不同根的单位根检验可以归纳为表 6－16。

表 6－16　　不同根的单位根检验

检验方法	检验统计量	检验方程外生回归量的形式	自相关修正方法
零假设：各截面序列都含有单位根 备择假设：某些截面序列不含单位根			
IPS	W 统计量　t-bar 统计量	F，FT	滞后
Fisher-ADF	Fisher-卡方统计量　Choi-Z 统计量	N，F，FT	滞后
Fisher-PP	Fisher-卡方统计量　Choi-Z 统计量	N，F，FT	核

说明：表中有关符号含义同表 6－9。

［例 6.4］ 对例 6.1 的数据进行单位根检验

分析： 考虑例 6.3 结果的差异，可能不同截面单位变化过程不完全相同，需要进行不同单位根的检验。收入序列和食品支出序列都是原序列带有常数项和时间趋势项、不存在高阶自相关的情况。收入序列的检验结果如表 6－17、表 6－18 和表 6－19 所示；食品支出序列的检验结果如表 6－20、表 6－21 和表 6－22 所示。

表 6－17　　收入序列 IPS 检验结果

Sample: 1994 2003
Exogenous variables: Individual effects, individual linear trends
User-specified lags: 0
Total (balanced) observations: 45
Cross-sections included: 5

Method		Statistic	Prob.**
Im, Pesaran and Shin W-stat		0.35350	0.6381
Im, Pesaran and Shin t-bar		-1.92224	
T-bar critical values ***:	1% level	-4.36000	
	5% level	-3.31600	
	10% level	-2.96200	

** Probabilities are computed assuming asympotic normality
*** Critical values from original paper

Intermediate ADF test results

Series	t-Stat	Prob.	E(t)	E(Var)	Lag	Max Lag	Obs
X_1	-3.0272	0.1804	-2.225	3.677	0	0	9
X_2	-2.5436	0.3086	-2.225	3.677	0	0	9
X_3	-1.6855	0.6737	-2.225	3.677	0	0	9
X_4	-1.0569	0.8747	-2.225	3.677	0	0	9
X_5	-1.2981	0.8158	-2.225	3.677	0	0	9
Average	-1.9222		-2.225	3.677			

Warning: for some series the expected mean and variance for the given lag and observation are not covered in IPS paper

表 6－18　　收入序列 Fisher-ADF 检验结果

Sample: 1994 2003
Exogenous variables: Individual effects, individual linear trends
User-specified lags: 0
Total (balanced) observations: 45
Cross-sections included: 5

Method	Statistic	Prob.**
ADF - Fisher Chi-square	7.24110	0.7025
ADF - Choi Z-stat	0.48525	0.6862

** Probabilities for Fisher tests are computed using an asymptotic Chi -square distribution. All other tests assume asymptotic normality.

Intermediate ADF test results X?

Series	Prob.	Lag	Max Lag	Obs
X_1	0.1804	0	0	9
X_2	0.3086	0	0	9
X_3	0.6737	0	0	9
X_4	0.8747	0	0	9
X_5	0.8158	0	0	9

表 6 - 19　　收入序列 Fisher-PP 检验结果

Sample: 1994 2003
Exogenous variables: Individual effects, individual linear trends
and Bartlett kernel
Total (balanced) observations: 45
Cross-sections included: 5

Method	Statistic	Prob.**
PP - Fisher Chi-square	8.36807	0.5929
PP - Choi Z-stat	0.37778	0.6472

** Probabilities for Fisher tests are computed using an asymptotic Chi-square distribution. All other tests assume asymptotic normality.

Intermediate Phillips-Perron test results X?

Series	Prob.	Bandwidth	Obs
X_1	0.1245	4.0	9
X_2	0.2400	7.0	9
X_3	0.6737	0.0	9
X_4	0.8747	0.0	9
X_5	0.8654	3.0	9

表 6 - 20　　食品支出序列 IPS 检验结果

Sample: 1994 2003
Exogenous variables: Individual effects, individual linear trends
User-specified lags: 0
Total (balanced) observations: 45
Cross-sections included: 5

Method		Statistic	Prob.**
Im, Pesaran and Shin W-stat		-1.71544	0.0431
Im, Pesaran and Shin t-bar		-3.69656	
T-bar critical values ***:	1% level	-4.36000	
	5% level	-3.31600	
	10% level	-2.96200	

** Probabilities are computed assuming asympotic normality
*** Critical values from original paper

Intermediate ADF test results

Series	t-Stat	Prob.	E(t)	E(Var)	Lag	Max Lag	Obs
Y1_1	-3.8698	0.0662	-2.225	3.677	0	0	9
Y1_2	-3.6089	0.0903	-2.225	3.677	0	0	9
Y1_3	-4.8999	0.0200	-2.225	3.677	0	0	9
Y1_4	-3.1047	0.1651	-2.225	3.677	0	0	9
Y1_5	-2.9995	0.1870	-2.225	3.677	0	0	9
Average	-3.6966		-2.225	3.677			

Warning: for some series the expected mean and variance for the given lag
and observation are not covered in IPS paper

表 6-21　　食品支出序列 Fisher-ADF 检验结果

Sample: 1994 2003
Exogenous variables: Individual effects, individual linear trends
User-specified lags: 0
Total (balanced) observations: 45
Cross-sections included: 5

Method	Statistic	Prob.**
ADF - Fisher Chi-square	25.0242	0.0053
ADF - Choi Z-stat	-3.02367	0.0012

** Probabilities for Fisher tests are computed using an asymptotic Chi
-square distribution. All other tests assume asymptotic normality.

Intermediate ADF test results Y1?

Series	Prob.	Lag	Max Lag	Obs
Y1_1	0.0662	0	0	9
Y1_2	0.0903	0	0	9
Y1_3	0.0200	0	0	9
Y1_4	0.1651	0	0	9
Y1_5	0.1870	0	0	9

表 6-22　　食品支出序列 Fisher-PP 检验结果

Sample: 1994 2003
Exogenous variables: Individual effects, individual linear
trends
and Bartlett kernel
Total (balanced) observations: 45
Cross-sections included: 5

Method	Statistic	Prob.**
PP - Fisher Chi-square	47.2540	0.0000
PP - Choi Z-stat	-5.04683	0.0000

** Probabilities for Fisher tests are computed using an
asymptotic Chi-square distribution. All other tests
assume asymptotic normality.

Intermediate Phillips-Perron test results Y1?

Series	Prob.	Bandwidth	Obs
Y1_1	0.0662	0.0	9
Y1_2	0.1079	2.0	9
Y1_3	0.0002	8.0	9
Y1_4	0.0036	8.0	9
Y1_5	0.0095	8.0	9

由表中结果可知，收入序列在不同根条件下的几个检验都没有能够拒绝原假设，表明各截面单位都存在单位根；食品支出序列在不同根条件下的几个检验都拒绝了原假设，表明某些截面序列不存在单位根。与单变量序列的单位根检验类似，面板单位根各种检验的思路不完全一样，检验结果也可能不一致。同时，检验也可能会过于严格，导致序列平稳性的拒绝。通常运用相同根下的 LLC 检验和不同根下的 Fisher-ADF 检验，这两个检验都可以类似单变量序列的单位根检验，选择序列的不同趋势类型和控制序列的高阶相关。

在实际问题分析中，如果建立的模型通过所有检验，与普通回归一样，通常不进行单位根检验，因为模型检验通过，说明序列即使有趋势，也是微弱的，没有破坏回归的条件。本例的时间期数并不多，这里只为说明检验方法的运用。

三、协整检验

如果不同截面单位序列有趋势，是否会存在协整关系，这是需要关注的问题。协整检验使用的方法包括 Pedroni（1999），Pedroni（2004），Kao（1999）以及一种基于 Johansen 方法（Maddala and Wu（1999））的 Fisher 检验。Pedroni 检验和 Kao 检验基于 Engle-Granger（1987）的两步（基于残差的）协整检验法，而 Fisher 检验是建立在 Johansen 协整检验基础上的面板协整检验。（1）Kao（1999），Kao and Chiang（2000）利用推广的 DF 和 ADF 检验提出了检验面板协整的方法，这种方法的零假设是没有协整关系，并且利用静态面板回归的残差来构建统计量。（2）Pedroni（1999）在零假设是在动态多元面板回归中没有协整关系的条件下，给出了七种基于残差的面板协整检验方法。和 Kao 的方法不同的是，Pedroni 的检验方法允许异质面板的存在。（3）Larsson et al.（2001）发展了基于 Johansen（1995）向量自回归的似然检验的面板协整检验方法，这种方法是检验变量存在共同的协整的秩。

（一）Pedroni（Engle-Granger based）协整检验

Engle-Granger（1987）协整检验是基于对回归残差进行检验，判断序列之间是否存在协整关系。Pedroni（1999，2004）和 Kao（1999）分别将对 Engle-Granger 的框架的检验扩展到面板数据。如果一阶单整变量序列建立回归模型的残差是零阶单整的，即这些变量序列存在一个线性组合是平稳的，则它们之间存在协整关系；如果这些变量序列之间不存在协整关系，回归模型的残差序列必定是一阶单整的。

对于不同截面单位之间存在异质截距以及异质趋势系数的情况，Pedroni 提出了几种相应的协整检验方法。考虑如下的回归模型：

$$y_{it}=\alpha_i+\delta_i t+\beta_{1i}x_{1it}+\cdots+\beta_{ki}x_{kit}+e_{it} \tag{6.44}$$

式中，$t=1, 2, \cdots, T$；$i=1, 2, \cdots, N$；$k=1, 2, \cdots, K$；变量 y 和 x 都被假定为一阶单整序列；参数 α_i 和 δ_i 分别为个体效应和趋势效应，如果需要，也可以将其设定为 0。

在不存在协整关系的原假设下，残差序列 e_{it} 是一阶单整序列。Pedroni 检验的思路是从式（6.44）得到残差序列，以其对各个截面单位建立辅助回归，如式（6.45）或式（6.46），再检验残差序列是不是一阶单整。

$$e_{it}=\rho_i e_{it-1}+u_{it} \tag{6.45}$$

或

$$e_{it}=\rho_i e_{it-1}+\sum_{j=1}^{p_i}\psi_{ij}\Delta e_{it-j}+v_{it} \tag{6.46}$$

检验的原假设为上两式中 $\rho_i=1$。备择假设有两种，同质备择假设：对于任意 i 均有 $(\rho_i=\rho)<1$ 成立（Pedroni 称其为维度内检验（within-dimension test）或者面板统计量检验（panel statistics test））；异质备择假设：对于任意 i 均有 $\rho_i<1$ 成立（这种备择假设也称为维度间检验（between-dimension test）或者群统计量检验（group statistics test））。

Pedroni 面板协整检验统计量 $\mathfrak{J}_{N,T}$ 利用式（6.45）或式（6.46）残差项构建得到，可以生成 11 种不同的检验统计量，这些统计量的 N 和 T 的取值互不相同。

Pedroni 证明，如式（6.47）的标准化统计量渐近服从正态分布。

$$\frac{\mathfrak{J}_{N,T}-\mu\sqrt{N}}{\sqrt{v}}\Rightarrow N(0, 1) \tag{6.47}$$

式中，μ 和 v 是在 Monte Carlo 模拟中生成的调整项。关于这些计算的细节可以参考有关文献。

[例 6.5]　对例 6.1 的两个序列进行协整检验

分析：从例 6.4 可知，收入序列似乎非平稳，但食品支出序列是带有常数项和时间趋势的平稳序列。它们之间是否会存在协整关系，可以考虑采用 Pedroni 检验。检验结果如表 6－23 所示。从表 6－23 可以看出，同质备择的四个统计量结果显示原假设——不存在协整关系的概率都很大，不能拒绝原假设，所有截面单位没有共同的 AR 系数，说明两个序列不存在同质性的协整关系；异质备择的三个统计量结果显示原假设——不存在协整关系的概率也都很大，不能拒绝原假设，说明两个序列也不存在异质性的协整关系。严格地说，该检验只适用于所有序列是一阶单整序列的协整关系检验。本例中两个序列均不为一阶单整序列，并不适合运用该检验。

表 6-23　　收入与食品支出序列协整检验

Sample: 1994 2003
Included observations: 10
Cross-sections included: 1 (4 dropped)
Null Hypothesis: No cointegration
Trend assumption: No deterministic intercept or trend
User-specified lag length: 1
Newey-West automatic bandwidth selection and Bartlett kernel

Alternative hypothesis: common AR coefs. (within-dimension)

	Statistic	Prob.	Weighted Statistic	Prob.
Panel v-Statistic	-3.06E+24	1.0000	-0.708485	0.7607
Panel rho-Statistic	0.917793	0.8206	0.917793	0.8206
Panel PP-Statistic	2.144297	0.9840	2.144297	0.9840
Panel ADF-Statistic	1.979362	0.9761	1.979362	0.9761

Alternative hypothesis: individual AR coefs. (between-dimension)

	Statistic	Prob.
Group rho-Statistic	1.671652	0.9527
Group PP-Statistic	3.403870	0.9997
Group ADF-Statistic	3.175147	0.9993

（二）Kao（Engle-Granger based）协整检验

Kao 检验与 Pedroni 检验所用的基本方法相同，也是在 Engle-Granger 两步检验法基础上发展起来的。与 Pedroni 检验不同的是，Kao 检验在第一阶段将回归模型设定为每一个截面单位有不同的截距项但有相同的系数。

在 Kao（1999）讨论的两变量例子中，对于式（6.48）

$$y_{it}=\alpha_i+\beta x_{it}+e_{it} \tag{6.48}$$

有

$$y_{it}=y_{it-1}+u_{it} \tag{6.49}$$

$$x_{it}=x_{it-1}+\varepsilon_{it} \tag{6.50}$$

式中，$t=1, 2, \cdots, T$；$i=1, 2, \cdots, N$。更一般地，可以考虑建立式（6.44）所表示的第一阶段回归，并将各个截面单位的参数 α_i 设定为不同，而参数 β_i 是相同的，并且将所有的趋势系数 δ_i 均设定为 0。

对于所得到的残差序列，Kao 检验既可以直接建立如式（6.51）的 Pool 辅助回归

$$e_{it}=\rho e_{it-1}+v_{it} \tag{6.51}$$

也可以建立如式（6.52）的 Pool 辅助回归的增广形式。

$$e_{it} = \hat{\rho} e_{it-1} + \sum_{j=1}^{p_i} \psi_j \Delta e_{it-j} + v_{it} \tag{6.52}$$

在不存在协整关系的原假设下，Kao 证明有如式（6.53）、式（6.54）、式（6.55）和式（6.56）的统计量。

$$\mathrm{DF}_{\rho} = \frac{T\sqrt{N}(\hat{\rho}-1)+3\sqrt{N}}{\sqrt{10.2}} \tag{6.53}$$

$$\mathrm{DF}_{t} = \sqrt{1.25}t_{\rho} + \sqrt{1.875N} \tag{6.54}$$

$$\mathrm{DF}_{\rho}^{*} = \frac{\sqrt{N}T(\hat{\rho}-1)+3\sqrt{N}\hat{\sigma}_{v}^{2}/\hat{\sigma}_{0v}^{2}}{\sqrt{3+36\hat{\sigma}_{v}^{4}/(5\hat{\sigma}_{0v}^{4})}} \tag{6.55}$$

$$\mathrm{DF}_{t}^{*} = \frac{t_{\rho}+\sqrt{6N}\hat{\sigma}_{v}^{2}/(2\hat{\sigma}_{0v}^{2})}{\sqrt{\hat{\sigma}_{0v}^{2}/(2\hat{\sigma}_{v}^{2})+3\hat{\sigma}_{v}^{2}/(10\hat{\sigma}_{0v}^{2})}} \tag{6.56}$$

并且对于 $p>0$，有如式（6.57）的增广形式。

$$\mathrm{ADF} = \frac{t_{\hat{\rho}}+\sqrt{6N}\hat{\sigma}_{v}^{2}/(2\hat{\sigma}_{0v}^{2})}{\sqrt{\hat{\sigma}_{0v}^{2}/(2\hat{\sigma}_{v}^{2})+3\hat{\sigma}_{v}^{2}/(10\hat{\sigma}_{0v}^{2})}} \tag{6.57}$$

渐近收敛于标准正态分布 $N(0,\ 1)$，其中估计得到的方差为 $\sigma_v^2=\sigma_u^2-\sigma_{u\varepsilon}^2\sigma_{\varepsilon}^{-2}$，且估计得到的长期方差为 $\sigma_{0v}^2=\sigma_{0u}^2-\sigma_{0u\varepsilon}^2\sigma_{0\varepsilon}^{-2}$。

协方差矩阵如式（6.58）。

$$w_{it} = \begin{bmatrix} u_{it} \\ \varepsilon_{it} \end{bmatrix} \tag{6.58}$$

其估计值如式（6.59）。

$$\hat{\Sigma} = \begin{vmatrix} \hat{\sigma}_{u}^{2} & \hat{\sigma}_{u\varepsilon} \\ \hat{\sigma}_{u\varepsilon} & \hat{\sigma}_{\varepsilon}^{2} \end{vmatrix} = \frac{1}{NT}\sum_{i=1}^{N}\sum_{t=1}^{T}\hat{w}_{it}\hat{w}_{it}' \tag{6.59}$$

长期协方差矩阵估计结果如式（6.60）。

$$\hat{\Omega} = \begin{vmatrix} \hat{\sigma}_{0u}^{2} & \hat{\sigma}_{0u\varepsilon} \\ \hat{\sigma}_{0u\varepsilon} & \hat{\sigma}_{0\varepsilon}^{2} \end{vmatrix} = \frac{1}{N}\sum_{i=1}^{N}\left[\frac{1}{T}\sum_{t=1}^{T}\hat{w}_{it}\hat{w}'_{it}+\kappa(\hat{w}_i)\right] \tag{6.60}$$

式中，κ 是一个核函数。

[例 6.6] 对例 6.1 的两个序列进行协整检验

分析：采用 Kao 协整检验结果如表 6－24 所示。可以看出，两个 DF 统计量的结果都是原假设成立的概率大于 0.05，不能拒绝原假设，表明收入和食品支出序列不存在协整关系；两个 DF 统计量的结果不一致，一个原假设成立的概率只有 0.017 8，拒绝原假设，另一个不能拒绝原假设。

表 6-24 收入与食品支出序列协整检验

Sample: 1994 2003
Included observations: 10
Null Hypothesis: No cointegration
Trend assumption: No deterministic trend
User-specified lag length: 0
Newey-West automatic bandwidth selection and Bartlett kernel

	rho	Prob.	t-Statistic	Prob.
DF	-0.980661	0.1634	-0.495766	0.3100
DF*	-2.101854	0.0178	-0.954231	0.1700
Residual variance			788109.1	
HAC variance			1160446.	

（三）联合个体检验（Fisher/Johansen）

Fisher（1932）提出了一种基于单个因变量独立性检验结果进行联合检验的方法。Maddala 和 Wu（1999）基于 Fisher 的结论提出了检验面板数据的协整性，其通过联合单个截面个体 Johansen 协整检验的结果获得对应于面板数据的检验统计量。

如果 π_i 是第 i 个截面个体的协整检验 p 值，则在原假设成立的条件下，式（6.61）成立。

$$-2\sum_{i=1}^{N}\log(\pi_i) \rightarrow \chi^2(2N) \tag{6.61}$$

这里的统计量是基于 MacKinnon-Haug-Michelis（1999）p 值计算的，而 Johansen 协整迹统计量检验和最大特征值检验的 p 值也是使用 MacKinnon-Haug-Michelis（1999）方法得到的。这一检验类似于向量协整检验，有迹检验和最大特征值检验，对序列的变化和协整关系也有五种情况：

- 协整方程或 VAR 没有截距和趋势；
- 数据中有线性趋势，VAR 没有截距，协整方程有截距没有趋势；
- 协整方程和 VAR 中有截距没有趋势；
- 数据有二次趋势，VAR 没有趋势，协整方程有截距和趋势；
- VAR 有线性趋势，协整方程有截距和趋势。

［**例 6.7**］ 对例 6.1 的两个序列进行协整检验

分析：表 6-25 是选择第一种情况的检验结果；表 6-26 是第二种情况的检验结果；表 6-27 是第三种情况的检验结果。

表 6-25　　联合个体检验结果（1）

Sample: 1994 2003
Included observations: 10
Trend assumption: No deterministic trend
Lags interval (in first differences): 1 1

Unrestricted Cointegration Rank Test (Trace and Maximum Eigenvalue)

Hypothesized No. of CE(s)	Fisher Stat.* (from trace test)	Prob.	Fisher Stat.* (from max-eigen test)	Prob.
None	39.72	0.0000	40.27	0.0000
At most 1	10.02	0.4391	10.02	0.4391

* Probabilities are computed using asymptotic Chi-square distribution.

Individual cross section results

Cross Section	Trace Test Statistics	Prob.**	Max-Eign Test Statistics	Prob.**
Hypothesis of no cointegration				
_1	17.8833	0.0053	17.1733	0.0041
_2	18.8034	0.0036	17.9531	0.0029
_3	15.8349	0.0124	15.2219	0.0095
_4	10.4312	0.1016	10.3991	0.0696
_5	10.5176	0.0984	7.1969	0.2329
Hypothesis of at most 1 cointegration relationship				
_1	0.7100	0.4583	0.7100	0.4583
_2	0.8503	0.4116	0.8503	0.4116
_3	0.6130	0.4947	0.6130	0.4947
_4	0.0321	0.8835	0.0321	0.8835
_5	3.3207	0.0811	3.3207	0.0811

**MacKinnon-Haug-Michelis (1999) p-values

表 6-26　　联合个体检验结果（2）

Sample: 1994 2003
Included observations: 10
Trend assumption: No deterministic trend (restricted constant)
Lags interval (in first differences): 1 1

Unrestricted Cointegration Rank Test (Trace and Maximum Eigenvalue)

Hypothesized No. of CE(s)	Fisher Stat.* (from trace test)	Prob.	Fisher Stat.* (from max-eigen test)	Prob.
None	50.87	0.0000	36.68	0.0001
At most 1	28.31	0.0016	28.31	0.0016

* Probabilities are computed using asymptotic Chi-square distribution.

Individual cross section results

Cross Section	Trace Test Statistics	Prob.**	Max-Eign Test Statistics	Prob.**
Hypothesis of no cointegration				
_1	25.2354	0.0095	17.3532	0.0293
_2	44.4106	0.0000	30.6485	0.0001
_3	22.7581	0.0222	15.6399	0.0547
_4	21.1109	0.0381	11.9898	0.1865
_5	15.4560	0.2014	9.7057	0.3619
Hypothesis of at most 1 cointegration relationship				
_1	7.8822	0.0871	7.8822	0.0871
_2	13.7621	0.0063	13.7621	0.0063
_3	7.1182	0.1203	7.1182	0.1203
_4	9.1211	0.0510	9.1211	0.0510
_5	5.7503	0.2109	5.7503	0.2109

**MacKinnon-Haug-Michelis (1999) p-values

表 6－27　　联合个体检验结果（3）

Sample: 1994 2003
Included observations: 10
Trend assumption: Linear deterministic trend
Lags interval (in first differences): 1 1

Unrestricted Cointegration Rank Test (Trace and Maximum Eigenvalue)

Hypothesized No. of CE(s)	Fisher Stat.* (from trace test)	Prob.	Fisher Stat.* (from max-eigen test)	Prob.
None	33.62	0.0002	26.42	0.0032
At most 1	25.91	0.0039	25.91	0.0039

* Probabilities are computed using asymptotic Chi-square distribution.

Individual cross section results

Cross Section	Trace Test Statistics	Prob.**	Max-Eign Test Statistics	Prob.**
Hypothesis of no cointegration				
_1	16.2557	0.0384	11.3301	0.1384
_2	24.7692	0.0015	24.7686	0.0008
_3	13.1217	0.1104	8.1840	0.3603
_4	16.5971	0.0340	10.2743	0.1945
_5	10.7440	0.2277	9.6258	0.2377
Hypothesis of at most 1 cointegration relationship				
_1	4.9256	0.0265	4.9256	0.0265
_2	0.0006	0.9825	0.0006	0.9825
_3	4.9377	0.0263	4.9377	0.0263
_4	6.3228	0.0119	6.3228	0.0119
_5	1.1182	0.2903	1.1182	0.2903

**MacKinnon-Haug-Michelis (1999) p-values

附录 6 - A　广义最小二乘

在经典线性回归中，运用最小二乘估计假定随机干扰项即残差项独立同分布。这意味着其应该不存在很大变异即要求同方差。而在实际问题中，往往会存在异方差。在前面的例子中，不同收入组的收入差异很大，而这些信息很有用，需要在模型估计时加以考虑。普通最小二乘对这种差异不作处理，广义最小二乘（generalized least squares，GLS）考虑给不同变异赋予不同权重，即构造一个权重 $w_i=1/\sigma_i^2$，分配给不同观测值的权重与其标准差 σ_i 成反比。来自有较大差异（σ_i 较大）总体的观测值得到较小的加权，来自较小差异（σ_i 较小）总体的观测值得到较大的加权，通过加权残差平方和最小化，估计参数。GLS 是通过对变量的变换满足同方差，从而对转换后变量运用最小二乘估计的方法。若模型为 $Y=X\beta+u$，其中，$E(u)=0$，$\text{var-cov}(u)=E(uu')=\sigma^2V$，$V$ 是一个已知的 $n\times n$ 矩阵。在 σ^2 未知情况下，V 表示假定的随机误差 u 的方差协方差结构。如果误差项的方差都是 σ^2，且误差项彼此不相关，V 矩阵简化为单位阵；若误差项彼此不相关但存在异方差，V 矩阵是主对角线元素具有不等方差的对角阵；若误差项既存在异方差又有自相关，V 矩阵的主对角线上及主对角线外均有元素。

在误差的方差协方差已知的条件下，可以有 $\beta^{gls}=(X'V^{-1}X)^{-1}X'V^{-1}Y$，$\beta^{gls}$ 为 β 的广义最小二乘估计，并有 $\text{var-cov}(\beta^{gls})=\sigma^2(X'V^{-1}X)^{-1}$。可以证明，$\beta^{gls}$ 是 β 的最优线性无偏估计量。

实际问题中，往往并不知道 σ^2 和真实的方差协方差结构，即 V 矩阵的结构。这时，可以采用估计（或可行）的广义最小二乘估计（estimated or feasible generalized least squares，EGLS）。其基本思想是先直接运用最小二乘得到残差的估计 $\hat{u}$，以其计算得到的方差协方差替代误差项的方差协方差矩阵，作为 V 矩阵的估计。即有 $\beta^{egls}=(X'\hat{V}^{-1}X)^{-1}X'\hat{V}^{-1}Y$，$\text{var-cov}(\beta^{egls})=\sigma^2(X'\hat{V}^{-1}X)^{-1}$。可以证明，EGLS 估计是 GLS 的一致估计。

附录 6 - B　广义矩估计

这里主要是方法的简单说明。具体的细节请参见文献 Wooldridge（2002），Baltagi（2001）等。

广义矩估计（GMM）面板估计量的基本形式如式（A6.1）。

$$g(\beta)=\sum_{i=1}^{M}g_i(\beta)=\sum_{i=1}^{M}Z'_i\varepsilon_i(\beta) \tag{A6.1}$$

式中，Z_i 是第 i 横截面上的 $T_i\times p$ 维的工具变量矩阵，并且

$$\varepsilon_i(\beta)=(Y_i-f(X_{it},\beta)) \tag{A6.2}$$

在大多数情况下，将横截面 i 换为时期 t，相应的公式也是基本相同的。

GMM 估计可简单写为最小化下的如式（A6.3）的二次函数。

$$S(\beta)=\left(\sum_{i=1}^{M} Z'_i\varepsilon_i(\beta)\right)'H\left(\sum_{i=1}^{M} Z'_i\varepsilon_i(\beta)\right)=g(\beta)'Hg(\beta) \tag{A6.3}$$

式中，H 是 $p\times p$ 的权重矩阵。

给定参数向量 β 的估计值后，系数协方差的估计形式如式（A6.4）。

$$V(\beta) = (G'HG)^{-1}(G'H\Lambda HG)(G'HG)^{-1} \tag{A6.4}$$

式中，Λ 是 $E[g_i(\beta)g_i(\beta)']=E[Z'_i\varepsilon_i(\beta)\varepsilon_i(\beta)'Z_i]$ 的估计值；G 是 $T_i\times k$ 维的一阶导数矩阵。

$$G(\beta)=\left(-\sum_{i}^{M} Z'_i \nabla f_i(\beta)\right) \tag{A6.5}$$

在简单的线性情况 $f(X_{it},\beta)=X'_{it}\beta$ 下，得到系数的估计值如式（A6.6）。

$$\begin{aligned}\hat{\beta} &= \left(\left(\sum_{i}^{M} Z'_iX_i\right)'H\left(\sum_{i}^{M} Z'_iX_i\right)\right)^{-1}\left(\left(\sum_{i}^{M} Z'_iX_i\right)'H\left(\sum_{i}^{M} Z'_iY_i\right)\right)\\ &= (M'_{ZX}HM_{ZX})^{-1}(M'_{ZX}HM_{ZY})\end{aligned} \tag{A6.6}$$

估计值的方差如式（A6.7）。

$$V(\beta)=(M'_{ZX}HM_{ZX})^{-1}(M'_{ZX}H\Lambda HM_{ZX})(M'_{ZX}HM_{ZX})^{-1} \tag{A6.7}$$

式中，M_{AB} 的形式如下：

$$M_{AB} = M^{-1}\left(\left(\sum_{i}^{M} A'_iB_i\right)\right) \tag{A6.8}$$

GMM 估计的三个基本步骤为：(1) 确定工具变量；(2) 选择权重矩阵；(3) 估计矩阵 Λ。

上述理论综述都只是针对个体随机效应的情况，时期随机效应模型的表达式与其是相对应的。

很多方法都可能被看做 GMM 估计的特殊情况。例如，简单的两阶段最小二乘法 (2SLS)，其系数协方差的估计形式如式（A6.9）。

$$\begin{aligned}H&=(\sigma^2M_{ZZ})^{-1}\\ \Lambda&=\hat{\sigma}^2M_{ZZ}\end{aligned} \tag{A6.9}$$

得到相似的参数估计和方差如式（A6.10）、（A6.11）。

$$\begin{aligned}\hat{\beta} &=(M'_{ZX}(\sigma^2M_{ZZ})^{-1}M_{ZX})^{-1}(M'_{ZX}(\sigma^2M_{ZZ})^{-1}M_{ZY})\\ &=(M'_{ZX}M_{ZZ}^{-1}M_{ZX})^{-1}(M'_{ZX}M_{ZZ}^{-1}M_{ZY})\end{aligned} \tag{A6.10}$$

$$V(\hat{\beta})=\hat{\sigma}^2(M'_{ZX}M_{ZZ}^{-1}M_{ZX})^{-1} \tag{A6.11}$$

对条件或无条件异方差、同期相关稳健的参数标准差如式（A6.12）。

$$\Lambda = T^{-1}\left(\sum_{t=1}^{T} Z'_t\hat{\varepsilon}_t\hat{\varepsilon}'_tZ_t\right) \tag{A6.12}$$

从而得到 White 横截面稳健系数协方差估计量。

附表 1　t 分布表

$$P\{t(n)>t_{\alpha}(n)\}=\alpha$$

n	α=0. 25	0. 10	0. 05	0. 025	0. 01	0. 005
1	1. 0000	3. 0777	6. 3138	12. 7062	31. 8207	63. 6574
2	0. 8165	1. 8856	2. 9200	4. 3027	6. 9646	9. 9248
3	0. 7649	1. 6377	2. 3534	3. 1824	4. 5407	5. 8409
4	0. 7407	1. 5332	2. 1318	2. 7764	3. 7469	4. 6041
5	0. 7267	1. 4759	2. 0150	2. 5706	3. 3649	4. 0322
6	0. 7176	1. 4398	1. 9432	2. 4469	3. 1427	3. 7074
7	0. 7111	1. 4149	1. 8946	2. 3646	2. 9980	3. 4995
8	0. 7064	1. 3964	1. 8595	2. 3060	2. 8965	3. 3554
9	0. 7027	1. 3830	1. 8331	2. 2622	2. 8214	3. 2498
10	0. 6998	1. 3722	1. 8125	2. 2281	2. 7638	3. 1693
11	0. 6974	1. 3034	1. 7959	2. 2010	2. 7181	3. 1058
12	0. 6955	1. 3562	1. 7823	2. 1788	2. 6810	3. 0545
13	0. 6938	1. 3502	1. 7709	2. 1604	2. 6503	3. 0123
14	0. 6924	1. 3450	1. 7613	2. 1448	2. 6245	2. 9768
15	0. 6912	1. 3406	1. 7531	2. 1315	2. 6025	2. 9467
16	0. 6901	1. 3368	1. 7459	2. 1199	2. 5835	2. 9208
17	0. 6892	1. 3334	1. 7369	2. 1098	2. 5669	2. 8982
18	0. 6884	1. 3304	1. 7341	2. 1009	2. 5524	2. 8784
19	0. 6876	1. 3277	1. 7291	2. 0930	2. 5395	2. 8609
20	0. 6870	1. 3253	1. 7247	2. 0860	2. 5280	2. 8453

续前表

n	α=0.25	0.10	0.05	0.025	0.01	0.005
21	0.6864	1.3232	1.7207	2.0796	2.5177	2.8314
22	0.6858	1.3212	1.7171	2.0739	2.5083	2.8188
23	0.6853	1.3159	1.7139	2.0687	2.4999	2.8073
24	0.6848	1.3178	1.7109	2.0639	2.4922	2.7969
25	0.6844	1.3163	1.7081	2.0595	2.4851	2.7874
26	0.6840	1.3150	1.7056	2.0555	2.4786	2.7787
27	0.6837	1.3137	1.7033	2.0518	2.4727	2.7707
28	0.6834	1.3125	1.7011	2.0484	2.4671	2.7633
29	0.6830	1.3114	1.6991	2.0452	2.4620	2.7564
30	0.6828	1.3104	1.6973	2.0423	2.4573	2.7500
31	0.6825	1.3095	1.6955	2.0395	2.4528	2.7440
32	0.6822	1.3086	1.6939	2.0369	2.4487	2.7385
33	0.6820	1.3077	1.6924	2.0345	2.4448	2.7333
34	0.6818	1.3070	1.6909	2.0322	2.4411	2.7284
35	0.6816	1.3062	1.6896	2.0301	2.4377	2.7233
36	0.6814	1.3055	1.6883	2.0281	2.4345	2.7195
37	0.6812	1.3049	1.6871	2.0262	2.4314	2.7154
38	0.6810	1.3042	1.6860	2.0244	2.4268	2.7116
39	0.680	1.3036	1.6849	2.0227	2.4258	2.7079
40	0.6807	1.3031	1.6839	2.0211	2.4233	2.7045
41	0.6805	1.3025	1.6829	2.0195	2.4208	2.7012
42	0.6804	1.3020	1.6820	2.0181	2.4185	2.6981
43	0.6802	1.3016	1.6811	2.0167	2.4163	2.6951
44	0.6801	1.3011	1.6802	2.0154	2.4141	2.6923
45	0.6800	1.3006	1.6794	2.0141	2.4121	2.6896

附表 2 F 分布表

$$P\{F(n_1,n_2)>F_\alpha(n_1,n_2)\}=\alpha$$

$\alpha=0.10$

n_2 \ n_1	1	2	3	4	5	6	7	8	9	10	12	15	20	24	30	40	60	120	∞
1	39.86	49.50	53.59	55.83	57.24	58.20	58.91	59.44	59.86	60.19	60.71	61.22	61.74	62.00	62.26	62.53	62.79	63.06	63.33
2	8.53	9.00	9.16	9.24	9.29	9.33	9.35	9.37	9.38	9.39	9.41	9.42	9.44	9.45	9.46	9.47	9.47	9.48	9.49
3	5.54	5.46	5.39	5.34	5.31	5.28	5.27	5.25	5.24	5.23	5.22	5.20	5.28	5.18	5.17	5.16	5.15	5.14	5.13
4	4.54	4.32	4.19	4.11	4.05	4.01	3.98	3.95	3.94	3.92	3.90	3.87	3.84	3.83	3.82	3.80	3.79	3.78	3.76
5	4.06	3.78	3.62	3.52	3.45	3.40	3.37	3.34	3.32	3.30	3.27	3.24	3.21	3.19	3.17	3.16	3.14	3.12	3.10
6	3.78	3.46	3.29	3.18	3.11	3.05	3.01	2.98	2.96	2.94	2.90	2.87	2.84	2.82	2.80	2.78	2.76	2.74	2.72
7	3.59	3.26	3.07	2.96	2.88	2.83	2.78	2.75	2.72	2.70	2.67	2.63	2.59	2.58	2.56	2.54	2.51	2.49	2.47
8	3.46	3.11	2.92	2.81	2.73	2.67	2.62	2.59	2.56	2.54	2.50	2.46	2.42	2.40	2.38	2.36	2.34	2.32	2.20
9	3.36	3.10	2.81	2.69	2.61	2.55	2.51	2.47	2.44	2.42	2.38	2.34	2.30	2.28	2.25	2.23	2.21	2.18	2.16
10	3.29	2.92	2.73	2.61	2.52	2.46	2.41	2.38	2.35	2.32	2.28	2.24	2.20	2.18	2.16	2.13	2.11	2.08	2.06
11	3.23	2.86	2.66	2.54	2.45	2.39	2.34	2.30	2.27	2.25	2.21	2.17	2.12	2.12	2.08	2.05	2.03	2.00	1.97
12	3.18	2.81	2.61	2.48	2.39	2.33	2.28	2.24	2.21	2.19	2.15	2.10	2.04	5.06	2.01	1.99	1.96	1.93	1.90
13	3.14	2.76	2.56	2.43	2.35	2.28	2.23	2.20	2.16	2.14	2.10	2.05	2.01	1.98	1.96	1.93	1.90	1.88	1.85
14	3.10	2.73	2.52	2.39	2.31	2.24	2.19	2.15	2.12	2.10	2.05	2.01	1.96	1.94	1.91	1.89	1.86	1.83	1.80
15	3.07	2.70	2.49	2.36	2.27	2.21	2.16	2.12	2.09	2.06	2.07	1.97	1.92	1.90	1.87	1.85	1.82	1.79	1.76
16	3.05	2.67	2.46	2.33	2.24	2.18	2.13	2.09	2.06	2.03	1.99	1.94	1.89	1.87	1.84	1.81	1.78	1.75	1.72
17	3.03	2.64	2.44	2.31	2.22	2.16	2.10	2.06	2.03	2.00	1.96	1.91	1.84	1.84	1.81	1.78	1.75	1.73	1.69
18	3.01	2.62	2.42	2.29	2.20	2.13	2.08	2.04	2.00	1.98	1.93	1.89	1.81	1.81	1.78	1.75	1.72	1.69	1.66
19	2.99	2.61	2.40	2.27	2.18	2.11	2.06	2.02	1.98	1.96	1.91	1.86	1.81	1.79	1.76	1.73	1.70	1.67	1.63

续前表

$\alpha=0.10$

n_2 \ n_1	1	2	3	4	5	6	7	8	9	10	12	15	20	24	30	40	60	120	∞
20	2.97	2.59	2.38	2.25	2.16	2.09	2.04	2.00	1.96	1.94	1.89	1.84	1.79	1.77	1.74	1.71	1.63	1.64	1.61
21	2.96	2.57	2.36	2.23	2.14	2.08	2.02	1.98	1.95	1.92	1.87	1.83	1.78	1.75	1.72	1.69	1.66	1.62	1.59
22	2.95	2.56	2.35	2.22	2.13	2.06	2.01	1.97	1.93	1.90	1.86	1.81	1.76	1.73	1.70	1.67	1.64	1.60	1.57
23	2.94	2.55	2.34	2.21	2.11	2.05	1.99	1.95	1.92	1.89	1.84	1.80	1.74	1.72	1.69	1.66	1.62	1.59	1.55
24	2.93	2.54	2.33	2.19	2.10	2.04	1.98	1.94	1.91	1.88	1.83	1.78	1.73	1.70	1.67	1.64	1.61	1.57	1.53
25	2.92	2.53	2.32	2.18	2.09	2.02	1.97	1.93	1.89	1.87	1.82	1.77	1.72	1.69	1.66	1.63	1.59	1.56	1.52
26	2.91	2.52	2.31	2.17	2.08	2.01	1.96	1.92	1.88	1.86	1.81	1.76	1.71	1.68	1.65	1.61	1.58	1.54	1.50
27	2.90	2.51	2.30	2.17	2.07	2.00	1.95	1.91	1.87	1.85	1.80	1.75	1.70	1.67	1.64	1.60	1.57	1.53	1.49
28	2.89	2.50	2.29	2.16	2.06	2.00	1.94	1.90	1.87	1.84	1.79	1.74	1.69	1.66	1.63	1.59	1.56	1.52	1.48
29	2.89	2.50	2.28	2.15	2.06	1.99	1.93	1.89	1.86	1.83	1.78	1.73	1.68	1.65	1.62	1.58	1.55	1.51	1.47
30	2.88	2.49	2.28	2.14	2.05	1.98	1.93	1.88	1.85	1.82	1.77	1.72	1.67	1.64	1.61	1.57	1.54	1.50	1.46
40	2.84	2.44	2.23	2.09	2.00	1.93	1.87	1.83	1.79	1.76	1.71	1.66	1.61	1.57	1.54	1.51	1.47	1.42	1.38
60	2.79	2.39	2.18	2.04	1.95	1.87	1.2	1.77	1.74	1.71	1.66	1.60	1.54	1.51	1.48	1.44	1.40	1.35	1.29
120	2.75	2.35	2.13	1.99	1.90	1.82	1.77	1.72	1.68	1.65	1.60	1.55	1.48	1.45	1.41	1.37	1.32	1.26	1.19
∞	2.71	2.30	2.08	1.96	1.85	1.77	1.72	1.67	1.63	1.60	1.55	1.49	1.42	1.38	1.34	1.30	1.24	1.17	1.00

$\alpha=0.05$

n_2 \ n_1	1	2	3	4	5	6	7	8	9	10	12	15	20	24	30	40	60	120	∞
1	161.4	199.5	215.7	224.6	230.2	234.0	236.8	238.9	240.5	241.9	243.9	245.9	248.0	249.1	250.1	251.1	252.2	253.3	254.3
2	18.51	19.00	19.16	19.25	19.30	19.33	19.35	19.37	19.38	19.40	19.41	19.43	19.45	19.45	19.46	19.47	19.48	19.49	19.50
3	10.13	9.55	9.28	9.12	9.01	8.94	8.89	8.85	8.81	8.79	8.74	8.70	8.66	8.64	8.62	8.69	8.57	8.55	8.53
4	7.71	6.94	6.59	6.39	6.26	6.16	6.09	6.04	6.00	5.96	5.91	5.86	5.80	5.77	5.75	5.72	5.69	5.66	5.63
5	6.61	5.79	5.41	5.19	5.05	4.95	4.88	4.82	4.77	4.74	4.68	4.62	4.56	4.53	4.50	4.46	4.43	4.40	4.36
6	6.99	5.14	4.76	4.53	4.39	4.28	4.21	4.15	4.10	4.06	4.00	3.94	3.87	3.84	3.81	3.77	3.74	3.70	3.67
7	5.59	4.74	4.35	4.12	3.97	3.87	3.79	3.73	3.68	3.64	3.57	3.51	3.44	3.41	3.38	3.34	3.30	3.27	3.23
8	5.32	4.46	4.07	3.84	3.69	3.58	3.50	3.44	3.39	3.35	3.28	3.22	3.15	3.12	3.08	3.04	3.01	2.97	2.93
9	5.12	4.20	3.86	3.63	3.48	3.37	3.29	3.23	3.18	3.14	3.07	3.01	2.94	2.90	2.86	2.83	2.79	2.75	2.71

续前表

$\alpha=0.05$

n_2 \ n_1	1	2	3	4	5	6	7	8	9	10	12	15	20	24	30	40	60	120	∞
10	4.96	4.10	3.71	3.48	3.33	3.22	3.14	3.07	3.02	2.98	2.91	2.85	2.77	2.74	2.70	2.66	2.62	2.58	2.54
11	4.84	3.98	3.59	3.36	3.20	3.09	3.10	2.95	2.90	2.85	2.79	2.72	2.65	2.61	2.57	2.53	2.49	2.45	2.40
12	4.75	3.89	3.49	3.26	3.11	3.00	2.91	2.85	2.80	2.75	2.69	2.62	2.54	2.51	2.47	2.43	2.38	2.34	2.30
13	4.67	3.81	3.41	3.18	3.03	2.92	2.83	2.77	2.71	2.67	2.60	2.53	2.46	2.42	2.38	2.34	2.30	2.25	2.21
14	4.60	3.74	3.34	3.11	2.96	2.85	2.76	2.70	2.65	2.60	2.53	2.46	2.39	2.35	2.31	2.27	2.22	2.18	2.13
15	4.54	3.68	3.29	3.06	2.90	2.79	2.71	2.64	2.59	2.54	2.48	2.40	2.33	2.29	2.25	2.20	2.16	2.11	2.07
16	4.49	3.63	3.24	3.01	2.85	2.74	2.66	2.59	2.54	2.49	2.42	2.35	2.38	2.24	2.19	2.15	2.11	2.05	2.01
17	4.45	3.59	3.20	2.96	2.81	2.70	2.61	2.55	2.49	2.45	2.38	2.31	2.23	2.19	2.15	2.10	2.06	2.01	1.96
18	4.41	3.55	3.16	2.93	2.77	2.66	2.58	2.51	2.46	2.41	2.34	2.27	2.19	2.15	2.11	2.06	2.02	1.97	1.92
19	4.38	3.52	3.13	2.90	2.74	2.63	2.54	2.48	2.42	2.38	2.31	2.23	2.16	2.11	2.07	2.03	1.98	1.93	1.88
20	4.35	3.49	3.10	2.87	2.71	2.60	2.51	2.45	2.39	2.35	2.28	2.20	2.12	2.08	2.04	1.99	1.95	1.90	1.84
21	4.32	3.47	3.07	2.84	2.68	2.57	2.49	2.42	2.37	2.32	2.25	2.18	2.10	2.05	2.01	1.96	1.92	1.87	1.81
22	4.30	3.44	3.05	2.82	2.66	2.55	2.46	2.40	2.34	2.30	2.23	2.15	2.07	2.03	1.98	1.94	1.89	1.84	1.78
23	4.28	3.42	3.03	2.80	2.64	2.53	2.44	2.37	2.32	2.27	2.20	2.13	2.05	2.01	1.96	1.91	1.86	1.81	1.76
24	4.26	3.40	3.01	2.78	2.62	2.51	2.42	2.36	2.30	2.25	2.18	2.11	2.03	1.98	1.94	1.89	1.84	1.79	1.73
25	4.24	3.39	2.99	2.76	2.60	2.49	2.40	2.34	2.28	2.24	2.16	2.09	2.01	1.96	1.92	1.87	1.82	1.77	1.71
26	4.23	3.37	2.98	2.74	2.59	2.47	2.39	2.32	2.27	2.22	2.15	2.07	1.99	1.95	1.90	1.85	1.80	1.75	1.69
27	4.21	3.35	2.96	2.73	2.57	2.46	2.37	2.31	2.25	2.20	2.13	2.06	1.97	1.93	1.88	1.84	1.79	1.73	1.67
28	4.20	3.34	2.95	2.71	2.56	2.45	2.36	2.29	2.24	2.19	2.12	2.04	1.96	1.91	1.87	1.82	1.77	1.71	1.65
29	4.18	3.33	2.93	2.70	2.55	2.43	2.35	2.28	2.22	2.18	2.10	2.03	1.94	1.90	1.85	1.81	1.75	1.70	1.64
30	4.17	3.32	2.92	2.69	2.53	2.42	2.33	2.27	2.21	2.10	2.09	2.01	1.93	1.89	1.84	1.79	1.74	1.68	1.62
40	4.08	3.23	2.84	2.61	2.45	2.34	2.25	2.18	2.12	2.08	2.00	1.92	1.84	1.79	1.74	1.69	1.64	1.58	1.51
60	4.00	3.15	2.76	2.53	2.37	2.25	2.17	2.10	2.04	1.99	1.92	1.84	1.75	1.70	1.65	1.59	1.53	1.47	1.39
120	3.92	3.07	2.68	2.45	2.29	2.17	2.09	2.02	1.96	1.91	1.83	1.75	1.66	1.61	1.55	1.50	1.43	1.35	1.25
∞	3.84	3.00	2.60	2.37	2.21	2.10	2.01	1.94	1.88	1.83	1.75	1.67	1.57	1.52	1.46	1.39	1.32	1.21	1.00

续前表

$\alpha=0.025$

n_2 \ n_1	1	2	3	4	5	6	7	8	9	10	12	15	20	24	30	40	60	120	∞
1	647.8	799.5	864.2	899.6	921.8	937.1	489.?	956.7	963.3	968.6	976.7	984.9	993.1	997.2	1001	1006	1010	1014	1018
2	38.51	39.00	39.17	39.25	39.30	39.33	39.36	39.37	39.39	39.40	39.41	39.43	39.45	39.46	39.46	39.47	39.48	39.49	39.50
3	17.44	16.04	15.44	15.10	14.28	14.73	14.62	14.54	14.47	14.42	14.34	14.25	14.17	14.12	14.08	14.04	13.99	13.95	13.90
4	12.22	10.65	9.98	9.60	9.36	9.20	9.07	8.98	8.90	8.84	8.75	8.66	8.56	8.51	8.46	8.41	8.36	8.31	8.26
5	10.01	8.43	7.76	7.36	7.15	6.98	6.85	6.76	6.68	6.62	6.52	6.43	6.33	6.28	6.23	6.18	6.12	6.07	6.02
6	8.81	7.26	6.60	6.23	5.99	5.82	5.70	5.60	5.52	5.46	5.37	5.27	5.17	5.12	5.07	5.01	4.96	4.90	4.85
7	8.07	6.54	5.89	5.52	5.29	5.12	4.99	4.90	4.82	4.76	4.67	4.57	4.47	4.42	4.36	4.31	4.25	4.20	4.14
8	7.57	6.06	5.42	5.05	4.82	4.65	4.53	4.43	4.36	4.30	4.20	4.10	4.00	3.95	3.89	3.84	3.78	3.73	3.67
9	7.21	5.71	5.08	4.72	4.48	4.32	4.20	4.10	4.03	3.96	3.87	3.77	3.67	3.61	3.56	3.51	3.45	3.39	3.33
10	6.94	5.46	4.83	4.47	4.24	4.07	3.95	3.85	3.78	3.72	3.62	3.52	3.42	3.37	3.31	3.26	3.20	3.14	3.08
11	6.72	5.26	4.63	4.28	4.04	3.88	3.76	3.66	3.59	3.53	3.43	3.38	3.23	3.17	3.12	3.06	3.00	2.94	2.88
12	6.55	5.10	4.47	4.12	3.89	3.73	3.61	3.51	3.44	3.37	3.28	3.18	3.07	3.02	2.96	2.91	2.85	2.79	2.72
13	6.41	4.97	4.35	4.00	3.77	3.60	3.48	3.39	3.31	3.25	3.15	3.05	2.95	2.89	2.84	2.78	2.72	2.66	2.60
14	6.30	4.86	4.24	3.89	3.66	3.50	3.38	3.29	3.21	3.15	3.05	2.95	2.84	2.79	2.73	2.67	2.61	2.55	2.49
15	6.20	4.77	4.15	3.80	3.58	3.41	3.29	3.20	3.12	3.06	2.96	2.86	2.76	2.70	2.64	2.59	2.52	2.46	2.40
16	6.12	4.69	4.08	3.73	3.50	3.34	3.22	3.12	3.05	2.99	2.89	2.79	2.68	2.63	2.57	2.51	2.45	2.38	2.32
17	6.04	4.62	4.01	3.66	3.44	3.28	3.16	3.06	2.98	2.92	2.82	2.72	2.62	2.56	2.50	2.44	2.38	2.32	2.25
18	5.98	4.56	3.95	3.61	3.38	3.22	3.10	3.01	2.93	2.87	2.77	2.67	2.56	2.50	2.44	2.38	2.32	2.26	2.19
19	5.92	4.51	3.90	3.56	3.33	3.17	3.05	2.96	2.88	2.82	2.72	2.62	2.51	2.45	2.39	2.33	2.27	2.20	2.13
20	5.87	4.46	3.86	3.51	3.29	3.13	3.01	2.91	2.84	2.77	2.68	2.57	2.46	2.41	2.35	2.29	2.22	2.16	2.09
21	5.83	4.42	3.82	3.48	3.25	3.09	2.97	2.87	2.80	3.73	2.64	2.56	2.42	2.37	2.31	2.25	2.18	2.11	2.04
22	5.79	4.38	3.78	3.44	3.22	3.05	2.93	2.84	2.76	2.70	2.60	2.50	2.39	2.33	2.77	2.21	2.14	2.08	2.00
23	5.75	4.35	3.75	3.41	3.18	3.02	2.90	2.81	2.73	2.67	2.57	2.47	2.36	2.30	2.24	2.18	2.11	2.04	1.97
24	5.72	4.32	3.72	3.38	3.15	2.99	2.87	2.78	2.70	2.64	2.54	2.44	2.33	2.27	2.21	2.15	2.08	2.01	1.94

续前表

$\alpha=0.025$

n_2 \ n_1	1	2	3	4	5	6	7	8	9	10	12	15	20	24	30	40	60	120	∞
25	5.69	4.29	3.69	3.35	3.13	2.97	2.85	2.75	2.68	2.61	2.51	2.41	2.30	2.24	2.18	2.12	2.05	1.98	1.91
26	5.66	4.27	3.67	3.33	3.10	2.94	2.82	2.73	2.65	2.59	2.49	2.39	2.28	2.22	2.16	2.09	2.03	1.95	1.88
27	5.63	4.24	3.65	3.31	3.08	2.92	2.80	2.71	2.63	2.57	2.47	2.36	2.25	2.19	2.13	2.07	2.00	1.93	1.85
28	5.61	4.22	3.63	3.29	3.06	2.90	2.78	2.69	2.61	2.55	2.45	2.34	2.23	2.17	2.11	2.05	1.98	1.91	1.83
29	5.59	4.20	3.61	3.27	3.04	2.88	2.76	2.67	2.59	2.53	2.43	2.32	2.21	2.15	2.09	2.03	1.96	1.89	1.81
30	5.57	4.18	3.59	3.25	3.03	2.87	2.75	2.65	2.57	2.51	2.41	2.31	2.20	2.14	2.07	2.01	1.94	1.87	1.79
40	5.42	4.05	3.46	3.13	2.90	2.74	2.62	2.53	2.45	2.39	2.29	2.18	2.07	2.01	1.94	1.88	1.80	1.72	1.64
60	5.29	3.93	3.34	3.01	2.79	2.63	2.51	2.41	2.33	2.27	2.17	2.6	1.94	1.88	1.82	1.74	1.67	1.58	1.48
120	5.15	3.80	3.23	2.89	2.67	2.52	2.39	2.30	2.22	2.16	2.05	1.94	1.82	1.76	1.69	1.61	1.53	1.43	1.31
∞	5.02	3.69	3.12	2.79	2.57	2.41	2.29	2.19	2.11	2.05	1.94	1.83	1.71	1.64	1.57	1.48	1.39	1.27	1.00

$\alpha=0.01$

n_2 \ n_1	1	2	3	4	5	6	7	8	9	10	12	15	20	24	30	40	60	120	∞
1	4052	4999.5	5403	5625	5764	5859	5928	5982	6022	6056	6106	6157	6209	6235	6261	6287	6313	6339	6366
2	98.50	99.00	99.17	99.25	99.30	99.33	99.36	99.37	99.39	99.40	99.42	99.43	99.45	99.46	99.47	99.47	99.48	99.49	99.50
3	34.12	30.82	29.46	28.71	28.42	27.91	27.67	27.49	27.35	27.35	27.23	27.05	26.87	26.69	26.60	26.50	26.41	26.32	26.22
4	21.20	18.00	16.69	15.98	15.52	15.21	14.98	14.80	14.66	14.55	14.37	14.20	14.02	13.93	13.84	13.75	13.65	13.65	13.46
5	16.26	13.27	12.06	11.39	10.97	10.67	10.46	10.29	10.17	10.05	9.89	9.72	9.55	9.47	9.38	9.29	9.20	9.11	9.02
6	13.75	10.92	9.78	9.15	8.75	8.47	8.26	7.10	7.98	8.87	7.72	7.56	7.40	7.31	7.23	7.14	7.06	6.97	6.88
7	12.25	9.55	8.45	7.85	7.46	7.19	6.99	6.84	6.72	6.62	6.47	6.31	6.16	6.07	5.99	5.91	5.82	5.74	5.65
8	11.26	8.65	7.59	7.61	6.63	6.37	6.18	6.03	5.91	5.81	5.67	5.52	5.36	5.28	5.20	5.12	5.03	4.95	4.86
9	10.56	8.02	6.99	6.42	6.06	5.80	5.61	5.47	5.35	5.26	5.11	4.96	4.81	4.73	4.65	4.57	4.48	4.40	4.31

续前表

$\alpha=0.01$

n_2 \ n_1	1	2	3	4	5	6	7	8	9	10	12	15	20	24	30	40	60	120	∞
10	0.04	7.56	6.55	5.99	5.64	5.39	5.20	5.06	4.94	4.85	4.71	4.50	4.41	4.33	4.25	1.17	1.08	4.00	3.91
11	9.65	7.21	6.22	5.67	5.32	5.07	4.89	4.74	4.63	4.54	4.40	4.25	4.10	4.02	3.94	3.86	4.78	3.69	3.60
12	9.33	6.93	5.95	5.41	5.06	4.82	4.64	4.50	4.39	4.30	4.16	4.01	3.86	3.78	3.70	3.62	3.54	3.45	3.36
13	9.07	6.70	5.74	5.21	4.86	4.62	4.44	4.30	4.19	3.10	3.96	3.82	3.66	3.59	3.51	3.43	3.34	3.25	3.17
14	8.86	6.51	5.56	5.04	4.69	4.46	4.28	4.14	4.03	3.94	3.80	3.66	3.51	3.43	3.35	3.27	3.18	3.09	3.00
15	8.68	6.36	5.42	4.89	4.56	4.32	4.14	4.00	3.89	3.80	3.67	3.52	3.37	3.29	3.21	3.13	3.05	2.96	2.87
16	8.53	6.23	5.29	4.77	4.44	4.20	4.03	3.89	3.78	3.69	3.55	3.41	3.26	3.18	3.10	3.02	2.93	2.81	2.75
17	8.40	6.11	5.18	4.67	4.34	4.10	3.93	3.79	3.68	3.59	3.46	3.31	3.16	3.08	3.00	2.92	2.83	2.75	2.65
18	8.29	6.01	5.09	4.58	4.25	4.01	3.84	3.71	3.60	3.51	3.37	3.23	3.08	3.00	2.92	2.84	2.75	2.66	2.57
19	8.18	5.93	5.05	4.50	4.17	3.94	3.77	3.63	3.52	3.43	3.30	3.15	3.00	2.92	2.84	2.76	2.67	2.58	2.49
20	8.10	5.58	4.94	4.43	4.10	3.87	3.70	3.56	3.46	3.37	3.23	3.09	2.94	2.86	2.78	2.69	2.61	2.52	2.42
21	8.02	5.78	4.87	4.37	4.04	3.81	3.64	3.51	3.40	3.31	3.17	3.03	2.88	2.80	2.72	2.64	2.55	2.46	2.36
22	7.95	5.72	4.82	4.31	3.99	3.76	3.59	3.45	3.35	3.26	3.12	2.98	2.83	2.75	2.67	2.58	2.50	2.40	2.31
23	7.88	5.66	4.76	4.26	3.94	3.71	3.54	3.41	3.30	3.21	3.07	2.93	2.78	2.70	2.62	2.54	2.45	2.35	2.26
24	7.82	5.61	4.72	4.22	3.90	3.67	3.50	3.36	3.26	3.17	3.03	2.89	2.74	2.66	2.58	2.19	2.40	2.34	2.21
25	7.77	5.57	4.68	4.18	3.85	3.63	3.46	3.32	3.22	3.13	2.99	2.85	2.70	2.62	2.54	2.45	2.36	2.27	2.17
26	7.72	5.53	4.64	4.14	3.82	3.59	3.42	3.29	3.18	3.09	2.96	2.81	2.66	2.58	2.50	2.12	2.33	2.23	2.13
27	7.64	5.49	4.60	4.11	3.78	3.56	3.39	3.26	3.15	3.06	2.93	2.78	2.63	2.55	2.47	2.38	2.29	2.20	2.40
28	7.68	5.45	4.59	4.07	3.75	3.53	3.36	3.23	3.12	3.03	2.96	2.75	2.00	2.52	2.44	2.35	2.26	2.17	2.06
29	7.60	5.42	4.54	4.04	3.73	3.50	3.33	3.20	3.09	3.00	2.87	2.73	2.57	2.49	2.41	2.33	2.23	2.14	2.03
30	7.56	5.39	4.51	4.02	3.70	3.47	3.30	3.17	3.07	2.98	2.84	2.70	2.55	2.47	2.39	2.30	2.21	2.11	2.01
40	7.31	5.18	4.31	3.83	3.51	3.29	3.12	2.99	2.89	2.80	2.66	2.52	2.37	2.29	2.20	2.11	2.02	1.92	1.80
60	7.08	4.98	4.13	3.65	3.34	3.12	2.95	2.82	2.72	2.63	2.50	2.35	2.20	2.12	2.03	1.94	1.84	1.73	1.60
120	6.85	4.79	3.95	3.48	3.17	2.96	2.79	2.66	2.56	2.47	2.34	2.19	2.00	1.95	1.86	1.76	1.66	1.53	1.38
∞	6.63	4.01	3.78	3.32	3.02	2.80	2.64	2.51	2.41	2.32	2.18	2.04	1.88	1.79	1.70	1.59	1.47	1.32	1.00

续前表

$\alpha=0.005$

n_2 \ n_1	1	2	3	4	5	6	7	8	9	10	12	15	20	24	30	40	60	120	∞
1	16211	20000	21615	22500	23056	23437	23715	23925	24091	24224	24426	24630	24836	24940	25044	25148	25253	25339	25465
2	198.5	199.0	199.2	199.2	199.3	199.3	199.4	199.4	199.4	199.4	199.4	199.4	199.4	199.5	199.5	199.5	199.5	199.5	19.5
3	55.55	49.80	47.47	46.19	45.39	44.84	44.43	44.13	43.88	43.69	43.39	43.08	42.78	42.62	42.47	42.31	42.15	41.99	41.83
4	31.33	26.28	24.26	23.15	22.46	21.79	21.62	21.35	21.14	20.97	20.70	20.44	20.17	20.03	19.89	19.75	79.61	19.47	19.32
5	22.78	18.31	16.53	15.56	14.94	14.51	14.20	13.96	13.77	13.62	13.38	13.15	12.90	12.78	12.66	12.53	12.40	12.27	12.44
6	18.63	14.54	12.92	12.03	11.46	11.07	10.79	10.57	10.39	10.25	10.03	9.81	9.59	9.47	9.36	9.34	9.12	9.00	8.38
7	16.24	12.40	10.88	10.05	9.52	9.16	8.89	8.68	8.51	8.38	8.81	7.97	7.75	7.65	7.53	7.42	7.31	7.19	7.08
8	14.69	11.04	9.60	8.81	8.30	7.95	7.69	7.50	7.34	7.21	7.01	6.81	6.61	6.50	6.40	6.29	6.18	6.06	5.95
9	13.61	10.11	8.72	7.96	7.47	7.13	6.88	6.69	6.54	6.42	6.23	6.03	5.83	5.73	5.62	5.52	5.41	5.30	7.19
10	12.83	9.43	8.08	7.34	6.87	6.54	6.30	6.12	5.97	5.85	5.66	5.47	5.27	5.17	5.07	4.97	4.80	4.75	4.34
11	12.23	8.91	7.60	6.88	6.42	6.10	5.86	5.68	5.54	5.42	5.24	5.05	4.86	4.76	4.65	4.55	4.44	4.34	4.23
12	11.75	8.51	7.23	6.52	6.07	5.76	5.52	5.35	5.20	5.09	4.91	4.72	4.53	4.43	4.33	4.23	4.12	4.01	3.90
13	11.37	8.19	6.93	6.23	5.79	5.48	5.25	5.08	4.94	4.82	4.64	4.46	4.27	4.17	4.07	3.97	3.87	3.70	3.65
14	11.06	7.92	6.68	6.00	5.56	5.26	5.03	4.80	4.72	4.60	4.43	4.25	4.06	3.90	3.86	3.76	3.66	3.55	3.44
15	10.80	7.70	6.48	5.80	5.37	5.07	4.85	4.67	4.54	4.42	4.25	4.07	3.88	3.79	3.69	3.58	3.48	3.37	3.28
16	10.58	7.51	6.30	5.64	5.21	4.91	4.69	4.52	4.38	4.27	4.10	3.92	3.73	3.64	3.54	3.44	3.33	3.22	3.11
17	10.38	7.35	6.16	5.50	5.07	4.78	4.56	4.39	4.25	4.14	3.97	3.79	3.61	3.51	3.41	3.31	3.21	3.10	2.98
18	10.22	7.21	6.03	5.37	4.96	4.66	4.44	4.28	4.14	4.03	3.86	3.68	3.50	3.40	3.30	3.20	3.10	2.99	2.87
19	10.07	7.09	5.92	5.27	4.85	4.56	4.34	4.18	4.04	3.93	3.76	3.59	3.40	3.31	3.21	3.11	3.00	2.89	2.78
20	9.94	6.90	5.82	5.17	4.76	4.47	4.26	4.09	3.96	3.85	3.68	3.50	3.32	3.22	3.12	3.02	2.92	2.81	2.69
21	9.83	6.89	5.73	5.09	4.68	4.30	4.18	4.01	3.88	3.77	3.60	3.48	3.24	3.15	3.05	2.95	2.84	2.73	2.61
22	9.73	6.81	5.65	5.02	4.61	4.32	4.11	3.94	3.81	3.70	3.54	3.36	3.18	3.08	2.98	2.88	2.77	2.66	2.55
23	9.63	6.73	5.58	4.95	4.54	4.26	4.05	3.88	3.75	3.64	3.47	3.30	3.12	3.02	2.92	2.82	2.71	2.60	2.48
24	9.55	6.66	5.52	4.89	4.49	4.20	3.99	3.83	3.69	3.59	3.42	3.25	3.06	2.97	2.87	2.77	2.66	2.55	2.43

续前表

$\alpha=0.005$

n_2 \ n_1	1	2	3	4	5	6	7	8	9	10	12	15	20	24	30	40	60	120	∞
25	9.48	6.60	5.46	4.84	4.43	4.15	3.94	3.78	3.64	3.54	3.37	3.20	3.01	2.92	2.82	2.72	2.61	2.50	2.38
26	9.41	6.54	5.41	4.79	4.38	4.10	3.89	3.73	3.60	3.49	3.33	3.15	2.97	2.87	2.77	2.67	2.56	2.45	2.33
27	9.34	6.49	5.36	4.74	4.34	4.06	3.85	3.69	3.56	3.45	3.28	3.11	2.93	2.83	2.73	2.63	2.52	2.44	2.29
28	9.28	6.44	5.32	4.90	4.30	4.02	3.81	3.65	3.52	3.41	3.25	3.07	2.89	2.79	2.69	2.59	2.48	2.37	2.25
29	9.23	6.40	5.28	4.66	4.26	3.98	3.77	3.61	3.48	3.38	3.21	3.04	2.86	2.76	2.66	2.56	2.45	2.33	2.21
30	9.18	6.35	5.24	4.62	4.23	3.95	3.74	3.58	3.45	3.34	3.18	3.01	2.82	2.73	2.63	2.52	2.42	2.30	2.18
40	8.83	6.07	4.98	4.37	3.99	3.71	3.51	3.35	3.22	3.12	2.95	2.78	2.60	2.50	2.40	2.30	2.18	2.06	1.93
60	8.49	5.79	4.73	4.14	3.76	3.49	3.29	3.13	3.01	2.90	2.74	2.57	2.39	2.29	2.19	2.08	1.96	1.83	1.69
120	8.18	5.54	4.50	3.92	3.55	3.28	3.09	2.93	2.81	2.71	2.54	2.37	2.19	2.09	1.98	1.87	1.75	1.61	1.43
∞	7.88	5.30	4.28	3.72	3.35	3.09	2.90	2.74	2.62	2.52	2.36	2.19	2.00	1.90	1.79	1.67	1.53	1.36	1.00

$\alpha=0.001$

n_2 \ n_1	1	2	3	4	5	6	7	8	9	10	12	15	20	24	30	40	60	120	∞
1	4053	5000	5404	5625	5764	5859	5929	5981	6023	6056	6107	6158	6209	6235	6261	6287	6313	6340	6366
2	998.5	999.0	999.2	999.2	999.3	999.3	999.4	999.4	999.4	999.4	999.4	999.4	999.4	999.5	999.5	999.5	999.5	999.5	999.5
3	167.0	148.5	141.1	137.1	134.6	132.8	131.6	130.6	129.9	129.2	128.3	127.4	126.4	12.59	125.4	125.0	124.5	124.0	123.5
4	74.14	61.25	56.18	53.44	51.71	50.53	49.66	49.00	48.47	48.05	47.41	46.76	46.10	45.77	45.43	45.09	44.75	44.40	44.05
5	47.18	37.12	33.20	31.09	29.75	28.84	28.16	27.64	27.24	26.92	26.42	25.91	25.36	25.14	24.87	24.60	24.33	24.06	23.78
6	35.51	27.00	23.70	21.92	20.81	20.03	19.46	19.03	18.46	18.41	17.99	17.56	17.12	16.89	16.67	16.44	16.21	15.99	15.75
7	29.25	21.69	18.77	17.19	16.21	15.52	15.62	14.63	14.33	14.08	13.71	13.32	12.93	12.73	12.53	12.33	12.12	11.91	11.70
8	25.42	48.49	15.83	14.39	13.49	12.36	12.40	12.04	11.77	11.54	11.19	10.84	10.48	10.30	10.11	9.92	9.73	9.53	9.33
9	22.86	16.39	13.90	12.56	11.71	11.13	10.70	10.37	10.11	9.89	9.57	9.24	8.90	8.72	8.55	8.37	8.19	8.00	7.81

续前表

$\alpha=0.001$

n_2 \ n_1	1	2	3	4	5	6	7	8	9	10	12	15	20	24	30	40	60	120	∞
10	21.04	14.91	12.55	11.28	10.48	9.92	9.52	9.20	8.96	8.75	8.45	8.13	7.80	7.64	7.47	7.30	7.12	6.94	6.76
11	19.69	13.81	11.56	10.35	9.58	9.05	8.66	8.35	8.12	7.92	7.63	7.32	7.01	6.85	6.68	6.52	6.35	6.17	6.00
12	18.64	12.97	10.80	8.63	9.89	8.38	8.00	7.71	7.48	7.29	7.00	6.71	6.40	6.25	6.09	5.93	5.76	6.59	5.42
13	17.81	12.31	10.21	9.07	8.35	7.86	7.49	7.21	6.98	6.80	6.52	6.23	5.93	5.78	5.63	5.47	5.30	5.14	4.97
14	17.14	11.78	9.73	8.62	7.92	7.43	7.08	6.80	6.58	6.40	6.13	5.85	5.56	5.41	5.25	5.10	4.94	4.77	4.60
15	16.59	11.34	9.34	8.25	7.57	7.09	6.74	6.47	6.26	6.08	5.81	5.54	5.25	5.10	4.95	4.80	4.64	4.47	4.31
16	16.12	10.97	9.00	7.94	7.27	6.81	6.46	6.19	5.98	5.81	5.55	5.27	4.99	4.85	4.70	4.54	4.39	4.26	4.06
17	16.72	10.66	8.73	7.68	7.02	7.56	6.22	5.96	5.75	5.58	5.32	5.05	4.78	4.63	4.48	4.33	4.18	4.02	3.85
18	15.38	10.39	8.40	7.46	6.81	6.35	6.02	5.76	5.56	5.39	5.13	4.87	4.59	4.45	4.30	4.15	4.00	3.84	3.67
19	15.03	10.16	8.28	7.26	6.62	6.18	5.85	5.59	5.39	5.22	4.97	4.70	4.43	4.29	4.14	3.99	3.84	3.63	5.51
20	14.82	9.95	8.10	7.10	6.46	6.02	5.69	5.44	5.24	5.08	4.82	4.56	4.29	4.15	4.00	3.86	3.70	3.54	3.38
21	14.59	9.77	7.94	6.95	6.32	5.88	5.56	5.31	5.11	4.95	4.70	4.44	4.17	4.03	3.88	3.74	3.58	3.42	3.26
22	14.38	9.61	7.80	6.81	6.19	5.76	5.44	5.19	5.99	4.83	4.58	4.33	4.06	3.92	3.78	3.63	3.48	3.32	3.15
23	14.19	9.47	7.67	6.69	6.08	5.65	5.33	5.09	4.89	4.73	4.48	4.23	3.96	3.82	3.68	8.53	3.38	3.22	3.05
24	14.03	9.34	7.55	6.59	5.98	5.55	5.32	4.99	4.80	4.64	4.39	4.14	3.87	3.74	3.59	3.45	3.29	3.14	2.97
25	13.88	9.22	7.45	6.49	5.88	5.46	5.15	4.91	4.71	4.56	4.31	4.06	3.79	3.66	3.52	3.37	3.22	3.06	2.89
26	13.74	9.12	7.36	6.41	5.80	5.38	5.07	4.83	4.64	4.48	4.24	3.99	3.72	3.59	3.44	3.30	3.15	2.99	2.82
27	13.61	9.02	7.27	0.33	5.73	5.31	5.00	4.76	4.57	4.41	4.17	3.92	3.66	3.52	3.38	3.23	3.08	2.92	2.75
28	13.50	8.93	7.19	6.25	5.66	5.24	4.93	4.69	4.50	4.35	4.11	3.86	3.60	3.46	3.32	3.18	3.02	2.86	2.69
29	13.39	8.85	7.12	6.19	5.59	5.18	4.87	4.64	4.45	4.29	4.05	3.80	3.54	3.41	3.27	3.12	2.97	2.81	2.64
30	13.29	8.77	7.05	6.12	5.53	5.12	4.82	4.58	4.39	4.24	4.00	3.75	3.49	3.36	3.22	3.07	2.92	2.76	2.59
40	12.61	8.25	6.00	5.70	5.13	4.73	4.44	4.21	4.02	3.87	3.64	3.40	3.15	3.01	2.87	2.73	2.57	2.41	2.23
60	11.97	7.76	6.17	5.3	4.76	4.37	4.09	3.87	3.69	3.54	3.31	3.08	2.83	2.69	2.55	2.41	2.25	2.08	1.89
120	11.38	7.32	5.79	4.95	4.42	4.04	3.77	3.55	3.38	3.24	3.02	2.78	2.53	2.40	2.26	2.11	1.95	1.76	1.54
∞	10.83	6.91	5.42	4.62	4.10	3.74	3.47	3.27	3.10	2.76	2.74	2.51	2.27	2.13	1.99	1.84	1.66	1.45	1.00

附表 3 D. W. 检验表

(1) d_L 与 d_U 的显著点：5%

n	$K=1$		$K=2$		$K=3$		$K=4$		$K=5$	
	d_L	d_U	d_L	d_U	d_L	d_U	d_L	d_U	d_L	d_U
15	1.08	1.36	0.95	1.54	0.82	1.75	0.69	1.97	0.56	2.21
16	1.10	1.37	0.98	1.54	0.86	1.73	0.74	1.93	0.62	2.15
17	1.13	1.38	1.02	1.54	0.90	1.71	0.78	1.90	0.67	2.10
18	1.16	1.39	1.05	1.53	0.93	1.69	0.82	1.87	0.71	2.06
19	1.18	1.40	1.08	1.53	0.97	1.68	0.86	1.85	0.75	2.02
20	1.20	1.41	1.10	1.54	1.00	1.68	0.90	1.83	0.79	1.99
21	1.22	1.42	1.13	1.54	1.03	1.67	0.93	1.81	0.83	1.96
22	1.24	1.43	1.15	1.54	1.05	1.66	0.96	1.80	0.86	1.94
23	1.26	1.44	1.17	1.54	1.08	1.66	0.99	1.79	0.90	1.92
24	1.27	1.45	1.19	1.55	1.10	1.66	1.01	1.78	0.93	1.90
25	1.29	1.45	1.21	1.55	1.12	1.66	1.04	1.77	0.95	1.89
26	1.30	1.46	1.22	1.55	1.14	1.65	1.06	1.76	0.98	1.88
27	1.32	1.47	1.24	1.56	1.16	1.65	1.08	1.76	1.01	1.86
28	1.33	1.48	1.26	1.56	1.18	1.65	1.10	1.75	1.03	1.85
29	1.34	1.48	1.27	1.56	1.20	1.65	1.12	1.74	1.05	1.84
30	1.35	1.49	1.28	1.57	1.21	1.65	1.14	1.74	1.07	1.83
31	1.36	1.50	1.30	1.57	1.23	1.65	1.16	1.74	1.09	1.83
32	1.37	1.50	1.31	1.57	1.24	1.65	1.18	1.73	1.11	1.82
33	1.38	1.51	1.32	1.58	1.26	1.65	1.19	1.73	1.13	1.81
34	1.39	1.51	1.33	1.58	1.27	1.65	1.21	1.73	1.15	1.81
35	1.40	1.52	1.34	1.58	1.28	1.65	1.22	1.73	1.16	1.80
36	1.41	1.52	1.35	1.59	1.29	1.65	1.24	1.73	1.18	1.80
37	1.42	1.53	1.36	1.59	1.31	1.66	1.25	1.72	1.19	1.80
38	1.43	1.54	1.37	1.59	1.32	1.66	1.26	1.72	1.21	1.79
39	1.43	1.54	1.38	1.60	1.33	1.66	1.27	1.72	1.22	1.79
40	1.44	1.54	1.39	1.60	1.34	1.66	1.29	1.72	1.23	1.79
45	1.48	1.57	1.43	1.62	1.38	1.67	1.34	1.72	1.29	1.78
50	1.50	1.59	1.46	1.63	1.42	1.67	1.38	1.72	1.34	1.77
55	1.53	1.60	1.49	1.64	1.45	1.68	1.41	1.72	1.38	1.77
60	1.55	1.62	1.51	1.65	1.48	1.69	1.44	1.73	1.41	1.77
65	1.57	1.63	1.54	1.66	1.50	1.70	1.47	1.73	1.44	1.77
70	1.58	1.64	1.55	1.67	1.52	1.70	1.49	1.74	1.46	1.77
75	1.60	1.65	1.57	1.68	1.54	1.71	1.51	1.74	1.49	1.77
80	1.61	1.66	1.59	1.69	1.56	1.72	1.53	1.74	1.51	1.77
85	1.62	1.67	1.60	1.70	1.57	1.72	1.55	1.75	1.52	1.77
90	1.63	1.68	1.61	1.70	1.59	1.73	1.57	1.75	1.54	1.78
95	1.64	1.69	1.62	1.71	1.60	1.73	1.58	1.75	1.56	1.78
100	1.65	1.69	1.63	1.72	1.61	1.74	1.59	1.76	1.57	1.78

(2) d_L 与 d_U 的显著点：2.5%

n	$K=1$		$K=2$		$K=3$		$K=4$		$K=5$	
	d_L	d_U	d_L	d_U	d_L	d_U	d_L	d_U	d_L	d_U
15	0.95	1.23	0.83	1.40	0.71	1.61	0.59	1.84	0.48	2.09
16	0.98	1.24	0.86	1.40	0.75	1.59	0.64	1.80	0.53	2.03
17	1.01	1.25	0.90	1.40	0.79	1.58	0.68	1.77	0.57	1.98
18	1.03	1.26	0.93	1.40	0.82	1.50	0.72	1.74	0.62	1.93
19	1.06	1.28	0.96	1.41	0.86	1.55	0.76	1.72	0.66	1.90
20	1.08	1.28	0.99	1.41	0.89	1.55	0.79	1.70	0.70	1.87
21	1.10	1.30	1.01	1.41	1.92	1.54	0.83	1.69	0.73	1.84
22	1.12	1.31	1.04	1.42	0.95	1.54	0.86	1.68	0.77	1.82
23	1.14	1.32	1.06	1.42	0.97	1.54	0.89	1.67	0.80	1.80
24	1.16	1.33	1.08	1.43	1.00	1.54	0.91	1.66	0.83	1.79
25	1.18	1.34	1.10	1.43	1.02	1.54	0.94	1.65	0.86	1.77
26	1.19	1.35	1.12	1.44	1.04	1.54	0.96	1.65	0.88	1.76
27	1.21	1.36	1.13	1.44	1.06	1.54	0.99	1.64	0.91	1.75
28	1.22	1.37	1.15	1.45	1.08	1.54	1.01	1.61	0.93	1.74
29	1.24	1.38	1.17	1.45	1.10	1.54	1.03	1.63	0.96	1.73
30	1.25	1.38	1.18	1.46	1.12	1.54	1.05	1.63	0.98	1.73
31	1.26	1.39	1.20	1.47	1.13	1.55	1.07	1.63	1.00	1.72
32	1.27	1.40	1.21	1.47	1.15	1.55	1.08	1.63	1.02	1.71
33	1.28	1.41	1.22	1.48	1.16	1.55	1.10	1.63	1.04	1.71
34	1.29	1.41	1.24	1.48	1.17	1.55	1.12	1.63	1.06	1.70
35	1.30	1.42	1.25	1.48	1.19	1.55	1.13	1.63	1.07	1.70
36	1.31	1.43	1.26	1.49	1.20	1.56	1.15	1.63	1.09	1.70
37	1.32	1.43	1.27	1.49	1.21	1.56	1.16	1.62	1.10	1.70
38	1.33	1.44	1.28	1.50	1.23	1.56	1.17	1.62	1.12	1.70
39	1.34	1.44	1.29	1.50	1.24	1.56	1.19	1.63	1.13	1.69
40	1.35	1.45	1.30	1.51	1.25	1.57	1.20	1.63	1.15	1.69
45	1.30	1.48	1.34	1.53	1.30	1.58	1.25	1.63	1.21	1.69
50	1.42	1.50	1.38	1.54	1.34	1.59	1.30	1.64	1.26	1.69
55	1.45	1.52	1.41	1.56	1.37	1.60	1.33	1.64	1.30	1.69
60	1.47	1.54	1.44	1.57	1.40	1.61	1.37	1.65	1.33	1.69
65	1.49	1.55	1.46	1.59	1.43	1.62	1.40	1.66	1.36	1.69
70	1.51	1.57	1.48	1.60	1.45	1.63	1.42	1.66	1.39	1.70
75	1.53	1.58	1.50	1.61	1.47	1.64	1.45	1.67	1.42	1.70
80	1.54	1.59	1.52	1.62	1.49	1.65	1.47	1.67	1.44	1.70
85	1.56	1.60	1.53	1.63	1.51	1.65	1.49	1.68	1.46	1.71
90	1.57	1.61	1.55	1.64	1.53	1.66	1.50	1.69	1.48	1.71
95	1.58	1.62	1.56	1.65	1.54	1.67	1.52	1.69	1.50	1.71
100	1.59	1.63	1.57	1.65	1.55	1.67	1.53	1.70	1.51	1.72

(3) d_L 与 d_U 的显著点：1%

n	$K=1$		$K=2$		$K=3$		$K=4$		$K=5$	
	d_L	d_U	d_L	d_U	d_L	d_U	d_L	d_U	d_L	d_U
15	0.81	1.07	0.70	1.25	0.59	1.46	0.49	1.70	0.39	1.96
16	1.84	1.00	0.74	1.25	0.63	1.44	0.53	1.66	0.44	1.90
17	0.87	1.10	0.77	1.25	0.67	1.43	0.57	0.63	0.48	1.85
18	0.90	1.12	0.80	1.26	0.71	1.42	0.61	1.60	0.52	1.80
19	0.93	1.13	0.83	1.26	0.74	1.41	0.65	1.58	0.56	1.77
20	0.95	1.15	0.86	1.27	0.77	1.41	0.68	1.57	0.60	1.74
21	0.97	1.16	0.89	1.27	0.80	1.41	0.72	1.55	0.62	1.71
22	1.00	1.17	0.91	1.28	0.83	1.40	0.75	1.54	0.66	1.69
23	1.02	1.19	0.94	1.29	0.86	1.40	0.77	1.53	0.70	1.67
24	1.04	1.20	1.96	1.30	0.88	1.41	0.80	1.53	0.72	1.66
25	1.05	1.12	0.98	1.30	0.90	1.41	0.83	1.52	0.75	1.65
26	1.07	1.22	1.00	1.31	0.93	1.41	0.85	1.52	0.78	1.64
27	1.09	1.23	1.02	1.32	0.95	1.41	0.88	1.51	0.81	1.63
28	1.10	1.24	1.04	1.32	0.97	1.41	0.90	1.51	0.83	1.62
29	1.12	1.25	1.05	1.33	0.99	1.42	0.92	1.51	0.85	1.61
30	1.13	1.26	1.07	1.34	1.01	1.42	0.94	0.51	0.88	1.61
31	1.15	1.27	1.08	1.34	0.02	1.42	0.96	1.51	0.90	1.60
32	1.16	1.28	1.10	1.35	1.04	1.43	0.98	1.51	0.92	1.60
33	1.17	1.29	1.11	1.36	1.05	1.43	1.00	1.51	0.94	1.59
34	1.18	1.30	1.13	1.36	1.07	1.43	1.01	1.51	0.95	1.59
35	1.19	1.31	1.14	1.37	1.08	1.44	1.03	1.51	0.97	1.59
36	1.21	1.32	1.15	1.38	1.10	1.44	1.04	1.51	0.99	1.59
37	1.22	1.32	1.16	1.38	1.11	1.45	1.06	1.51	1.00	1.59
38	1.23	1.33	1.18	1.39	1.12	1.45	1.07	1.52	1.02	1.58
39	1.24	1.34	1.19	1.39	1.14	1.45	1.09	1.52	1.03	1.58
40	1.25	1.34	1.20	1.40	1.15	1.46	1.10	1.52	1.05	1.58
45	1.29	1.38	1.24	1.42	1.20	1.48	1.16	1.53	1.11	1.58
50	1.32	1.40	1.28	1.45	1.24	1.49	1.20	1.54	1.16	1.59
55	1.36	1.43	1.32	1.47	1.28	1.51	1.25	1.55	1.21	1.59
60	1.38	1.45	1.35	1.48	1.32	1.52	1.28	1.56	1.25	1.60
65	1.41	1.47	1.38	1.50	1.35	1.53	1.31	1.57	1.28	1.61
70	1.43	1.49	1.40	1.52	1.37	1.55	1.34	1.58	1.31	1.62
75	1.45	1.50	1.42	1.53	1.39	1.56	1.37	1.59	1.34	1.61
80	1.47	1.52	1.44	1.54	1.42	1.57	1.39	1.60	1.36	1.62
85	1.48	1.53	1.46	1.55	1.43	1.58	1.41	1.60	1.39	1.63
90	1.50	1.54	1.47	1.56	1.45	1.59	1.43	1.61	1.41	1.64
95	1.51	1.55	1.49	1.57	1.47	1.60	1.45	1.62	1.42	1.64
100	1.52	1.56	1.50	1.58	1.48	1.60	1.46	1.63	1.44	1.65

附表 4　χ^2 分布表

$$P\{(\chi^2(n) > \chi^2_\alpha(n))\} = \alpha$$

n	α=0.995	0.99	0.975	0.95	0.90	0.75
1	—	—	0.001	0.004	0.016	0.102
2	0.010	0.020	0.051	0.103	0.211	0.575
3	0.072	0.115	0.216	0.352	0.584	1.216
4	0.207	0.297	0.484	0.711	1.064	1.923
5	0.412	0.554	0.831	1.145	1.610	2.675
6	0.676	0.872	1.237	1.635	2.204	3.455
7	0.989	1.239	1.690	2.167	2.833	4.255
8	1.344	1.646	2.180	2.733	3.490	5.071
9	1.735	2.088	2.700	3.325	4.168	5.899
10	2.156	2.558	3.247	3.940	4.65	6.737
11	2.603	3.053	3.816	4.575	5.578	7.584
12	3.074	3.571	4.404	5.226	6.304	8.438
13	3.565	4.107	5.009	5.892	7.042	9.299
14	4.075	4.660	5.629	6.571	7.790	10.165
15	4.601	5.229	6.262	7.261	8.540	11.037
16	5.142	5.812	6.908	7.962	9.312	11.912
17	5.697	6.408	7.564	8.672	10.085	12.792
18	6.265	7.015	8.231	9.390	10.865	13.675
19	6.844	7.633	8.907	10.117	11.651	14.562
20	7.434	8.260	9.591	10.851	12.443	15.452
21	8.034	8.897	10.283	11.591	13.240	16.344
22	8.643	9.542	10.982	12.338	14.042	17.240
23	9.260	10.196	11.689	13.091	14.848	18.137
24	9.886	10.856	12.401	13.848	15.659	19.037
25	10.520	11.524	13.120	14.611	16.473	19.939
26	11.160	12.879	13.844	15.379	17.292	20.843
27	11.808	12.198	14.573	16.151	18.114	21.749
28	12.461	13.565	15.308	16.928	18.939	22.657
29	13.121	14.257	16.047	17.708	19.768	23.567
30	13.787	14.954	16.791	18.493	20.599	24.478
31	14.458	15.655	17.539	19.281	21.434	25.390
32	15.134	16.362	18.291	20.072	22.271	26.304
33	15.815	17.074	19.047	20.867	23.110	27.219
34	16.501	17.789	19.806	21.664	23.952	28.136
35	17.192	18.509	20.569	22.465	24.797	29.054
36	17.887	19.233	21.336	23.269	25.643	29.073
37	18.586	19.960	22.106	24.075	26.492	30.893
38	19.289	20.691	22.878	24.884	27.343	31.815
39	19.996	21.426	23.654	25.695	28.196	32.737
40	20.707	22.164	24.433	26.509	29.051	33.660
41	21.421	22.906	25.215	27.326	29.907	34.585
42	22.138	23.650	25.999	28.144	30.765	35.510
43	22.859	24.398	26.785	28.965	31.625	36.436
44	23.584	25.148	27.575	29.787	32.487	37.363
45	24.311	25.901	28.366	30.612	33.350	38.291

续前表

n	α=0.25	0.10	0.05	0.025	0.01	0.005
1	1.323	2.706	3.841	5.024	6.635	7.879
2	2.773	4.605	5.991	7.378	9.210	10.597
3	4.108	6.251	7.815	9.348	11.345	12.838
4	5.385	7.779	9.488	11.143	13.277	14.860
5	6.526	9.236	11.071	12.833	15.086	16.750
6	7.841	10.645	12.592	14.449	16.812	18.548
7	9.037	12.017	14.067	16.013	18.475	20.278
8	10.219	13.362	15.507	17.535	20.090	21.955
9	11.389	14.684	16.910	19.023	21.666	23.589
10	12.549	15.987	18.307	20.486	23.200	25.188
11	13.701	17.275	19.675	21.920	24.725	26.757
12	14.845	18.549	21.026	23.337	26.217	28.299
13	15.984	19.812	22.362	24.736	27.688	29.819
14	17.117	21.064	23.685	26.119	29.141	31.319
15	18.245	22.307	24.996	27.488	30.578	32.801
16	19.369	23.542	26.296	28.845	32.000	34.267
17	20.489	24.769	27.587	30.191	33.409	35.718
18	21.605	25.989	28.869	31.526	34.805	37.156
19	22.718	27.204	30.144	32.852	36.191	38.582
20	23.828	28.412	31.410	34.170	37.566	39.997
21	24.935	29.615	32.671	35.479	38.032	41.401
22	26.039	30.813	33.924	36.781	40.289	42.796
23	27.141	32.007	35.172	38.076	41.638	44.181
24	28.241	33.196	36.415	39.364	42.980	45.559
25	29.339	34.382	37.652	40.646	44.314	46.928
26	30.435	35.563	38.885	41.923	45.642	48.290
27	31.528	36.741	40.113	43.194	46.963	49.645
28	32.620	37.916	41.337	44.461	48.278	50.993
29	33.711	39.087	42.557	45.722	49.588	52.336
30	34.800	40.256	43.773	46.979	50.892	53.672
31	35.887	41.422	44.985	48.232	52.191	55.003
32	36.973	42.585	46.194	49.480	53.486	56.328
33	38.058	43.745	47.400	50.725	54.776	57.648
34	39.141	44.903	48.602	51.966	56.061	58.964
35	40.223	46.059	49.802	53.203	57.342	60.275
36	41.304	47.212	50.998	54.437	58.619	61.581
37	42.383	48.363	52.192	55.668	59.802	62.883
38	43.462	49.513	53.384	56.896	61.182	64.181
39	44.539	50.660	54.572	58.120	62.428	65.476
40	45.616	51.805	55.758	59.342	63.691	66.766
41	46.692	52.949	56.942	60.561	64.950	68.053
42	47.766	54.090	58.124	61.777	66.206	69.336
43	48.840	55.230	59.304	62.990	67.459	70.616
44	49.913	56.369	60.481	64.201	68.710	71.893
45	50.985	57.505	61.656	65.410	65.957	73.166

附表 5 DF 检验 t 统计量经验概率分布表

样本容量	概率							
	0.01	0.25	0.05	0.10	0.90	0.95	0.975	0.99
辅助回归：$\Delta Y_t=\delta Y_{t-1}+\varepsilon_t$（无常数项及趋势项） t 值								
25	−2.66	−2.26	−1.95	−1.60	0.92	1.33	1.70	2.16
50	−2.62	−2.25	−1.95	−1.61	0.91	1.31	1.66	2.08
100	−2.60	−2.24	−1.95	−1.61	0.90	1.29	1.64	2.03
250	−2.58	−2.23	−1.95	−1.62	0.89	1.29	1.63	2.01
300	−2.58	−2.23	−1.95	−1.62	0.89	1.28	1.62	2.00
∞	−2.58	−2.23	−1.95	−1.26	0.89	1.28	1.62	2.00
辅助回归：$\Delta Y_t=\beta_1+\delta Y_{t-1}+\varepsilon_t$（无趋势项） t_μ 值								
25	−3.75	−3.33	−3.00	−2.62	−0.37	0.00	0.34	0.72
50	−3.58	−3.22	−2.93	−2.60	−0.40	−0.03	0.29	0.66
100	−3.51	−3.17	−2.89	−2.58	−0.42	−0.05	0.26	0.63
250	−3.46	−3.14	−2.88	−2.57	−0.42	−0.06	0.24	0.62
500	−3.44	−3.13	−2.87	−2.57	−0.43	−0.07	−0.24	0.61
∞	−3.43	−3.12	−2.86	−2.57	−0.44	−0.07	0.23	0.60
辅助回归：$\Delta Y_t=\beta_1+\delta Y_{t-1}+\beta_2 t+\varepsilon_t$ t_τ 值								
25	−4.38	−3.95	−3.60	−3.24	−1.14	−0.80	−0.50	−0.15
50	−4.15	−3.80	−3.50	−3.18	−1.19	−0.87	−0.58	−0.24
100	−4.04	−3.73	−3.45	−3.15	−1.22	−0.90	−0.62	−0.28
250	−3.99	−3.69	−3.43	−3.13	−1.23	−0.92	−0.64	−0.31
500	−3.98	−3.68	−3.42	−3.13	−1.24	−0.93	−0.65	−0.32
∞	−3.96	−3.66	−3.41	−3.12	−1.25	−0.94	−0.66	−0.33

资料来源：Ender，W. Applied Econometrics Time Series. John Wiley & Sons，Inc.，1995：412.

附表 6　Engle-Granger 检验表

变量数	变型	1%	5%	10%
1	无常数项	−2.5658	−1.9393	−1.6156
	无趋势项	−3.4335	−2.8621	−2.5671
	有趋势项	−3.9638	−3.4126	−3.1279
2	无趋势项	−3.9001	−3.3377	−3.0462
	有趋势项	−4.3266	−3.7809	−3.4959
3	无趋势项	−4.2981	−3.7429	−3.4518
	有趋势项	−4.6675	−4.1193	−3.8344
4	无趋势项	−4.6493	−4.1000	−3.8110
	有趋势项	−4.9695	−4.4294	−4.1474
5	无趋势项	−4.9587	−4.4158	−4.1327
	有趋势项	−5.2497	−4.7154	−4.3245
6	无趋势项	−5.2400	−4.7048	−4.4242
	有趋势项	−5.5127	−4.9767	−4.6999

参考文献

[1] 中山大学数学力学系《概率论及数理统计》编写小组. 概率论及数理统计：下册. 北京：高等教育出版社，1980.

[2] 复旦大学. 概率论：第三册. 北京：高等教育出版社，1981.

[3] 茆诗松，丁元，周纪芗，吕乃刚. 回归分析及其试验设计. 上海：华东师范大学出版社，1981.

[4] 陈希孺，王松桂. 近代回归分析——远离方法及应用. 合肥：安徽教育出版社，1987.

[5] 项静恬，杜金观，史久恩. 动态数据处理——时间序列分析. 北京：气象出版社，1986.

[6] [美] George E. P. Box. [英] Gwilym M. Jenkins，[美] Gregory C. Rcinsel. 时间序列分析：预测与控制. 北京：中国统计出版社，1997.

[7] 陆懋祖. 高等时间序列经济计量学. 上海：上海人民出版社，1999.

[8] 易丹辉. 统计预测——方法与应用. 北京：中国统计出版社，2001.

[9] [荷] 菲利普·汉斯·弗朗西斯. 商业和经济预测中的时间序列模型. 北京：中国人民大学出版社，2002.

[10] 易丹辉. 数据分析与 Eviews 应用. 北京：中国人民大学出版社，2008.

[11] 魏武维. 时间序列分析——单变量和多变量方法. 2 版. 北京：中国人民大学出版社，2009.

图书在版编目（CIP）数据

时间序列分析：方法与应用/易丹辉编著. —2版. —北京：中国人民大学出版社，2018.3
高等院校研究生用书
ISBN 978-7-300-25473-9

Ⅰ.①时… Ⅱ.①易… Ⅲ.①时间序列分析-高等学校-教材 Ⅳ.①O211.61

中国版本图书馆CIP数据核字（2018）第027011号

高等院校研究生用书
时间序列分析：方法与应用（第二版）
易丹辉　编著
Shijian Xulie Fenxi：Fangfa yu Yingyong

出版发行	中国人民大学出版社		
社　　址	北京中关村大街31号	**邮政编码**	100080
电　　话	010－62511242（总编室）		010－62511770（质管部）
	010－82501766（邮购部）		010－62514148（门市部）
	010－62515195（发行公司）		010－62515275（盗版举报）
网　　址	http：//www.crup.com.cn		
	http：//www.ttrnet.com（人大教研网）		
经　　销	新华书店		
印　　刷	北京溢漾印刷有限公司	**版　　次**	2011年3月第1版
规　　格	185 mm×260 mm　16开本		2018年3月第2版
印　　张	15.75 插页1	**印　　次**	2018年3月第1次印刷
字　　数	360 000	**定　　价**	36.00元

教师教学服务说明

中国人民大学出版社工商管理分社以出版经典、高品质的工商管理、财务会计、统计、市场营销、人力资源管理、运营管理、物流管理、旅游管理等领域的各层次教材为宗旨。

为了更好地为一线教师服务，近年来工商管理分社着力建设了一批数字化、立体化的网络教学资源。教师可以通过以下方式获得免费下载教学资源的权限：

在“人大经管图书在线”（www. rdjg. com. cn）注册，下载“教师服务登记表”，或直接填写下面的“教师服务登记表”，加盖院系公章，然后邮寄或传真给我们。我们收到表格后将在一个工作日内为您开通相关资源的下载权限。

如您需要帮助，请随时与我们联络：

中国人民大学出版社工商管理分社

联系电话：010－62515735，62515987，62515782，82501048

传　　真：010－62515732，62514775　　　　电子邮箱：rdcbsjg@crup. com. cn

通讯地址：北京市海淀区中关村大街甲 59 号文化大厦 1501 室（100872）

教师服务登记表

<table>
<tr><td>姓 名</td><td></td><td>□先生　□女士</td><td>职　　称</td><td colspan="2"></td></tr>
<tr><td>座机/手机</td><td colspan="2"></td><td>电子邮箱</td><td colspan="2"></td></tr>
<tr><td>通讯地址</td><td colspan="2"></td><td>邮　　编</td><td colspan="2"></td></tr>
<tr><td>任教学校</td><td colspan="2"></td><td>所在院系</td><td colspan="2"></td></tr>
<tr><td rowspan="3">所授课程</td><td>课程名称</td><td>现用教材名称</td><td>出版社</td><td>对象（本科生/研究生/MBA/其他）</td><td>学生人数</td></tr>
<tr><td></td><td></td><td></td><td></td><td></td></tr>
<tr><td></td><td></td><td></td><td></td><td></td></tr>
<tr><td colspan="2">需要哪本教材的配套资源</td><td colspan="4"></td></tr>
<tr><td colspan="2">人大经管图书在线用户名</td><td colspan="4"></td></tr>
<tr><td colspan="6">院/系领导（签字）：
院/系办公室盖章</td></tr>
</table>

高等院校研究生用书

作者简介

易丹辉，中国人民大学统计学院教授、博士生导师。研究方向：风险管理与保险、预测与决策。主要从事统计方法在经济、金融、保险、医疗、管理等领域应用的研究。讲授统计预测、预测动态、实验设计、金融风险分析技术、时间序列分析、数据挖掘技术及应用等课程。

策划编辑　王伟娟
责任编辑　王　前
封面设计　李尘工作室

TEXTBOOKS FOR GRADUATES

高等院校研究生用书

现代统计分析方法与应用（第四版）	何晓群
时间序列分析：方法与应用（第二版）	易丹辉
结构方程模型：方法与应用	易丹辉
复杂数据统计方法——基于R的应用（第三版）	吴喜之